Desbravadores da matemática

Ian Stewart

Desbravadores da matemática
Da alavanca de Arquimedes aos fractais de Mandelbrot

Tradução:
George Schlesinger

Revisão técnica:
Samuel Jurkiewicz
Professor da Politécnica e da Coppe/UFRJ

Para John Davey, editor e amigo
(19 de abril de 1945 – 21 de abril de 2017)

Título original:
Significant Figures
(Lives and Works of Trailblazing Mathematicians)

Tradução autorizada da primeira edição inglesa,
publicada em 2017 por Profile Books,
de Londres, Inglaterra

Copyright © 2017, Joat Enterprises

Copyright da edição brasileira © 2019:
Jorge Zahar Editor Ltda.
rua Marquês de S. Vicente 99 – 1º | 22451-041 Rio de Janeiro, RJ
tel (21) 2529-4750 | fax (21) 2529-4787
editora@zahar.com.br | www.zahar.com.br

Todos os direitos reservados.
A reprodução não autorizada desta publicação, no todo
ou em parte, constitui violação de direitos autorais. (Lei 9.610/98)

Grafia atualizada respeitando o novo
Acordo Ortográfico da Língua Portuguesa

Preparação: Angela Ramalho Vianna
Revisão: Eduardo Monteiro, Édio Pullig
Capa: Sérgio Campante

CIP-Brasil. Catalogação na publicação
Sindicato Nacional dos Editores de Livros, RJ

S871d
Stewart, Ian, 1945-
Desbravadores da matemática: da alavanca de Arquimedes aos fractais de Mandelbrot/Ian Stewart; tradução George Schlesinger; revisão técnica Samuel Jurkiewicz. – 1.ed. – Rio de Janeiro: Zahar, 2019.

il.

Tradução de: Significant figures
Inclui bibliografia e índice
ISBN 978-85-378-1838-1

1. Matemática – História. 2. Matemáticos – Biografia. I. Schlesinger, George. II. Jurkiewicz, Samuel. III. Título.

CDD: 925.10
CDU: 929:51

19-57042

Vanessa Mafra Xavier Salgado – Bibliotecária – CRB-7/6644

Sumário

Introdução   7

1. Não perturbem os meus círculos • *Arquimedes*   19

2. O Senhor do Caminho • *Liu Hui*   30

3. Dixit Algorismi • *Muhammad al-Khwarizmi*   37

4. Inovador do infinito • *Madhava de Sangamagrama*   46

5. O astrólogo jogador • *Girolamo Cardano*   54

6. O último teorema • *Pierre de Fermat*   62

7. O sistema do mundo • *Isaac Newton*   72

8. Mestre de todos nós • *Leonhard Euler*   87

9. O operador de calor • *Joseph Fourier*   98

10. Andaimes invisíveis • *Carl Friedrich Gauss*   107

11. Dobrando as regras • *Nikolai Ivanovich Lobachevsky*   122

12. Radicais e revolucionários • *Évariste Galois*   134

13. A encantadora de números • *Augusta Ada King*   146

14. As leis do pensamento • *George Boole*   156

15. O músico dos números primos • *Bernhard Riemann*   170

16. O cardeal do continuum • *Georg Cantor* 180

17. A primeira grande dama • *Sofia Kovalevskaia* 193

18. Ideias surgiam aos borbotões • *Henri Poincaré* 206

19. Nós precisamos saber, nós havemos de saber • *David Hilbert* 220

20. A derrubada da ordem acadêmica • *Emmy Noether* 231

21. O Homem das Fórmulas • *Srinivasa Ramanujan* 243

22. Incompleto e indecidível • *Kurt Gödel* 257

23. A máquina para • *Alan Turing* 267

24. Pai dos fractais • *Benoît Mandelbrot* 281

25. De fora para dentro • *William Thurston* 294

Gente de matemática 305

Notas 312
Sugestões de leitura 314
Índice remissivo 319

Introdução

TODAS AS ÁREAS DA CIÊNCIA conseguem rastrear suas origens até as distantes névoas da história, mas na maioria das disciplinas a história é qualificada por expressões como "agora sabemos que isso estava errado", ou "isso seguia linhas corretas, mas a visão atual é diferente". O filósofo grego Aristóteles, por exemplo, achava que um cavalo trotando nunca pode estar totalmente fora do chão, o que Eadweard Muybridge refutou em 1878 usando uma fileira de câmeras ligadas a fios demarcatórios. As teorias do movimento de Aristóteles foram totalmente derrubadas por Galileu Galilei e Isaac Newton, e suas teorias sobre a mente não apresentam nenhuma relação com a psicologia e a neurociência modernas.

A matemática é diferente. Ela resiste. Quando os antigos babilônios descobriram como resolver equações quadráticas – provavelmente por volta de 2000 a.C., embora as primeiras evidências tangíveis datem de 1500 a.C. –, o resultado nunca se tornou obsoleto. Estava correto, e eles sabiam por quê. E é correto ainda hoje. Nós expressamos o resultado em símbolos, mas o raciocínio é idêntico. Há uma linha ininterrupta de pensamento matemático que percorre todo o caminho, saindo do amanhã até lá atrás na Babilônia. Quando Arquimedes calculou o volume da esfera, não utilizou símbolos algébricos e não pensou num *número* específico π, como agora fazemos. Ele exprimiu seu resultado geometricamente, em termos de proporções, como era a prática grega na época. Não obstante, sua resposta é imediatamente reconhecível como equivalente aos $\frac{4}{3}\pi r^3$ atuais.

Para sermos corretos, algumas antigas descobertas fora da matemática também tiveram vida longa. O princípio de Arquimedes, afirmando que um objeto desloca seu próprio peso de líquido, é uma delas; a sua lei da alavanca é outra. Algumas partes da física e da engenharia gregas também continuam vivas. Mas nessas disciplinas a longevidade é a exceção, enquanto na matemática ela está mais perto da regra. Os *Elementos* de Euclides, apresentando uma base lógica para a geometria, ainda resistem a um exame meticuloso. Seus teoremas continuam verdadeiros e muitos deles ainda são úteis. Em matemática, nós seguimos adiante, mas sem descartar nossa história.

Antes que você comece a pensar que a matemática vive enterrando a cabeça no passado, preciso ressaltar duas coisas. Uma é que a importância percebida de um método ou de um teorema pode mudar. Áreas inteiras da matemática saíram de moda ou tornaram-se obsoletas à medida que as fronteiras foram se alterando ou novas técnicas assumiram o comando. Mas elas ainda são *verdadeiras*, e de vez em quando uma área obsoleta renasce, em geral por causa de uma recém-descoberta ligação com outra área, uma nova aplicação ou um importante avanço na metodologia. A segunda é que, à medida que os matemáticos foram desenvolvendo sua disciplina, eles não somente seguiram adiante, mas também inventaram um volume gigantesco de matemática nova, importante, bela e útil.

Dito isso, o ponto básico permanece inconteste: uma vez que um teorema matemático foi corretamente provado, torna-se algo sobre o qual podemos construir estruturas – para sempre. Mesmo que nosso conceito de prova tenha se restringido consideravelmente desde o tempo de Euclides, para nos livrarmos de premissas não declaradas, ainda assim podem preencher o que agora vemos como lacunas, e os resultados continuam valendo.

ESTE LIVRO INVESTIGA o processo quase místico que traz nova matemática à existência. A matemática não surge num vácuo, mas é criada por *pessoas*. Entre elas há algumas com impressionante originalidade e clareza mental, aquelas que associamos a grandes e revolucionárias inovações – as pioneiras, desbravadoras, que se diferenciam. Historiadores explicam corretamente que a obra dos grandes depende de um vasto elenco de apoio, contribuindo com minúsculas porções e pedaços para o grande quebra-cabeça geral. Questões importantes ou frutíferas podem ser enunciadas

Introdução

por pessoas relativamente desconhecidas; ideias de primeira grandeza podem ser tenuemente percebidas por quem carece de capacidade técnica para transformá-las em métodos e pontos de vista novos e poderosos. Newton observou que "estava de pé sobre os ombros de gigantes". Em certa medida ele estava sendo sarcástico; vários desses gigantes (especialmente Robert Hooke) queixavam-se de que Newton não estava de pé sobre seus ombros, e sim pisando em seus calos, sem dar-lhes o justo crédito, ou assumindo o crédito em público, apesar das contribuições deles para seus escritos. No entanto, Newton falou a verdade: suas grandes sínteses de movimento, gravidade e luz dependeram muitíssimo dos insights dos seus predecessores intelectuais. Que tampouco eram exclusivamente gigantes. Gente comum também desempenhou um papel significativo.

Entretanto, os gigantes sobressaem, abrindo caminho, enquanto a maioria de nós apenas os segue. Por meio da vida e das obras de um conjunto de personagens significativos, podemos compreender como a nova matemática é criada, quem a criou e como essas pessoas viveram. Penso neles não só como pioneiros que nos mostraram o caminho, mas também como desbravadores que abriram picadas possíveis de se percorrer através do emaranhado matagal que se alastra pela extensa selva do pensamento matemático. Eles passaram grande parte do seu tempo debatendo-se em pântanos e espinhais, mas vez por outra deparavam com uma Cidade Perdida dos Elefantes ou um Eldorado, descobrindo preciosas joias ocultas no meio do mato. Penetraram regiões do pensamento antes desconhecidas para a humanidade.

Na verdade, eles *criaram* essas regiões. A selva matemática não é como a floresta Amazônica ou o Congo africano. O desbravador matemático não é um David Livingstone abrindo uma trilha ao longo da Zâmbia ou indo atrás da nascente do Nilo. Livingstone "descobria" coisas que *já estavam lá*. De fato, os habitantes locais sabiam que estavam lá. Mas, naqueles tempos, os europeus interpretavam "descobrir" coisas como "europeus trazendo coisas para a atenção de outros europeus". Os desbravadores matemáticos não apenas exploram uma selva preexistente. Num certo sentido, eles criam a selva à medida que seguem adiante; como se novas plantas brotassem para a vida no seu rastro, logo se tornando mudas, depois árvores. Contudo, tem-se a *sensação* de que é como se houvesse uma selva preexistente, porque não dá para escolher quais plantas brotarão para a vida. Você escolhe por onde caminhar, mas não pode "descobrir" um aglomerado de árvores de mogno se o que ali aparece é a vegetação de mangue.

Acho que essa é a fonte da ainda popular visão platônica acerca das ideias matemáticas: que as verdades matemáticas "realmente" existem, mas o fazem numa forma ideal em algum tipo de realidade paralela, que sempre existiu e sempre existirá. Segundo essa visão, quando provamos um novo teorema simplesmente descobrimos o que estava ali o tempo todo. Não acho que o platonismo faça sentido literal, mas ele descreve acuradamente o processo da pesquisa matemática. Você não pode escolher: tudo que você pode fazer é sacudir os arbustos e ver se cai alguma coisa. Em *What is Mathematics, Really?*, Reuben Hersh oferece uma visão mais realista da matemática: ela é um constructo mental humano compartilhado. Sob esse aspecto, é como o dinheiro. Dinheiro não são "realmente" disquinhos metálicos, pedaços de papel ou números num computador; ele é um conjunto compartilhado de convenções sobre como podemos trocar disquinhos metálicos, pedaços de papel e números num computador entre si e por outros produtos.

Hersh escandalizou alguns matemáticos, que se concentraram na expressão "constructo humano" e reclamaram que a matemática não é, de maneira alguma, arbitrária. O relativismo social não a fragmenta. Isso é verdade, mas Hersh explicou com perfeita clareza que a matemática não é *qualquer* constructo humano. Nós optamos por abordar o último teorema de Fermat, mas não podemos escolher se ele é verdadeiro ou falso. O constructo humano que é a matemática está sujeito a um rigoroso sistema de restrições lógicas, e algo é adicionado ao constructo apenas se respeitar essas restrições. Potencialmente, as restrições nos permitem distinguir verdade de falsidade, mas não descobrimos qual delas se aplica declarando em voz alta que somente uma delas é possível. A grande questão é: qual delas? Perdi a conta do número de vezes que alguém atacou alguma controversa peça de matemática da qual não gostava ressaltando que matemática é tautologia: tudo de novo é consequência de coisas que já sabemos. Sim; é, sim. O novo está implícito no velho. Mas o trabalho árduo vem quando se quer explicitá-lo.

Introdução 11

Pergunte a Andrew Wiles; não adianta dizer a ele que o estado do último teorema de Fermat sempre esteve predeterminado pela estrutura lógica da matemática. Ele passou sete anos descobrindo *qual é* esse estado. Até que se faça isso, ser predeterminado serve tanto quanto perguntar a alguém o caminho para a Biblioteca Britânica e lhe dizerem que fica na Grã-Bretanha.

Esta não é uma história organizada de toda a matemática, mas tentei apresentar os tópicos matemáticos que surgem de maneira coerente, de modo que os conceitos se estruturem sistematicamente à medida que o livro avança. De forma geral, isso requer apresentar tudo em ordem quase cronológica. A ordem cronológica por tópico seria impossível de se ler, porque estaríamos saltando perpetuamente de um matemático a outro, então, ordenei os capítulos por data de nascimento e forneci ocasionais referências cruzadas.

Meus desbravadores são 25 no total, antigos e modernos, homens e mulheres, orientais e ocidentais. Suas histórias pessoais começam na Grécia Antiga, com o grande geômetra e engenheiro Arquimedes, cujas realizações abrangeram desde a obtenção do valor aproximado de π e o cálculo da área e do volume de uma esfera até o parafuso de Arquimedes para bombear água, e a garra de Arquimedes, máquina semelhante a um guindaste para destruir navios inimigos. Em seguida vêm três representantes do Extremo Oriente, onde teve lugar a principal atividade matemática da Idade Média: o erudito chinês Liu Hui, o matemático persa Muhammad ibn Musa al-Khwarizmi, cujos trabalhos nos deram as palavras "algoritmo" e "álgebra", e o indiano Madhava de Sangamagrama, pioneiro nas séries infinitas para funções trigonométricas, redescobertas no Ocidente por Newton um milênio depois.

A principal atividade na matemática voltou à Europa durante o Renascimento italiano, onde encontramos Girolamo Cardano, um dos maiores patifes a agraciar o panteão matemático. Jogador e agitador, Cardano também escreveu um dos mais importantes textos de álgebra já impressos, praticou medicina e levou uma vida saída diretamente dos tabloides. E também fazia horóscopos. Em contraste, Pierre de Fermat, famoso pelo "último teorema", era advogado com uma paixão pela matemática que frequentemente o levou a negligenciar o trabalho na área do direito. Ele tornou a teoria dos números um campo reconhecido da matemática, mas também contribuiu para a óptica e desenvolveu alguns precursores do cálculo. Este último foi materializado por Newton, cuja obra-prima é *Philosophiae Naturalis Principia Mathematica*, geralmente abreviado como *Principia*. Nele, Newton enunciou suas leis do movimento e da gravidade e as aplicou ao movimento do sistema solar. Newton marca um ponto de inflexão em física matemática, transformando-a num estudo matemático organizado naquilo que denominou o "sistema do mundo".

Por um século depois de Newton, o foco da matemática passou para a Europa continental e a Rússia. Leonhard Euler, o mais prolífico matemático da história, escreveu importantes trabalhos em ritmo jornalístico, ao mesmo tempo sistematizando áreas da matemática numa série de livros-texto elegantes, claramente redigidos. Nenhum campo da matemática escapou ao seu exame. Euler chegou a antecipar algumas das ideias de Joseph Fourier, cuja investigação da transmissão do calor levou a uma das mais importantes técnicas no manual moderno da engenharia: a análise de Fourier, que representa uma onda periódica em termos das funções trigonométricas básicas "seno" e "cosseno". Fourier também foi o primeiro a compreender que a atmosfera desempenha um importante papel no equilíbrio térmico da Terra.

A matemática entra na era moderna com as incomparáveis pesquisas de Carl Friedrich Gauss, forte concorrente a maior matemático de todos os tempos. Gauss começou na teoria dos números, selou sua reputação em mecânica celeste ao prever o reaparecimento do recém-descoberto asteroide Ceres e fez importantes progressos referentes a números complexos, ajuste de dados segundo quadrados mínimos, e geometria não euclidiana, embora não tenha publicado nada sobre esta última, por recear que estivesse à frente demais de seu tempo, podendo parecer ridículo. Nikolai Ivanovich Lobachevsky foi menos tímido e publicou extensivamente acerca de uma geometria alternativa à de Euclides, agora chamada geometria hiperbólica. Ele e János Bolyai são atualmente reconhecidos como os fundadores de direito da geometria não euclidiana, que pode ser interpretada como a geometria

Introdução 13

natural de uma superfície com curvatura constante. Gauss, no entanto, estava correto em acreditar que essa ideia estava adiante de seu tempo, e nem Lobachevsky nem Bolyai foram apreciados enquanto viveram. Encerramos a era com a história trágica do revolucionário Évariste Galois, morto aos vinte anos num duelo por causa de uma moça. Ele fez importantes progressos em álgebra, levando à atual caracterização do conceito vital de simetria em termos de grupos de transformações.

Um novo tema agora adentra a história, uma trilha desbravada pela primeira mulher matemática que encontramos. Referimo-nos à matemática da computação. Augusta Ada King, condessa de Lovelace, atuou como assistente de Charles Babbage, um indivíduo determinado que entendeu o poder potencial das máquinas de calcular. Ele concebeu a máquina analítica, um computador programável feito de catracas e engrenagens, hoje a geringonça central de muitas obras de ficção científica. Ada é amplamente reconhecida como a primeira programadora de computador, embora a alegação seja controversa. O tema do computador prossegue com George Boole, cujas *leis do pensamento* assentaram o formalismo matemático fundamental para a lógica digital dos computadores atuais.

À medida que a matemática vai ficando mais diversificada, o mesmo ocorre com o nosso relato, abrindo caminho para nos embrenharmos em novas regiões da selva sempre crescente. Bernhard Riemann foi brilhante em desvendar ideias simples, gerais, por trás de conceitos aparentemente complexos. Suas contribuições incluem as fundações da geometria, especialmente suas "variedades", curvas das quais depende a revolucionária teoria da gravitação de Albert Einstein, a relatividade geral. Mas também deu passos enormes na teoria dos números primos relacionando a teoria dos números à análise complexa por meio da "função zeta". A hipótese de Riemann, acerca dos zeros dessa função, é um dos maiores e mais importantes problemas não resolvidos de toda a matemática, com um prêmio de US$1 milhão para quem encontrar a solução.

Em seguida vem Georg Cantor, que mudou a maneira como os matemáticos pensam os alicerces de sua disciplina introduzindo a teoria dos conjuntos, tendo definido análogos infinitos dos números de contagem

1, 2, 3, ..., o que levou à descoberta de que alguns infinitos são maiores que outros – num sentido rigoroso, significativo e útil. Como muitos inovadores, Cantor foi mal compreendido e ridicularizado durante a vida.

Nossa segunda mulher matemática entra agora em cena, a prodigiosamente talentosa Sofia Kovalevskaia. Sua vida foi bastante complicada, entrelaçada com a política revolucionária russa e os obstáculos que a sociedade dominada por homens erigia no caminho das mulheres intelectuais brilhantes. É admirável que ela tenha conseguido chegar a alguma coisa na matemática. Na verdade, fez importantes descobertas na solução de equações diferenciais parciais, no movimento de um corpo rígido, na estrutura dos anéis de Saturno e na refração da luz por um cristal.

A história agora ganha ritmo. Por volta da virada do século XIX, um dos mais destacados matemáticos do mundo foi o francês Henri Poincaré. Aparentemente excêntrico, na verdade era muitíssimo perspicaz. Reconheceu a importância da nascente área da topologia – "a geometria da folha de borracha", na qual as formas podem ser continuamente distorcidas – e a estendeu de duas para três dimensões e mais. Aplicou-a a equações diferenciais, estudando o problema dos três corpos para a gravitação newtoniana. Isso o levou a descobrir a possibilidade do caos determinista, comportamento aparentemente aleatório num sistema não aleatório. Ele também chegou perto de descobrir a relatividade especial antes de Einstein.

Como contraparte germânica de Poincaré temos David Hilbert, cuja carreira se divide em cinco períodos distintos. Primeiro, ele adotou uma linha de pensamento que se originou em Boole, sobre "invariantes" – expressões algébricas que permanecem as mesmas apesar de mudanças em coordenadas. Desenvolveu então um tratamento sistemático e áreas centrais na teoria dos números. Depois disso, revisitou os axiomas de Euclides para a geometria, achou-os insuficientes e introduziu axiomas adicionais para preencher as lacunas lógicas. A seguir, passou para lógica e fundações matemáticas, iniciando um programa para provar que a matemática pode ser colocada numa base axiomática, e que esta é consistente (nenhuma dedução lógica pode levar a uma contradição) e completa (toda afirmação

Introdução

pode ser provada ou refutada). Finalmente, voltou-se para a física matemática, chegando perto de bater Einstein na relatividade geral e introduzindo a noção de espaço de Hilbert, central para a mecânica quântica.

Emmy Noether, a nossa terceira e última mulher matemática, viveu numa época em que a participação feminina nos temas acadêmicos ainda era vista com maus olhos pela maioria dos homens. Ela começou, como Hilbert, na teoria dos invariantes e mais tarde trabalhou como colega dele. Hilbert fez vigorosas tentativas para quebrar o telhado de vidro e assegurar-lhe uma posição acadêmica estável, com parcial sucesso. Emmy Noether desbravou a trilha da álgebra abstrata, sendo pioneira no estudo de estruturas axiomáticas atuais, como grupos, anéis e campos. Também provou um teorema vital relacionando as simetrias das leis da física a grandezas conservadas, tais como a energia.

A essa altura a história já passou para o século XX. Para mostrar que a grande capacidade matemática não está confinada às classes educadas do mundo ocidental, acompanhamos a vida e a carreira do gênio autodidata indiano Srinivasa Ramanujan, que cresceu na miséria. Sua misteriosa capacidade de intuir fórmulas estranhas mas verdadeiras só foi rivalizada, se tanto, por gigantes como Euler e Carl Gustav Jacobi. O conceito de prova de Ramanujan era nebuloso, mas ele era capaz de achar fórmulas com que ninguém teria sonhado. Seus artigos, cadernos e anotações ainda hoje são garimpados em busca de novas maneiras de pensar.

Dois matemáticos com inclinação filosófica nos conduzem de volta às fundações da matéria e sua relação com a computação. Um deles é Kurt Gödel, cuja prova de que qualquer sistema axiomático para a aritmética deve ser incompleto ou indecidível demoliu o programa de Hilbert para provar o oposto. O outro é Alan Turing, cujas investigações sobre as capacidades de um computador programável levaram a uma prova mais simples e mais natural desses resultados. Ele é obviamente famoso por quebrar códigos em Bletchley Park, durante a Segunda Guerra Mundial. Também propôs o teste de Turing para inteligência artificial e, após a guerra, trabalhou em padrões de pelagem animal. Era gay e morreu em circunstâncias trágicas e misteriosas.

Decidi não incluir nenhum matemático vivo, mas terminar com dois matemáticos modernos falecidos recentemente, um dedicado à matemática pura e outro à aplicada (mas também pouco ortodoxo). Este último é Benoît Mandelbrot. Ele é amplamente conhecido por seu trabalho com fractais, formas geométricas que possuem estrutura detalhada em todas as escalas de ampliação. Os fractais muitas vezes modelam a natureza muito melhor que as tradicionais superfícies lisas, como esferas e cilindros. Embora vários outros matemáticos tenham trabalhado com estruturas que agora vemos como fractais, Mandelbrot deu um grande salto ao reconhecer seu potencial como modelos do mundo natural. Ele não era um tipo de matemático adepto de comprovar teoremas; em vez disso, tinha uma apreensão visual intuitiva da geometria, o que o levou a perceber relações e a enunciar conjecturas. Era também uma espécie de showman, um enérgico promotor de suas ideias. Isso não o tornava simpático a alguns na comunidade matemática, mas não se pode agradar a todos.

Finalmente, escolhi um matemático (puro) de matemáticos. William Thurston. Ele também tinha uma profunda apreensão intuitiva da geometria, num sentido mais amplo e profundo que Mandelbrot. Era capaz de fazer matemática das provas de teoremas, como os melhores deles, porém, à medida que sua carreira avançava, ele tendia a se concentrar nos teoremas e esboçar as provas. Em particular, trabalhou em topologia, observando uma inesperada ligação com a geometria não euclidiana. Eventualmente, esse círculo de ideias motivou Grigori Perelman a provar uma fugidia conjectura em topologia, atribuída a Poincaré. Seus métodos também provaram uma conjectura mais geral de Thurston, que fornece inesperadas percepções em todas as variedades tridimensionais.

No CAPÍTULO FINAL, pinço alguns dos fios que se entretecem através das 25 histórias desses indivíduos surpreendentes e analiso o que eles nos ensinam acerca dos matemáticos pioneiros – quem são eles, como trabalham, de onde tiram suas ideias malucas, o que os leva, em primeiro lugar, a ser matemáticos.

Introdução

Por enquanto, porém, só quero acrescentar duas advertências. A primeira é que necessariamente fui seletivo. Não há espaço para biografias abrangentes, para vasculhar em detalhe tudo em que meus desbravadores trabalharam, nem para entrar em detalhes refinados de como suas ideias evoluíram e como interagiram com seus colegas. Em vez disso, tentei oferecer uma seleção representativa de suas descobertas e conceitos mais importantes – ou interessantes –, com detalhes históricos suficientes para pintar um quadro sobre eles como pessoas e situá-los em sua sociedade. Para alguns matemáticos da Antiguidade, até isso é muito superficial, porque poucos registros sobre suas vidas (muitas vezes não há nenhum documento original sobre seu trabalho) sobreviveram.

A segunda é que os 25 matemáticos que escolhi não são, de forma alguma, as *únicas* figuras significativas no desenvolvimento da matemática. Fiz minhas escolhas por muitas razões: a importância da matemática, o interesse intrínseco da área, o apelo da história humana, o período histórico, a diversidade e aquela qualidade fugaz, o "equilíbrio". Se seu matemático favorito foi omitido, a razão mais provável é a limitação de espaço, associada ao desejo de escolher representantes que estejam amplamente distribuídos na variedade tridimensional cujas coordenadas sejam geografia, período histórico e gênero. Acredito que todo mundo no livro mereça plenamente sua inclusão, embora um ou dois possam ser controversos. Não tenho dúvida alguma de que muitos outros poderiam ter sido escolhidos com justificativa comparável.

1. Não perturbem os meus círculos

ARQUIMEDES

Arquimedes de Siracusa
Nascimento: Siracusa, Sicília, c.287 a.C.
Morte: Siracusa, c.212 a.C.

O ANO: 1973. O lugar: Base Naval de Skaramagas, perto de Atenas. Todos os olhos se focalizam na imitação em madeira compensada de um navio romano. Também se concentram no navio: os raios do Sol, refletidos por setenta espelhos revestidos de cobre a cinquenta metros de distância, cada um com um metro de largura e meio metro de altura.

Em alguns segundos o navio pega fogo.

Ioannis Sakkas, cientista grego moderno, está recriando uma peça possivelmente mítica da ciência grega antiga. No século II, o autor romano Luciano escreveu que, no Cerco de Siracusa, por volta de 214–212 a.C., o engenheiro e matemático Arquimedes inventou um dispositivo para destruir navios inimigos com fogo. Se esse dispositivo existiu, e se existiu como funcionava, isso é altamente obscuro. A história de Luciano poderia ser apenas uma referência ao uso comum de flechas incendiárias ou tochas incandescentes disparadas de uma catapulta, mas é difícil enxergar por que isso teria sido apresentado como invenção. No século VI, Antêmio de Trales sugeriu, em *Lentes incendiárias*, que Arquimedes havia usado lentes gigantescas. Mas na lenda predominante Arquimedes utilizou um espelho gigante, ou possivelmente um arranjo de espelhos dispostos em arco para formar aproximadamente um refletor parabólico.

A parábola é uma curva em forma de U, bem conhecida dos geômetras gregos. Arquimedes com certeza conhecia sua propriedade focal: todas as retas paralelas ao eixo, quando refletidas na parábola, passam pelo mesmo ponto, chamado foco. Se alguém já teria percebido que o espelho parabólico focalizaria a luz (e o calor) do Sol da mesma maneira, isso é algo menos seguro, porque a compreensão que os gregos tinham da luz era rudimentar. Mas, como demonstra o experimento de Sakkas, Arquimedes não teria efetivamente precisado de um arranjo parabólico. Uma grande quantidade de soldados, cada qual armado de um escudo refletor, apontando-o de modo independente a fim de dirigir os raios do Sol para a mesma parte do navio, teria agido da mesma forma.

A praticidade do que muitas vezes é chamado "raio de calor de Arquimedes" tem sido intensamente debatida. O filósofo René Descartes, pioneiro em óptica, não acreditava que tivesse funcionado. O experimento de Sakkas sugere que poderia ter dado certo, mas seu navio de mentira, feito de madeira compensada, era frágil e revestido por uma tinta com base de alcatrão, o que faz com que se incendeie facilmente. De outro lado, na época de Arquimedes era comum revestir navios de alcatrão para proteger os cascos. Em 2005, um punhado de estudantes do Massachusetts Institute of Technology (MIT) repetiu o experimento de Sakkas, acabando por atear fogo numa imitação de navio feita de madeira – mas só depois de focalizar nele os raios do Sol por dez minutos, enquanto a embarcação permanecia totalmente estacionária. Eles fizeram nova tentativa para o programa de TV *Mythbusters* usando um barco pesqueiro em San Francisco, e conseguiram chamuscar a madeira

Arquimedes

e produzir algumas chamas, mas o fogo não pegou. O *Mythbusters* concluiu que o mito fora destruído.

Arquimedes era um polímata: astrônomo, engenheiro, inventor, matemático, físico. Foi provavelmente o maior cientista (para usar o termo moderno) de sua época. Além de importantes descobertas matemáticas, criou invenções fascinantes em seu escopo – o parafuso de Arquimedes para bombear água, sistemas de polias e roldanas com travas para erguer grandes pesos – e descobriu o princípio que leva seu nome sobre corpos flutuantes e a lei (embora não o equipamento, que apareceu muito antes) da alavanca. Também lhe é creditada uma segunda máquina bélica, a garra de Arquimedes. Ele teria usado esse dispositivo em forma de guindaste na Batalha de Siracusa para erguer navios inimigos da água e afundá-los. O documentário televisivo de 2005 *Superweapons of the Ancient World* construiu sua própria versão da máquina, e ela funcionou. Textos antigos contêm muitas outras referências impressionantes aos teoremas e invenções atribuídos a Arquimedes. Entre eles há uma calculadora planetária mecânica, muito parecida com a famosa máquina de Anticítera, de cerca de 100 a.C., descoberta num navio naufragado em 1900-01 e só recentemente compreendida.

Sabemos muito pouco sobre Arquimedes. Ele nasceu em Siracusa, cidade histórica da Sicília localizada perto da extremidade meridional da ilha. Foi fundada em 734 ou 733 a.C. por colonos gregos, supostamente sob o semimítico Árquias quando este se exilou de Corinto. Segundo Plutarco, Árquias havia se apaixonado por Acteão, um belo rapaz. Quando suas investidas foram rejeitadas, tentou sequestrar o jovem, mas, na luta, Acteão foi morto e dilacerado. Os rogos de justiça de seu pai, Melisso, ficaram sem resposta, então ele subiu até o alto de um templo de Poseidon, clamou ao deus por vingança e lançou-se contra as rochas. Severa seca e escassez seguiram-se a esses dramáticos acontecimentos, e o oráculo local declarou que somente a vingança apaziguaria Poseidon. Árquias entendeu a mensagem, exilou-se voluntariamente para evitar ser sacrificado, foi para a Sicília e fundou Siracusa. Mais tarde seu passado cobrou a conta quando Télefo, rapaz que também havia sido objeto dos desejos de Árquias, o matou.

A terra era fértil, os nativos, amistosos, e Siracusa logo se tornou a cidade grega mais próspera e poderosa em todo o Mediterrâneo. Em *O contador de areia*, Arquimedes diz que seu pai fora Fídias, um astrônomo. Segundo *Vidas paralelas*, de Plutarco, ele era parente distante de Hierão II, tirano de Siracusa. Quando jovem, acredita-se que Arquimedes tenha estudado na cidade egípcia de Alexandria, no litoral do delta do Nilo, onde conheceu Conão de Samos e Eratóstenes de Cirene. Entre as evidências está sua afirmação de que Conão era seu amigo e as introduções de seus livros *O método dos teoremas mecânicos* e *O problema dos bois*, endereçadas a Eratóstenes.

Há também algumas narrativas sobre sua morte, e chegaremos a elas no devido tempo.

A REPUTAÇÃO MATEMÁTICA de Arquimedes repousa sobre aquelas obras que sobreviveram – todas como cópias posteriores. *Quadratura da parábola*, que assume a forma de carta a seu amigo Dositeu, contém 24 teoremas sobre parábolas, sendo que o último dá a área de um segmento parabólico em termos de um triângulo a ele relacionado. A parábola figura de maneira preeminente em seu trabalho. É um tipo de seção cônica, uma família de curvas que desempenhou importante papel na geometria grega. Para criar uma seção cônica, usa-se um plano que corta um cone duplo, formado pela junção de dois cones idênticos pelos vértices. Há três tipos principais: a elipse, uma oval fechada; a parábola, uma curva em forma de U; e a hipérbole, duas curvas em forma de U, uma de cabeça para cima e outra de cabeça para baixo.

Sobre o equilíbrio dos planos consiste em dois livros separados. Eles estabelecem alguns resultados fundamentais sobre o que agora chamamos de estática, o ramo da mecânica que analisa as condições nas quais um corpo permanece em repouso. O desenvolvimento posterior desse tópico sus-

Arquimedes

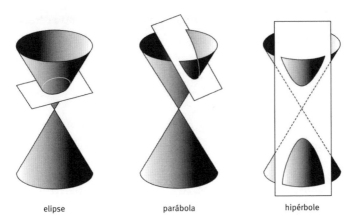

elipse — parábola — hipérbole

Os três tipos principais de seção cônica.

tenta toda a engenharia civil, possibilitando calcular as forças que atuam sobre elementos estruturais de prédios e pontes, de modo a garantir que permaneçam em repouso, em vez de se deformar ou desabar.

O primeiro livro concentra-se na lei da alavanca, que Arquimedes enuncia como: "Grandezas estão em equilíbrio a distâncias inversamente proporcionais a seus pesos." Uma consequência disso é que uma alavanca comprida amplifica uma força pequena. Plutarco nos conta que Arquimedes dramatizou isso numa carta ao rei Hierão: "Deem-me um lugar para me apoiar, e eu moverei a Terra." Ele teria necessitado de uma alavanca muito longa, perfeitamente rígida, mas a principal desvantagem das alavancas é que, embora a força aplicada se multiplique, a extremidade oposta encontra-se a uma distância muito menor do que o ponto onde está aplicada a força. Arquimedes poderia ter movido a Terra com a mesma (minúscula) distância simplesmente dando um pulo. No entanto, uma alavanca é muito efetiva, e o mesmo ocorre com uma variante que Arquimedes também compreendeu: a polia. Quando um Hierão cético pediu-lhe que demonstrasse, Arquimedes

> escolheu adequadamente um navio de carga do arsenal do rei que não podia ser puxado do cais sem grande labuta e muitos homens; e, enchendo-o de

muitos passageiros e carga total, sentou-se por algum tempo a certa distância, sem grande esforço, mas apenas segurando a roda da polia na mão e puxando as cordas gradualmente; assim moveu a embarcação em linha reta, de forma tão suave e regular como se ela estivesse no mar.

O segundo livro trata principalmente de achar o centro de gravidade de diversas formas: triângulo, paralelogramo, trapézio e segmento de parábola.

Sobre a esfera e o cilindro reúne resultados dos quais Arquimedes se orgulhou tanto que os fez inscrever em sua tumba. Ele provou, rigorosamente, que a área da superfície de uma esfera é quatro vezes a área de qualquer círculo máximo (tal como o equador de uma Terra esférica); que seu volume é dois terços do volume de um cilindro que se encaixa exatamente em torno da esfera; e que a área de qualquer segmento esférico cortado por um plano é a mesma que a do segmento correspondente do cilindro. Sua prova usava um rebuscado método conhecido como exaustão, que foi introduzido por Eudoxo para lidar com proporções envolvendo números irracionais – números que não podem ser representados exatamente como frações. Em termos modernos, Arquimedes provou que a área da superfície de uma esfera de raio r é $4\pi r^2$, e seu volume é $\frac{4}{3}\pi r^3$.

Os matemáticos têm o hábito de apresentar seus resultados finais polidos, de forma lindamente organizada, enquanto ocultam o processo muitas vezes bagunçado e confuso que levou a eles. É uma sorte que tenhamos alguma percepção adicional de como Arquimedes fez suas descobertas sobre a esfera, registradas em *O método dos teoremas mecânicos*. Durante muito tempo julgou-se que essa obra estivesse perdida, mas em 1906 o historiador dinamarquês Johan Heiberg descobriu uma cópia incompleta, o palimpsesto de Arquimedes. Palimpsesto é um texto que foi lavado ou raspado para permitir que o papel ou pergaminho fosse reutilizado, prática essa que remonta à Antiguidade. Os trabalhos de Arquimedes foram reunidos por Isidoro de Mileto por volta de 530 em Constantinopla (a moderna Istambul), capital do Império Bizantino. Foram copiados em 950 por algum escriba bizantino, numa época em que Leão o Matemático dirigia uma escola de matemática que estudava os trabalhos de Arquimedes. O manuscrito foi para Jerusalém, onde em 1229 foi desmontado, lavado (com pouca eficiência), dobrado ao meio e reencadernado para formar uma obra litúrgica cristã de 177 páginas.

Na década de 1840, Constantin von Tischendorf, estudioso da Bíblia, deparou com esse texto, a essa altura de volta a uma biblioteca grega ortodoxa em Constantinopla, e notou leves traços de matemática grega. Tirou uma página e a depositou na biblioteca da Universidade de Cambridge. Em 1899 Athanasios Papadopoulos-Kerameus, catalogando os manuscritos da biblioteca, traduziu parte da página. Heiberg percebeu que era de Arquimedes, e a rastreou de volta até Constantinopla, onde obteve permissão para fotografar o documento inteiro. Então o transcreveu, publicando os resultados entre 1910 e 1915, e Thomas Heath traduziu o texto para o inglês. Após uma complicada série de acontecimentos, inclusive um leilão contestado por um processo legal acerca da propriedade, ele foi vendido para um americano anônimo por US$2 milhões. O novo proprietário o disponibilizou para estudo, e ele foi submetido a uma variedade de técnicas de digitalização de imagens para revelar o texto subjacente.

A técnica da exaustão requer conhecimento antecipado da resposta, e os estudiosos por muito tempo se perguntaram como Arquimedes adivinhou as regras para a área e o volume da esfera. *O método* dá uma explicação:

> Certas coisas ficaram claras, para mim, primeiro por um método mecânico, embora precisassem ser comprovadas depois por geometria, porque sua investigação pelo referido método não fornecia uma prova real. Mas obviamente é mais fácil, quando já adquirimos de maneira prévia, pelo método, algum conhecimento das questões, fornecer a prova do que a encontrar sem qualquer conhecimento prévio.

Arquimedes imagina pendurar uma esfera, um cilindro e um cone numa balança, e então cortar os três em fatias infinitamente delgadas, que são redistribuídas de maneira que mantenham a balança em equilíbrio. Ele usa, então, a lei da alavanca para relacionar os três volumes (os do cilindro e do cone eram conhecidos) e deduz as grandezas requeridas. Tem-se sugerido que Arquimedes foi pioneiro no uso de infinitos reais em matemática. Isso talvez seja a leitura exagerada de um obscuro documento, mas é claro que *O método* antecipa algumas das ideias do cálculo infinitesimal.

Os OUTROS TRABALHOS DE Arquimedes ilustram quão diversos eram seus interesses. *Sobre as espirais* prova alguns resultados básicos sobre comprimentos e áreas relacionadas à espiral de Arquimedes, a curva descrita por um ponto que se move em velocidade uniforme ao longo de uma reta girando em velocidade uniforme. *Sobre os conoides e esferoides* estuda os volumes de segmentos de sólidos formados girando-se seções cônicas em torno de um eixo.

Sobre os corpos flutuantes é o primeiro trabalho em hidrostática, a posição de equilíbrio de objetos flutuantes. A obra inclui o princípio de Arquimedes: um corpo imerso num líquido está sujeito a uma força de empuxo igual ao peso do líquido deslocado. Esse princípio é tema da famosa anedota: pede-se a Arquimedes que conceba um método a fim de determinar se uma coroa votiva feita para o rei Hierão II é realmente de ouro. Sentado em sua banheira, ele é subitamente tomado de inspiração, ficando tão empolgado que sai correndo pela rua gritando "Eureca!" (Achei!) – esquecendo-se de vestir-se antes. A nudez pública não teria sido particularmente escandalosa na Grécia Antiga, verdade seja dita. O ponto alto técnico do livro é a condição para que um paraboloide flutuante seja estável, precursora das ideias básicas de arquitetura naval sobre estabilidade e balanço das embarcações.

Sobre a medida do círculo aplica o método da exaustão para provar que a área de um círculo é metade do raio vezes a circunferência – πr^2. Para provar isso, Arquimedes inscreve e circunscreve polígonos regulares com 6, 12, 24, 48 e 96 lados. Ao considerar 96-ágonos, ele prova um resultado equivalente a uma estimativa para o valor de π: ele se situa entre $3\frac{1}{7}$ e $3\frac{10}{71}$.

O contador de areia é endereçado a Gelão II, tirano de Siracusa, filho de Hierão II. Isso acresce a evidência de que Arquimedes tinha ligações com a realeza. Ele explica seu objetivo:

> Há alguns, rei Gelão, que pensam que o número de grãos de areia é infinito em sua imensidão. ... Mas eu tentarei lhe mostrar ... que, dos números nomeados por mim e dados no trabalho que enviei a Zeuxipo, alguns excedem não só o número da massa de areia igual em magnitude à Terra preenchida, mas também o número da massa igual em magnitude ao Universo.

Aqui Arquimedes está promovendo seu novo sistema para nomear grandes números combatendo o uso errado comum do termo "infinito" para denotar "muito grande". Ele tem um sentido claro da distinção. Seu texto combina duas ideias principais. A primeira é uma extensão das palavras gregas padrão para números de maneira a permitir números muito maiores que uma miríade de miríades (100 milhões, 10^8). A segunda é uma estimativa para o tamanho do Universo, que ele baseia na teoria heliocêntrica (com centro no Sol) de Aristarco. Seu resultado final é que, em notação atual, seriam necessários, no máximo, 10^{63} grãos de areia para preencher o Universo.

Há uma longa tradição recreativa na matemática apresentando jogos e quebra-cabeças. Algumas vezes eles são apenas diversão, outras são problemas divertidos que esclarecem conceitos mais sérios. O *Problema dos bois* propõe questões estudadas até hoje. Em 1773, Gotthold Lessing, bibliotecário alemão, deparou com um manuscrito grego: um poema de 44 versos convidando o leitor a calcular quantos bois há no rebanho do deus Sol. O título do poema o apresenta como uma carta de Arquimedes a Eratóstenes. Ele começa assim:

> Calcula, ó amigo, o número dos bois do Sol que um dia pastaram sobre as planícies da Sicília, divididos segundo a cor em quatro rebanhos, um branco de leite, um preto, um malhado e um amarelo. O número de bois é maior que o número de vacas, e a relação entre eles é a seguinte.

Ele lista então sete equações nas linhas de:

$$\text{bois brancos} = \left(\frac{1}{2} + \frac{1}{3}\right) \text{bois pretos} + \text{bois amarelos}$$

e prossegue:

> Se podes dar, ó amigo, o número de cada tipo de bois e vacas, não és nenhum novato em números, todavia, não podes ser visto como alguém de grande habilidade. Considera, porém, as seguintes relações adicionais entre os bois do Sol:
> Bois brancos + bois pretos = um número quadrado
> Bois malhados + bois amarelos = um número triangular
> Se calculasse esses também, ó amigo, e encontraste o número total de bois, então exulta como conquistador, pois provaste ser extremamente habilidoso em números.

Números quadrados são 1, 4, 9, 16, e assim por diante, obtidos multiplicando-se um número inteiro por si mesmo. Números triangulares são 1, 3, 6, 10, e assim por diante, formados somando números inteiros consecutivos – por exemplo, $10 = 1 + 2 + 3 + 4$. Essas condições constituem o que agora chamamos de sistema de equações diofantinas, batizadas em nome de Diofanto de Alexandria, que escreveu sobre elas por volta de 250 d.C. em *Arithmetica*. A solução precisa ser dada em números inteiros, porque é pouco provável que o deus Sol tivesse meia vaca no seu rebanho.

O primeiro conjunto de condições leva a um número infinito de soluções possíveis, a menor dando 7 460 514 bois pretos e números comparáveis dos outros animais. As condições suplementares fazem uma seleção entre essas soluções e levam a um tipo de equação diofantina conhecida como equação de Pell (Capítulo 6). Esta requer inteiros x e y tais que $nx^2 + 1 = y^2$, onde n é um inteiro dado. Por exemplo, quando $n = 2$ a equação é $2x^2 + 1 = y^2$, com soluções tais como $x = 2$ e $y = 3$ e $x = 12$, $y = 17$. Em 1965, Hugh Williams, R.A. German e Charles Zarnke descobriram a menor solução consistente com as duas condições adicionais, usando dois computadores IBM. É aproximadamente $7,76 \times 10^{206544}$.

Não há meio de Arquimedes ter calculado esse número a mão, e não há evidência de que ele tivesse qualquer coisa a ver com o problema além do título do poema. O problema dos bois atrai a atenção dos teóricos dos números e tem inspirado novos resultados da equação de Pell.

O REGISTRO HISTÓRICO da vida de Arquimedes é frágil, mas sabemos um pouco mais sobre sua morte, admitindo que qualquer um dos relatos esteja correto. Provavelmente eles contêm ao menos um grão de verdade.

Na Segunda Guerra Púnica, por volta de 212 a.C., o general romano Marco Cláudio Marcelo sitiou Siracusa, capturando-a depois de dois anos. Plutarco relata que o idoso Arquimedes estava olhando um diagrama geométrico na areia. O general mandou um soldado dizer a Arquimedes que fosse se encontrar com ele, mas o matemático protestou dizendo que não tinha terminado de trabalhar no seu problema. O soldado perdeu a paciência e matou Arquimedes com a espada; supostamente as últimas palavras do sábio foram: "Não perturbem os meus círculos!" Conhecendo os matemáticos, acho isso inteiramente plausível, mas Plutarco dá outra versão, na qual Arquimedes tenta render-se a um soldado, que acha que os instrumentos matemáticos que ele carrega são valiosos, e o assassina para roubá-los. Em ambas as versões, Marcelo ficou um tanto irritado com a morte do venerado gênio matemático.

A tumba de Arquimedes foi decorada com uma escultura retratando seu teorema favorito, tirado de *Sobre a esfera e o cilindro*: uma esfera inscrita num cilindro tem dois terços do seu volume e a mesma área de superfície. Mais de um século depois da morte de Arquimedes, o orador romano Cícero foi questor (auditor nomeado pelo Estado) na Sicília. Ouvindo falar sobre a tumba, acabou por encontrá-la dilapidada, perto da Porta de Agrigento, em Siracusa. Ordenou sua restauração, o que possibilitou a ele ler algumas das inscrições, inclusive um diagrama da esfera e do cilindro.

Atualmente, a localização da tumba é desconhecida, e nada parece ter sobrevivido. Mas Arquimedes vive por intermédio de sua matemática, grande parte dela ainda importante mais de 2 mil anos depois.

2. O Senhor do Caminho

LIU HUI

Liu Hui
Vida: Cao Wei, China, século III d.C.

O *Clássico aritmético do gnômon e os trajetos circulares do céu* é o mais antigo texto chinês sobre matemática que se conhece, datando do Período dos Estados Combatentes, 400-200 a.C. Ele principia com uma bela peça de propaganda educativa:

> Muito tempo atrás, Rong Fang perguntou a Chen Zi: "Mestre, recentemente ouvi algo sobre o seu caminho. É realmente verdade que o seu caminho é capaz de abranger a altura e o tamanho do Sol, a área iluminada pela sua radiância, a quantidade de seu movimento diário, os números para suas distâncias máxima e mínima, a extensão da vista humana, os limites dos quatro polos, as constelações nas quais as estrelas estão ordenadas e o comprimento e a largura do céu e da Terra?"

"É verdade", disse Chen Zi.

Rong Fang indagou: "Embora eu não seja inteligente, mestre, gostaria que o senhor me favorecesse com uma explicação. Pode alguém como eu ser introduzido nesse caminho?"

Chen Zi retrucou: "Sim. Todas as coisas podem ser obtidas por ti pela matemática. Tua habilidade em matemática é suficiente para compreender tais questões se dedicares a elas, com sinceridade, reiterado pensamento."

O livro continua deduzindo um número para a distância da Terra ao Sol usando a geometria. Seu modelo cosmológico era primitivo: uma Terra plana sob um céu plano circular. Mas a matemática era bastante sofisticada. Essencialmente, ela utilizava a geometria de triângulos semelhantes aplicada às sombras produzidas pelo Sol.

O *Clássico aritmético* mostra o avançado estado da matemática chinesa por volta do período helênico grego desde a morte de Alexandre o Grande em 323 a.C. até 146 a.C., quando a República de Roma anexou a Grécia ao seu império. Esse período representou o auge da dominação intelectual da Grécia Antiga; a época da maioria dos grandes geômetras, filósofos, lógicos e astrônomos do mundo clássico. Mesmo sob o domínio romano, a Grécia continuou a fazer progressos culturais e científicos até cerca de 600 d.C., mas os centros da inovação matemática mudaram para a China, a Arábia e a Índia. O predomínio do progresso matemático não voltou à Europa até o Renascimento, embora a "Idade das Trevas" não tenha sido tão escura quanto às vezes se pinta, e progressos menores também foram feitos na Europa.

Os progressos chineses eram impressionantes. Até recentemente a maioria dos historiadores da matemática adotava um ponto de vista eurocêntrico e os ignorava, até que George Gheverghese Joseph escreveu sobre os primeiros tempos da matemática no Extremo Oriente em *The Crest of the Peacock*. Entre os maiores dos antigos matemáticos chineses estava Liu Hui. Descendente do marquês de Zixiang, da dinastia Han, viveu no estado de Cao Wei durante o período dos Três Reinos. Em 263, escreveu e publicou um livro com soluções para problemas matemáticos apresentados no famoso livro de matemática chinesa *Nove capítulos da arte matemática*.

Seus trabalhos incluem uma prova do teorema de Pitágoras, teoremas em geometria dos sólidos, um aperfeiçoamento da aproximação de Arquimedes para π e um método sistemático para resolver equações lineares com diversas incógnitas. Escreveu também sobre medidas de áreas, com especial aplicação para a astronomia. Provavelmente visitou Luoyang, uma das quatro antigas capitais da China, e mediu a sombra do Sol.

EVIDÊNCIAS PARA OS PRIMÓRDIOS da história da China provêm de alguns textos posteriores, tais como os vastos *Registros do grande historiador*, do escriba da dinastia Han, Sima Qian (cerca de 110 a.C.), e os *Anais de bambu*, uma crônica histórica escrita em estacas de bambu enterradas no túmulo do rei Xiang de Wei em 296 a.C. e desenterradas novamente em 281 d.C. De acordo com essas fontes, a civilização chinesa começou no terceiro milênio antes de Cristo com a dinastia Xia. Registros escritos começam com a dinastia Shang, que reinou de 1600-1046 a.C. e deixou as primeiras evidências de contagem chinesa na forma de ossos de oráculo – ossos marcados usados para fins divinatórios. Uma invasão bem-sucedida por parte dos Zhou levou a um Estado mais estável, com estrutura feudal, que começou a se desintegrar três séculos depois, quando outros grupos tentaram impor-se à força.

Em 476 a.C. reinava praticamente a anarquia, num período conhecido como Estados Guerreiros, que durou mais de dois séculos. O *Clássico aritmético* foi escrito durante esse tempo turbulento. Seu principal conteúdo matemático é o que agora chamamos de teorema de Pitágoras, frações e aritmética; inclui também um bocado de astronomia. O teorema de Pitágoras é apresentado numa conversa entre o duque Chou Kung e o nobre Shang Kao. Sua discussão acerca de ângulos retos leva a um enunciado do famoso teorema e a uma prova geométrica. Por algum tempo os historiadores achavam que essa descoberta batia Pitágoras em meio milênio. Atualmente a opinião geral é de que foi uma descoberta independente, antecedendo Pitágoras, mas não em tanto tempo.

Um importante sucessor para o mesmo período geral é o já mencionado *Nove capítulos*, que contém ampla riqueza de material, como extração de raízes, solução de equações simultâneas, áreas e volumes e, novamente, triângulos retângulos. Um comentário de Zhang Heng, em 130 d.C., dá a aproximação de π como $\sqrt{10}$. O comentário de Chao Chun Chin sobre o *Clássico matemático* em algum momento do século III adicionou um método para resolver equações quadráticas. O desenvolvimento mais influente de *Nove capítulos* foi feito pelo maior matemático chinês da Antiguidade, Liu Hui, em 263 d.C. Ele apresentava o livro com uma explicação:

> No passado, o tirano Qin queimou documentos escritos, o que levou à destruição do conhecimento clássico. Mais tarde, Zhang Cang, marquês de Peiping, e Geng Shouchang, vice-presidente do Ministério da Agricultura, tornaram-se ambos famosos por meio do seu talento para cálculos. Como os textos antigos haviam se deteriorado, Zhang Cang e sua equipe produziram uma nova versão removendo as partes deficientes e preenchendo as falhas. Logo, revisaram algumas partes, com o resultado de que estas eram diferentes das antigas.

Em particular, Liu Hui dava provas de que os métodos do livro funcionavam, usando técnicas que hoje não consideraríamos rigorosas, semelhantes às de Arquimedes em *O método*. E fornecia material adicional sobre topografia, também publicado separadamente como *Manual de matemática da ilha marítima*.

O PRIMEIRO CAPÍTULO DE *Nove capítulos* explica como calcular as áreas de campos de vários formatos, tais como retângulos, triângulos, trapézios e círculos. Suas regras estão corretas, exceto para o círculo. Mesmo aqui a *receita* está certa: multiplicar o raio pela metade da circunferência. No entanto, a circunferência é calculada como 3 vezes o diâmetro, assumindo com efeito $\pi = 3$. Como questão prática, a regra subestima a área em menos de 5%.

No fim do século I a.C. o governante Wang Mang instruiu o astrônomo e elaborador de calendários Liu Hsing a conceber uma medida-padrão para volumes. Liu Hsing fez um vaso cilíndrico de bronze muito acurado para atuar como medida-padrão de referência. Milhares de cópias foram usadas em toda a China. O vaso original está hoje num museu em Pequim, e suas dimensões levaram alguns a sugerir que Liu Hsing efetivamente empregou um valor para π em torno de 3,1547. (Exatamente como esse número pode ser obtido com tamanho grau de precisão medindo um vaso de bronze não está claro, pelo menos para mim.) O *Sui Shu* (história oficial da dinastia Sui) apresenta uma afirmação que equivale a dizer que Liu Hsing encontrou um novo valor para π. Liu Hui comenta que mais ou menos na mesma época o astrólogo da corte Zhang Heng propôs adotar π como raiz quadrada de 10, que é 3,1622. Claramente estavam no ar valores melhorados para π.

Em seu comentário sobre *Nove capítulos*, Liu Hui ressalta que a regra tradicional "$\pi = 3$" está errada: em vez da circunferência do círculo, ela fornece o perímetro de um hexágono inscrito, que é visivelmente menor. Ele calculou então um valor mais acurado para a circunferência (e, implicitamente, para π). Na verdade, foi além, descrevendo um método computacional para estimar π até o nível de precisão que se deseje. Sua abordagem era similar à de Arquimedes: aproximar o círculo por meio de polígonos regulares com 6, 12, 24, 48, 96, ... lados. Para aplicar o método da exaustão, Arquimedes usou uma sequência de polígonos de aproximação inscritos no círculo e uma segunda sequência encaixada do lado externo. Liu Hui usou somente polígonos inscritos, mas no final do cálculo apresentou um argumento geométrico para alocar os limites inferior e superior no valor verdadeiro de π. Esse método dá aproximações arbitrariamente acuradas de π empregando nada mais difícil que raízes quadradas. Estas podem ser calculadas sistematicamente; o método é trabalhoso, mas não mais complexo que uma longa multiplicação. Um aritmético habilidoso podia obter dez casas decimais de π em um dia.

Mais tarde, por volta de 469, Tsu Ch'ung Chih estendeu o cálculo para mostrar que

$$3,1415926 < \pi < 3,1415927$$

O resultado foi registrado, mas seu método, que talvez ele tenha explicado na obra perdida *Método de interpolação*, não. Poderia ter sido feito continuando o cálculo de Liu Hui, mas o título do livro sugere que envolvia estimar um valor mais preciso a partir de um par de aproximações, uma pequena demais e outra grande demais. Métodos como esse podem ser encontrados na matemática até agora. Não muito tempo atrás eram ensinados nas escolas, para serem empregados com a ajuda de tábuas de logaritmos. Tsu concebeu duas frações simples para aproximação de π: os $22/7$ de Arquimedes, acurada em duas casas decimais, e $355/113$, acurada em seis casas decimais. A primeira é amplamente usada hoje, e a segunda é bem conhecida dos matemáticos.

UMA RECONSTRUÇÃO DA PROVA de Liu Hui para o teorema de Pitágoras, baseada nas instruções de seu livro, é uma dissecção engenhosa e inusitada. O triângulo retângulo é mostrado em preto. O quadrado sobre um dos lados é dividido em dois por uma diagonal (cinza-claro). O outro quadrado é cortado em cinco pedaços: um quadrado pequeno (cinza-escuro), um par de triângulos simetricamente dispostos do mesmo formato e tamanho que o triângulo retângulo original (cinza médio) e um par de triângulos simetricamente dispostos preenchendo o espaço restante (branco). Então todos os sete pedaços são reunidos para formar o quadrado sobre a hipotenusa.

Outras dissecções, mais simples, também podem ser usadas para provar esse teorema.

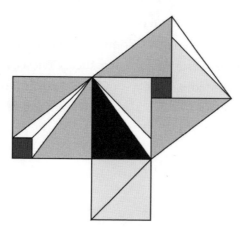

Possível reconstrução da prova de Liu Hui
para o teorema de Pitágoras.

Os antigos matemáticos chineses estavam tão habilitados, em cada detalhe, quanto seus contemporâneos gregos, e o curso da matemática chinesa após o período de Liu Hui inclui muitas descobertas que antecedem seu aparecimento na matemática europeia. Por exemplo, as estimativas encontradas por Liu Hui e Tsu Ch'ung Chih para π não foram aprimoradas ao longo dos próximos mil anos.

Joseph examina se algumas das ideias deles poderiam ter sido transmitidas para a Índia e a Arábia acompanhando o comércio de bens, e daí possivelmente chegado à Europa. Se isso ocorreu, as posteriores redescobertas europeias talvez não tenham sido inteiramente independentes. Havia diplomatas chineses na Índia no século VI, e traduções chinesas de livros de matemática e astronomia indianos foram feitas no século VII. No que diz respeito à Arábia, o profeta Maomé emitiu um *hadith* – pronunciamento com significação religiosa – dizendo: "Busca aprender, ainda que seja tão distante quanto a China." No século XIV, viajantes árabes relatam laços de comércio formais com a China e o viajante e erudito marroquino Muhammad ibn Battuta escreve acerca de ciência e tecnologia – bem como cultura – chinesas em *Viagem*.

Sabemos que as ideias da Índia e da Arábia abriram caminho até a Europa medieval, como os dois próximos capítulos irão ilustrar. Portanto, de maneira nenhuma é impossível que o conhecimento chinês tenha feito o mesmo. A presença de jesuítas na China nos séculos XVII e XVIII inspirou parte da filosofia de Leibniz, via Confúcio. Pode muito bem ter havido uma rede complexa transmitindo matemática, ciência e muito mais entre a Grécia, o Oriente Médio, a Índia e a China. Se assim foi, a história convencional da matemática ocidental está exigindo uma revisão.

3. Dixit Algorismi

MUHAMMAD AL-KHWARIZMI

Muhammad ibn Musa al-Khwarizmi
Nascimento: Khwarizm (atual Khiva),
Pérsia, c.780 | *Morte:* c.850

DEPOIS DA MORTE do profeta Maomé, em 632, o controle do mundo islâmico passou para uma série de califas. Em princípio, os califas eram escolhidos por mérito, de modo que o sistema de poder do califado não era exatamente uma monarquia. No entanto, o califa tinha muito poder. Mais ou menos em 654, sob Otomão, o terceiro califa, o califado tinha se tornado o maior império que o mundo já vira. Seu território (na geografia atual) incluía a Península Arábica, a África do Norte desde o Egito, passando pela Líbia até a Tunísia Oriental, o Levante, o Cáucaso e grande parte da Ásia Central, do Irã ao Paquistão, Afeganistão e Turcomenistão.

Os primeiros quatro califas constituíram o califado Rashidun, sucedido pela dinastia omíada, por sua vez sucedida pela dinastia abássida, que derrubou os omíadas com auxílio persa. O centro do governo, originalmente em Damasco, mudou-se para Bagdá, cidade fundada pelo califa Al-Mansur em 762. Sua localização, perto da Pérsia, era em parte ditada pela necessidade de confiar nos serviços de administradores persas, que compreendiam como interagiam as várias regiões do Império Islâmico. Foi criada a posição de vizir, permitindo ao califa delegar a responsabilidade administrativa; o vizir, por sua vez, delegava os assuntos locais a emires regionais. O califa foi aos poucos se tornando um chefe decorativo, com o poder real investido no vizir, mas os primeiros califas abássidas exerciam considerável controle.

Por volta do ano 800, Harun al-Rashid fundou a Bayt al-Hikma, ou Casa do Saber, uma biblioteca na qual escritos de outras culturas eram traduzidos para o árabe. Seu filho, Al-Mamune, levou adiante o projeto até completá-lo, reunindo uma imensa coleção de manuscritos gregos e grande número de estudiosos. Bagdá tornou-se um centro de ciência e comércio, atraindo eruditos e mercadores de lugares tão distantes quanto a China e a Índia. Entre eles estava Muhammad ibn Musa al-Khwarizmi, figura-chave na história da matemática.

Al-Khwarizmi nasceu em ou perto de Khwarizm, na Ásia Central, hoje Khiva, no Uzbequistão. Fez seu principal trabalho no período de Al-Mamune, ajudando a manter vivo o conhecimento que a Europa perdia na época. Traduziu manuscritos gregos e sânscritos fundamentais, fez seus próprios progressos em ciência, matemática, astronomia e geografia, e escreveu uma série de livros que agora descreveríamos como best-sellers científicos. *Sobre o cálculo com numerais hindus*, escrito por volta de 825, foi traduzido para o latim como *Algoritmi de numero indorum*, e quase sozinho ele espalhou para a Europa medieval a notícia dessa nova e impressionante maneira de fazer aritmética. Ao longo do caminho, *Algoritmi* tornou-se *Algorismi*, e métodos para calcular usando esses numerais foram chamados algorismos. No século XVIII, a palavra mudou para algoritmo.

O livro *Al-Kitab al-mukhtasar fi hisab al-jabr wa'l-muqabala* (Livro compêndio sobre cálculo por restauração e balanceamento, conhecido hoje como *Álgebra*), escrito em torno de 830, foi traduzido para o latim no século XII por Robert de Chester como *Liber Algebrae et Almucabola*. Como resultado, *al-jabr*, latinizado para "álgebra", tornou-se uma palavra. Atualmente refere-se ao uso de símbolos tais como x e y para grandezas desconhecidas, juntamente com métodos para encontrar essas grandezas mediante resolução de equações, mas o livro não usa símbolos.

Álgebra surgiu quando o califa Al-Mamune incentivou Al-Khwarizmi a escrever um livro popular sobre cálculo. O autor descreve seu propósito:

> O que é mais fácil e mais útil em aritmética, tal como o que os homens constantemente demandam em casos de herança, legados, partilhas, processos legais e comércio, e em todos os negócios que realizam entre si, ou no que diz respeito à medição de terras, escavação de canais, cálculos geométricos e outros objetos de várias espécies e tipos.

Isso não se parece muito com um livro de álgebra. Na verdade, a álgebra ocupa apenas uma pequena parte. Al-Khwarizmi começa explicando números em termos muito simples – unidades, dezenas, centenas –, alegando que, "quando considero o que as pessoas geralmente querem num cálculo, descubro que é sempre um número". O livro não era um douto tratado dirigido aos eruditos, mas um compêndio de matemática popular, do tipo educativo, que tenta ensinar algo ao leitor comum. Era isso que o califa queria, e foi isso que obteve. Al-Khwarizmi não considerava que seu livro estava na ponta da pesquisa matemática. Mas é assim que agora vemos a parte sobre *al-jabr*. Trata-se da seção mais aprofundada do livro: um desenvolvimento sistemático de métodos para resolver equações com alguma grandeza desconhecida.

Al-jabr, geralmente traduzido como "restaurar", refere-se à adição do mesmo termo em cada lado da equação, com o objetivo de simplificá-la.

Al-muqabala, "balancear", refere-se à remoção de um termo de um lado da equação para o outro lado (mas com sinal oposto) e ao cancelamento de termos iguais de ambos os lados.

Por exemplo, se a equação, expressa em notação simbólica moderna, é

$$x - 3 = 7$$

então *al-jabr* nos permite adicionar 3 em cada lado, obtendo

$$x = 10$$

que neste caso resolve a equação. Se for

$$2x^2 + x + 6 = x^2 + 18$$

então *al-muqabala* nos permite mudar o 6 da esquerda para a direita, contanto que ele seja subtraído, o que gera

$$2x^2 + x = x^2 + 12$$

Uma segunda *al-muqabala* nos permite mover o x^2 da direita para a esquerda e subtrair *isso*, obtendo

$$x^2 + x = 12$$

que é mais simples, embora não seja ainda a resposta.

Repito que Al-Khwarizmi *não usa símbolos*. O pai da álgebra, na realidade, não fazia o que a maioria de nós pensa como álgebra. Ele enunciava tudo verbalmente. Números específicos eram *unidades*, a grandeza desconhecida que chamamos de incógnita x era a *raiz* e o nosso x^2 era quadrado. A equação anterior teria a seguinte leitura:

> *quadrado* mais *raiz* equivale a doze *unidades*

sem quaisquer símbolos. Assim, a tarefa seguinte é explicar como ir desse tipo de equação para a resposta. Al-Khwarizmi classifica as equações em seis tipos, sendo um caso típico "quadrados e raízes equivalem a números", tal como $x^2 + x = 12$.

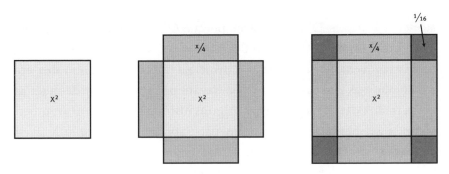

Solução geométrica de "quadrados e raízes equivalem a números".

Ele então prossegue e analisa cada tipo por vez, resolvendo a equação mediante uma mistura de métodos algébricos e geométricos. Assim, para resolver a equação $x^2 + x = 12$, Al-Khwarizmi desenha um quadrado para representar x^2 (figura da esquerda). Para adicionar a raiz x, ele junta quatro retângulos, cada um com lados x e ¼ (figura do meio). A forma resultante leva à ideia de "completar o quadrado" juntando quatro pequenos quadrados, cada qual de lado ¼ e área ¹⁄₁₆. Assim, ele acrescenta $4 \times \frac{1}{16} = \frac{1}{4}$ também ao lado esquerdo da equação (figura da direita). Pela regra de *al-jabr*, ele também precisa adicionar ¼ ao lado direito da equação, que fica sendo 12¼ . Agora

$$\left(x + \frac{1}{2}\right)^2 = 12\frac{1}{4} = \frac{49}{4} = \left(\frac{7}{2}\right)^2$$

Tira-se a raiz quadrada para obter

$$x + \frac{1}{2} = \frac{7}{2}$$

então $x = 3$. Hoje também consideraríamos a raiz quadrada negativa, $-7/2$, e obteríamos uma segunda solução $x = -4$. Números negativos estavam começando a ser compreendidos na época de Al-Khwarizmi, mas ele não os menciona.

Tanto os babilônios quanto os gregos teriam entendido essa abordagem, porque já tinham feito praticamente a mesma coisa. Na verdade, existe alguma controvérsia sobre se Al-Khwarizmi tinha ciência dos *Ele-*

mentos de Euclides. Devia conhecer, porque Al-Hajjaj, outro estudioso na Casa do Saber, havia traduzido Euclides para o árabe quando Al-Khwarizmi era jovem. Por outro lado, a principal tarefa da Casa do Saber era a *tradução*, e as pessoas que lá trabalhavam não eram obrigadas a ler as obras traduzidas por seus colegas. Alguns historiadores podem argumentar que a geometria de Al-Khwarizmi não é apresentada no estilo de Euclides, sugerindo falta de semelhança. Mas, eu repito, *Álgebra* é um livro de matemática popular, então, não seguiria o estilo axiomático de Euclides, mesmo que Al-Khwarizmi conhecesse Euclides de trás para a frente. Em todo caso, completar o quadrado remete diretamente aos babilônios, e era acessível a partir de muitas fontes.

Por que, então, tantos historiadores consideram Al-Khwarizmi o pai da álgebra? Por que, se ele não usa símbolos? Aqui há um forte concorrente, o grego Diofanto. Seu *Arithmetica*, uma série de livros sobre solução de equações em números inteiros ou racionais, escrito por volta de 250, usava símbolos. Uma resposta é que o principal interesse de Diofanto era a teoria dos números, e seus símbolos são pouco mais que abreviações. Um ponto mais profundo, que julgo mais convincente, é que Al-Khwarizmi frequentemente, mas nem sempre, fornece *receitas* genéricas. O estilo de apresentação típico de seus predecessores era usar um exemplo com números específicos, contar como resolver o problema e deixar para você inferir a regra geral. Então o desfecho da discussão geométrica acima poderia ter sido apresentado como "pegue 1, divida por 2 para obter ½, eleve ao quadrado para obter ¼, e então some ¼ a ambos os lados", deixando o leitor inferir que a regra geral é substituir o 1 inicial pela metade do coeficiente de x, elevar isso ao quadrado e somar o resultado a ambos os lados, e assim por diante. Esse nível de generalidade teria sido, obviamente, deixado claro pelo tutor, e reforçado, fazendo o aluno calcular uma porção de outros casos.

Às vezes Al-Khwarizmi parece fazer a mesma coisa, mas ele tende a ser mais explícito em relação à regra que está sendo aplicada. Assim, a razão mais profunda para creditar-lhe a invenção da álgebra é que o seu foco recai mais nas generalidades de manipular expressões algébricas do que nos números que elas representam. Por exemplo, ele enuncia uma regra para expandir um produto

$$(a + bx)(c + dx)$$

em termos do quadrado x^2, da raiz x e de números. Nós escreveríamos essa regra simbolicamente como

$$ac + (ad + bc)x + (bd)x^2$$

e isso é o que ele enuncia, verbalmente, sem usar números específicos para a, b, c ou d. Ele está dizendo aos seus leitores como manipular expressões *gerais* em números, raízes e quadrados. Não se pensa nestes como versões codificadas de um número desconhecido específico, mas como um novo tipo de objeto matemático, com o qual se pode calcular mesmo que não se saibam os números reais. É o passo rumo à abstração – se o aceitarmos como tal – que fundamenta a alegação de que Al-Khwarizmi inventou a álgebra. Não há nada parecido em *Arithmetica*.

Outros tópicos no livro são mais prosaicos: regras para áreas e volumes de figuras como retângulos, círculos, cilindros, cones e esferas. Aqui Al-Khwarizmi segue o tratamento dado em textos hindus e hebraicos, e nada se parece com Arquimedes ou Euclides. O livro termina com assuntos mais terrenos: um extensivo tratamento das regras islâmicas para a herança de propriedade, requerendo divisão em várias proporções, mas nada mais complicado matematicamente que equações lineares e aritmética básica.

O TRABALHO MAIS INFLUENTE de Al-Khwarizmi, em sua época e durante vários séculos seguintes, foi *Sobre o cálculo com numerais hindus*, que, como já mencionado, nos deu a palavra "algoritmo". A expressão *dixit Algorismi* – "assim falou Al-Khwarizmi" – era um poderoso argumento em qualquer disputa matemática. O mestre falou, atenção às suas palavras.

Numerais hindus, claro, são as versões iniciais da notação decimal, na qual qualquer número pode ser escrito como uma sequência de dez símbolos, 0 1 2 3 4 5 6 7 8 9. Conforme indica o título do livro, Al-Khwarizmi dava crédito aos matemáticos hindus, mas tão grande era sua influência na Europa medieval que a ideia tornou-se conhecida como numerais arábicos (ou, às vezes, hindu-arábicos, o que ainda é injusto com os hindus). A principal contribuição do mundo árabe foi inventar seus próprios símbolos numéricos, relacionados aos – conquanto distintos dos – indianos, disseminar a notação e incentivar seu uso. Os símbolos para os dez dígitos mudaram repetidamente com a passagem do tempo, e diferentes regiões do mundo moderno ainda usam símbolos distintos.

Atualmente o algoritmo é um procedimento passo a passo que computa alguma grandeza específica, ou produz algum resultado específico, com a garantia de que obtém a resposta correta, e aí para. "Continue tentando números ao acaso até dar certo" não é um algoritmo: se for obtida uma resposta, estará correto, mas pode continuar tentando para sempre sem achar nada. Como exemplo de algoritmo dos primeiros tempos, lembre-se de que um número primo não tem fatores diferentes de si mesmo e de 1. Os primeiros primos são 2, 3, 5, 7, 11, 13. Qualquer outro número inteiro positivo maior que 1 é composto. Por exemplo, 6 é composto porque $6 = 2 \times 3$. O número 1 é considerado especial, e nesse contexto é chamado de unidade. O crivo de Eratóstenes, datado de cerca de 250 a.C., é um algoritmo para escrever todos os números primos até um limite dado, do seguinte modo: comece listando números inteiros positivos até esse limite; tire todos os múltiplos de 2, exceto 2, depois tire todos os múltiplos do próximo número sobrevivente 3, exceto o próprio 3, depois faça o mesmo com o número sobrevivente seguinte 5, e assim por diante. Após uma quantidade de passos menor que o limite escolhido, o processo termina listando precisamente os números primos até esse limite.

Algoritmos tornaram-se centrais para a vida moderna porque computadores são máquinas que rodam algoritmos. Algoritmos postam simpáticos vídeos de gatos na internet, calculam seu limite de crédito, decidem que livros devem tentar vender para você, investem a cada segundo bilhões em moeda corrente e no mercado de ações e tentam roubar sua senha bancária on-line. Ironicamente, o lugar onde os algoritmos são o aspecto mais significativo na obra de Al-Khwarizmi não é em *Sobre o cálculo com numerais hindus*, embora todo método de cálculo aritmético seja, claro, um algoritmo. É o seu livro de álgebra, cujo motivo para a fama é a especificação de procedimentos gerais para solucionar equações. Esses procedimentos são algoritmos, e é isso que os torna importantes.

AL-KHWARIZMI ESCREVEU sobre geografia e astronomia, bem como sobre matemática. Seu *Livro sobre a descrição da Terra*, de 833, atualiza o trabalho-padrão anterior a respeito do tópico, a *Geografia* de Ptolomeu, de cerca de 150. Ele é um atlas tipo faça você mesmo do mundo conhecido na época: contornos dos continentes em três tipos alternativos de grade de coordenadas, com instruções sobre onde colocar as cidades principais e outras características preeminentes. Discute também princípios básicos de elaboração de mapas. Sua revisão expandiu a lista para 2.402 locais e corrigiu alguns dos dados de Ptolomeu, em particular reduzindo sua estimativa exagerada do comprimento do Mediterrâneo. Enquanto Ptolomeu mostrava os oceanos Atlântico e Índico como mares cercados de terra, Al-Khwarizmi os deixou sem limitação.

Relatos astronômicos do Sindhind, que data de cerca de 820, contém mais de uma centena de tabelas astronômicas, tiradas principalmente das obras de astrônomos indianos. Estão incluídas tabelas do movimento do Sol, da Lua e dos cinco planetas, junto com tabelas de funções trigonométricas. Acredita-se que ele também tenha escrito sobre trigonometria esférica, importante em navegação. *Extrato da era judaica* trata do calendário judaico e debate o ciclo metônico, um período de dezenove anos que é muito próximo de um múltiplo comum do ano solar e do mês lunar. Em consequência, os calendários solar e lunar, que tendem a divergir com o passar do tempo, quase voltam ao alinhamento a cada dezenove anos. O ciclo foi batizado em homenagem a Meton de Atenas, que o introduziu em 432 a.C.

Juntamente com os matemáticos da China antiga (Capítulo 2) e da Índia (Capítulo 4), as realizações de Al-Khwarizmi adicionam peso à evidência de que, durante a Idade Média, quando a ciência na Europa praticamente estagnou, o centro dos progressos científicos e matemáticos mudou-se para o Oriente Médio e o Extremo Oriente. Eventualmente, durante o Renascimento, a Europa acabou por despertar de novo, como veremos no Capítulo 5. Al-Khwarizmi havia desbravado uma trilha nova, e a matemática nunca mais seria a mesma.

4. Inovador do infinito

MADHAVA DE SANGAMAGRAMA

Irinnarappilly (ou Irinninavalli) Madhava
Nascimento: Sangamagrama, Querala,
Índia, 1350 | *Morte:* Índia, 1425

"A ÁGUA NO FURACÃO Rita pesava tanto quanto 100 milhões de elefantes." Hoje a mídia usa elefantes como unidade de peso, para não mencionar a Bélgica e o País de Gales como medidas de área, piscinas olímpicas como medidas de volume e os ônibus de Londres para comprimento ou altura. Então, que conclusão você tira disso?

> Deuses (33), olhos (2), elefantes (8), serpentes (8), incêndios (3), qualidades (3), vedas (4), nakshatras (27), elefantes (8) e braços (2) – os sábios dizem que esta é a medida da circunferência quando o diâmetro de um círculo é 900 000 000 000.

Alguma coisa vem à mente? Na realidade, essa é a tradução de um poema sobre π, escrito por volta de 1400 por Madhava de Sangamagrama, prova-

Madhava de Sangamagrama

velmente o maior dos matemáticos-astrônomos indianos medievais. Os deuses, elefantes, serpentes, e assim por diante, são símbolos numéricos, que teriam sido desenhados como pequenas figuras. Coletivamente (percorra a lista de trás para a frente) representam o número

282 743 388 233,

que, dividido por 900 bilhões, dá

3,141592653592222...

Isso deve parecer mais familiar. A razão é a definição geométrica de π, que é

3,141592653589793...

Os dois números coincidem até onze casas decimais (arredondando 589 para obter 59 para a décima e a 11ª casas). Na época, essa foi a melhor aproximação conhecida. Em 1430, o matemático persa Jamshid al-Kashi havia quebrado o recorde com dezesseis casas decimais em *A chave para a aritmética*.

Alguns dos textos astronômicos de Madhava sobreviveram, porém seu trabalho matemático é conhecido apenas por meio de comentários posteriores. O perene problema de dar ao grande fundador e mestre o crédito pelos resultados encontrados por seus descendentes intelectuais (da maneira que, por exemplo, qualquer coisa descoberta por um membro do culto pitagórico é atribuído por princípio a Pitágoras) significa que não se pode ter certeza de quais resultados exatamente foram descobertos por Madhava. Aqui, aceitarei a palavra dos seus sucessores.

A maior realização de Madhava foi introduzir séries infinitas, dando assim os passos iniciais para a análise. Ele descobriu o que no Ocidente é conhecido como série de Gregory para a função tangente inversa, levando a expressões para π como séries infinitas. Suas descobertas mais impressionantes são séries infinitas para as funções trigonométricas seno e cosseno, descobertas no Ocidente mais de duzentos anos depois por Newton.

Pouco se sabe da vida de Madhava. Ele viveu na aldeia de Sangama-grama, e esta é convencionalmente adicionada ao seu nome para distingui-lo de outros Madhava, como o astrólogo Vidya Madhava. A aldeia tinha um templo dedicado a um deus de mesmo nome. Acredita-se que estava localizada perto da moderna aldeia brâmane de Irinjalakuda. Ela fica perto de Cochin, no estado de Querala, uma região longa e estreita perto da ponta meridional da Índia, espremida entre o mar Arábico, na costa ocidental, e a cordilheira Gates Ocidentais, a leste. Na fase final dos tempos medievais Querala foi um viveiro fértil de pesquisa matemática. A maioria dos primeiros matemáticos indianos teve origem mais ao norte, mas por alguma razão desconhecida Querala passou por um renascimento intelectual. Na Índia Antiga, a matemática era geralmente vista como um ramo da astronomia, e Madhava fundou a escola de Querala de astronomia e matemática.

A escola incluía um número de matemáticos extraordinariamente profícuos. Parameshvara foi um astrônomo hindu que usava observações de eclipses para verificar a precisão dos métodos de cálculo da época. Escreveu pelo menos 25 manuscritos. Kelallur Nilakantha Somayaji escreveu um importante texto de astronomia, o *Tantrasamgraha*, em 1501, consistindo em 432 versos em sânscrito organizados em oito capítulos. Em particular, inclui suas modificações da teoria do grande matemático indiano Aryabhata sobre o movimento de Mercúrio e Vênus. E também escreveu um extensivo comentário, o *Aryabhatiya Bhasya*, sobre outra obra de Aryabhata, no qual debatia álgebra, trigonometria e séries infinitas para funções trigonométricas. Jyesthadeva escreveu o *Yukti-bhasa*, um comentário sobre o *Tantrasamgraha* que acrescentava provas de seus principais resultados. Alguns o consideram o primeiro texto de cálculo. Melpathur Narayana Bhattahir, linguista e matemático, estendeu o sistema axiomático de 3.959 regras para a gramática sânscrita no *Prkriyasarvawon*. Ele é celebrado pelo *Narayanaya*, um canto de louvor a Krishna ainda hoje adotado.

A TRIGONOMETRIA, ou o uso de triângulos para medição, remonta aos antigos gregos, especialmente Hiparco, Menelau e Ptolomeu. Há dois tipos principais de aplicação: topografia e astronomia. (Posteriormente a navegação foi adicionada à lista.) O ponto essencial é que as distâncias são muitas vezes difíceis de medir diretamente (no caso de corpos astronômicos, impossível), mas ângulos podem ser medidos sempre que haja uma linha de visão clara. A trigonometria possibilita deduzir os comprimentos dos lados de um triângulo a partir de seus ângulos, desde que se conheça um comprimento. Em topografia, uma linha de base acessível cuidadosamente medida e uma porção de ângulos produzem um mapa preciso, e o mesmo vale para a astronomia, com diferenças táticas.

Os gregos trabalhavam com a corda de um ângulo (ver figura abaixo). Hiparco produziu a primeira tabela de cordas em 140 a.C., e a usou tanto para trigonometria no plano quanto na esférica. Esta última trata de triângulos formados por arcos de círculos máximos numa esfera, e é essencial para a astronomia porque estrelas e planetas parecem estar pousados na esfera celeste, uma esfera imaginária com centro na Terra. Mais precisamente, as direções desses corpos correspondem a pontos em qualquer esfera. No século II Ptolomeu incluiu tabelas de cordas

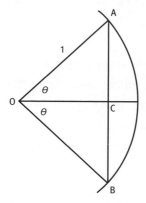

Seja AB um arco de círculo de raio 1 e centro O. A corda do ângulo AOB (cujo valor é 2θ) é o comprimento AB. O seno do ângulo AOC (cujo valor é θ) é o comprimento AC. O cosseno de θ é o comprimento OC, e a tangente é $^{AC}\!/\!_{OC}$.

no seu *Almagesto*, e os resultados foram largamente usados durante os 1.200 anos seguintes.

Os matemáticos da Índia Antiga aprimoraram o trabalho dos gregos para conquistar progressos importantes em trigonometria. Achavam mais conveniente não usar cordas, mas as funções próximas seno (sen) e cosseno (cos), que ainda utilizamos hoje. Os senos apareceram pela primeira vez no *Surya Siddhanta*, uma série de textos hindus sobre astronomia mais ou menos do ano 400, e foram desenvolvidos por Aryabhata no *Aryabhatiya* por volta dos anos 500. Ideias semelhantes evoluíram independentemente na China. A tradição indiana foi continuada por Varahamihira, Brahmagupta e Bhaskaracharya, cujos trabalhos incluíam proveitosas aproximações da função seno e algumas fórmulas básicas, tais como a de Varahamihira:

$$\text{sen}^2\theta + \cos^2\theta = 1,$$

que é a interpretação trigonométrica do teorema de Pitágoras.

Até recentemente os estudiosos achavam que a matemática indiana tinha estagnado depois de Bhaskaracharya, seguida apenas por comentários reelaborando resultados clássicos. Só quando a Grã-Bretanha acrescentou a Índia ao seu florescente império é que teria surgido ali uma nova matemática. Isso pode valer para grandes partes da Índia, mas não para Querala. George Gheverghese Joseph[1] observa que "a qualidade da matemática disponível a partir dos textos [da escola de Querala] ... é de tão alto nível comparada ao que foi produzido no período clássico que parece impossível uma ter brotado da outra". No entanto, as únicas ideias comparáveis são aquelas desenvolvidas séculos mais tarde na Europa – então, nenhum "elo perdido" plausível é evidente. Os progressos da escola de Querala parecem ter sido *sui generis*.

O comentário de Jyesthadeva, *Yuktibhasa*, descreve uma série atribuída a Madhava:

> O primeiro termo é o produto do seno dado pelo raio do arco desejado dividido pelo cosseno do arco. Os termos sucessivos são obtidos por um processo de iteração quando o primeiro termo é multiplicado repetidamente pelo quadrado do seno e dividido pelo quadrado do cosseno. Todos os ter-

mos são então divididos pelos números ímpares 1, 3, 5, ... O arco é obtido somando e subtraindo, respectivamente, os termos de posição ímpar e os termos de posição par.

Traduzindo para notação moderna, e lembrando que a tangente tan θ é o seno dividido pelo cosseno, isso se torna:

$$\theta = \tan \theta - \frac{1}{3} \tan^3\theta + \frac{1}{5} \tan^5\theta - \frac{1}{7} \tan^7\theta + \cdots$$

O que é – reescrito em termos da função inversa da tangente (arctan) – o que nós ocidentais chamamos de série de Gregory – descoberta na *nossa* civilização por James Gregory em 1671, ou talvez um pouquinho antes. Segundo o *Método para os grandes senos*, Madhava usou essa série para calcular π. Um caso especial ($\theta = {}^{\pi}/_4 = 45°$) da série anterior dá uma série infinita para π, o primeiro exemplo de seu tipo:

$$\frac{\pi}{4} = 1 - \frac{1}{3} + \frac{1}{5} - \frac{1}{7} + \frac{1}{9} - \frac{1}{11} + \cdots$$

Esse não é um modo prático de calcular π, porque os termos decrescem muito lentamente, e são necessárias quantidades enormes de termos para até poucas casas decimais. Se em vez disso tomarmos $\theta = {}^{\pi}/_6 = 30°$, Madhava deduziu uma variante que converge mais depressa:

$$\pi = \sqrt{12}\left(1 - \frac{1}{3 \times 3} + \frac{1}{5 \times 3^2} - \frac{1}{7 \times 3^3} + \cdots\right)$$

Ele calculou os primeiros 21 termos para obter π com onze casas decimais. Essa série foi o primeiro método novo para calcular π depois de Arquimedes usar polígonos com número de lados cada vez maior.

Um aspecto dos trabalhos de Madhava é surpreendentemente sofisticado. Ele estimou o erro quando a série é truncada em algum estágio finito. Na verdade, enunciou três expressões para o erro, que podem ser introduzidas como termo de correção para melhorar a precisão. Suas expressões para o erro após somar n termos da série são:

$$\frac{1}{4n} \quad \frac{n}{4n^2 + 1} \quad \frac{n^2 + 1}{4n^3 + 5n}$$

Ele usou a terceira para obter um valor melhor para a soma, obtendo treze casas decimais para π. Nada similar ocorre em nenhum lugar da literatura matemática até os tempos modernos.

Em 1676, Newton escreveu uma carta para Henry Oldenburg, secretário da Royal Society, informando-o sobre duas novas séries infinitas para o seno e o cosseno:

$$\sin \theta = \theta - \frac{\theta^3}{3!} + \frac{\theta^5}{5!} - \frac{\theta^7}{7!} + \frac{\theta^9}{9!} - \frac{\theta^{11}}{11!} + \cdots$$

$$\cos \theta = 1 - \frac{\theta^2}{2!} + \frac{\theta^4}{4!} - \frac{\theta^6}{6!} + \frac{\theta^8}{8!} - \frac{\theta^{10}}{10!} + \cdots$$

que ele deduzira por um método indireto, usando cálculo. Sabemos agora que essas expressões, há muito pensadas como algo produzido por Newton, foram obtidas por Madhava quase quatro séculos antes. Detalhes da dedução das séries estão no *Yuktibhasa*. O método é complicado, mas pode ser encarado como uma antecipação precoce do método de cálculo de integração de uma série termo por termo.

Na verdade, argumenta-se que Madhava desenvolveu algumas noções básicas de cálculo muito antes de Newton. A saber, a diferenciação – a integral como área sob uma curva – e a integração termo a termo. Ele descobriu métodos para expandir polinômios em álgebra, concebeu um método numérico para resolver equações por iteração e trabalhou em frações contínuas infinitas.

JOSEPH INDAGA SE AS IDEIAS de Madhava poderiam ter se escoado e entrado na Europa. Ele ressalta que exploradores europeus, como Vasco da Gama, conheciam bem Querala, por ser um ponto de parada útil para os navios que cruzavam o mar Arábico a caminho da China e de outros locais no

Extremo Oriente. Seu papel como centro de comércio remonta aos tempos babilônicos. Seu isolamento geográfico, espremida entre os Gates Ocidentais e o mar Arábico, a protegia da turbulenta política do resto da Índia medieval e acrescentava uma vantagem para os viajantes estrangeiros. Parece que parte da tecnologia de Querala, e seus bens, abriu caminho para a Europa naquela época, mas até agora não se encontrou nenhuma evidência de transferência direta de ideias matemáticas. Até que, e a não ser que, nova evidência venha à luz, parece que Querala e a Europa formularam muitas ideias matemáticas importantes de modo independente.

O trabalho de grandes figuras indianas como Aryabhata e Brahmagupta foi reconhecido há muito tempo na Europa. As realizações da escola de Querala receberam atenção do mundo acadêmico europeu pela primeira vez em tempos relativamente recentes, já em 1835, quando Charles Whish escreveu um artigo sobre quatro importantes textos: o *Tantrasamgraha*, de Nilakantha, o *Yuktibhasa*, de Jyesthadeva, o *Karana Paddhati*, de Puthumana Somayaji, e o *Sadratnamala*, de Sankara Varman. Whish pôs a raposa no galinheiro com a alegação de que o *Tantrasamgraha* contém a base das fluxões, termo usado por Newton para o cálculo (Capítulo 7): ele "é abundante em formas e séries fluxionais que não podem ser encontradas em nenhuma obra em países estrangeiros". Na época em que a Companhia das Índias Orientais controlava o comércio com a Índia, e o próprio país era visto como maduro para a conquista, esse argumento caiu como um balão de chumbo. A matemática de Querala foi essencialmente esquecida. Mais de um século depois, na década de 1940, sua natureza inovadora finalmente ressurgiu numa série de artigos de Cadambur Rajagopal e colaboradores, analisando a matemática de Querala e demonstrando que os matemáticos hindus haviam chegado a inúmeros resultados importantes muito antes dos europeus – a quem geralmente tinham sido atribuídos.

5. O astrólogo jogador

GIROLAMO CARDANO

Girolamo (Gerolamo, Geronimo) Cardano
ou Hieronymus Cardanus
Nascimento: Pavia, ducado de Milão, 24 de setembro de 1501
Morte: Roma, 21 de setembro de 1576

Num período bem precoce da minha vida comecei a me dedicar seriamente à prática de todo tipo de esgrima, até que, por persistente treinamento, adquiri alguma posição de importância mesmo entre os mais ousados. À noite, embora contrariando os decretos do duque, eu me armava e saía perambulando pelas cidades nas quais morei. Vestia um capuz preto de lã para ocultar meu rosto e calçava sapatos de pele de carneiro. Frequentemente vagava pelas ruas durante toda a noite, até o raiar do dia, pingando de suor pelo esforço das serenatas tocadas em meus instrumentos musicais.

Assim era a vida na Itália do Renascimento, por volta de 1520 – pelo menos para Girolamo Cardano, que revelou essas atividades e muito mais numa sincera autobiografia, *O livro da minha vida*. Cardano, polímata especial-

Girolamo Cardano

mente talentoso em matemática e medicina, desfrutou (se é que a palavra é essa) uma carreira saída diretamente das novelas e dos tabloides. Ele torrou a fortuna da família, viciou-se em jogo, enfrentou a ruína e o asilo para pobres. Desconfiado de que outro jogador estava trapaceando, cortou o rosto do homem com uma faca. Foi acusado de heresia e encarcerado; seu filho foi executado por envenenar a esposa. Mas Cardano também fez o bispo de St. Andrews, na Escócia, que havia ficado mudo, recuperar a fala, fazendo jus a uma recompensa de 1.400 coroas de ouro. Retornando à Itália em triunfo, foi admitido no Colégio dos Médicos, que por décadas tentara desesperadamente barrar sua entrada.

Mais importante de tudo, ele foi um matemático magistral que escreveu um dos grandes livros-texto de todos os tempos, *Ars Magna* (A grande arte). O subtítulo era *As regras da álgebra*. Em *Ars Magna* a álgebra chegou à maturidade, adquirindo tanto expressão simbólica quanto desenvolvimento sistemático. Cardano pode ser visto como outro candidato ao título de "pai da álgebra". Mas, fiel ao seu hábito, ele não obteve esse status sem controvérsia e perfídia.

CARDANO ERA FILHO ilegítimo. Seu pai, Fazio, advogado com fortes talentos matemáticos e irascível, morava em Pavia e era amigo de Leonardo da Vinci. Habitualmente usava uma inusitada capa púrpura e um pequeno solidéu preto, e tinha perdido todos os dentes já aos 55 anos. A mãe de Cardano, Chiara (nascida Micheria), jovem viúva com três filhos, uniu-se a Fazio muitos anos depois. Era gorda, com um temperamento que rivalizava com o de Fazio, e bastante suscetível. Também era profundamente religiosa e muitíssimo inteligente. Quando engravidou, a peste surgira em Milão, o que fez com que ela se mudasse para o campo, enquanto os três filhos mais velhos ficaram na cidade e morreram da terrível doença. A chegada iminente de Cardano não gerou alegria: "Apesar dos diversos remédios abortivos, nasci normalmente no 24º dia de setembro no ano de 1501."

Fazio, embora advogado de ofício, era suficientemente conhecedor de matemática a ponto de ter assessorado Da Vinci acerca de geometria, e lecionava essa disciplina na Universidade de Pavia e na Fundação Piatti, em Milão. Ele passou seu dom em matemática e astrologia para o filho: "Meu pai, na minha primeira infância, me ensinou os rudimentos da aritmética, e mais ou menos nessa época me familiarizou com o oculto. ... Instruiu-me nos elementos da astrologia da Arábia. ... Depois que fiz doze anos ele me ensinou os primeiros seis livros de Euclides."

Girolamo foi uma criança doente, e os planos de seu pai de trazê-lo para os negócios de advocacia da família fracassaram. Matriculado como estudante de medicina na Universidade de Pavia, saiu-se brilhantemente, e embora muitos achassem ofensiva a sua natureza extrovertida e franca, foi eleito reitor da universidade pela margem de apenas um voto. O sucesso subiu-lhe à cabeça. Esse foi o período em que ele perambulava pelas ruas da cidade armado de espada e instrumentos musicais, e voltou-se para o jogo. Sua compreensão matemática das probabilidades representava uma distinta vantagem, e por volta de 1564 escreveu um dos primeiros livros sobre o tema: *Livro dos jogos de azar*, finalmente publicado em 1663. Sua habilidade no xadrez – jogando por dinheiro – também ajudou. Mas à medida que foi ficando mais dissoluto, perdeu tanto a sorte quanto a herança.

Ainda assim forçou-se a seguir em frente. Agora, de posse de um diploma de médico, tentou ingressar no Colégio de Médicos de Milão, a porta de entrada para uma profissão lucrativa e uma vida confortável. Dessa vez a tendência a expressar sua opinião com franqueza o prejudicou, e seu ingresso foi recusado. Acabou aceitando o cargo de médico num vilarejo próximo que lhe dava exatamente o suficiente para sobreviver. Casou-se com Lucia Bandarini, filha de um capitão das milícias. Rejeitado novamente pelo Colégio de Médicos, voltou à ocupação anterior e perdeu uma fortuna. Depois de ter penhorado todas as posses, inclusive as joias de Lucia, os dois acabaram num asilo de pobres. "Eu me arruinei! Eu pereci!", escreveu Cardano. Ele e Lucia tiveram um filho que sofria de vários defeitos de nascença, mas que, naquela época, não eram considerados deformidades. Àquela altura Fazio já morrera, e Girolamo foi nomeado seu sucessor; as coisas finalmente pareciam melhorar. Em 1539 até o Colégio de Médicos parou de tentar impedir sua entrada. Ele também estava

Girolamo Cardano

desenvolvendo um novo talento para a sua coleção, publicando diversos livros de matemática. Um deles o colocou firmemente nas fileiras dos matemáticos desbravadores.

A MAIORIA DAS ÁREAS da matemática emerge através de um complexo e confuso processo histórico que carece de alguma direção clara, precisamente porque a direção em si está sendo criada à medida que ideias fragmentárias começam a se ligar. A floresta cresce enquanto você a explora. Algumas características da álgebra podem ser rastreadas até os antigos gregos, que careciam de uma notação efetiva mesmo para os números inteiros. Ao inventar uma notação abreviada para grandezas desconhecidas, Diofanto deu um grande impulso à protoálgebra, mas seu foco estava em resolver equações com números inteiros, o que levou mais diretamente à teoria dos números. Geômetras gregos e persas resolviam problemas que hoje consideramos algébricos por meios puramente geométricos. Al-Khwarizmi formalizou processos algébricos, mas falhou em tentar introduzir representações simbólicas.

Muito antes de qualquer coisa dessas ter acontecido, os babilônios já haviam descoberto a primeira técnica genuinamente importante em álgebra: como resolver equações quadráticas. Esse tipo de questão, como agora a apreciamos, abre a porta para a álgebra na forma que ela havia adquirido no século XIX, que é a quase totalidade do que atende pelo nome de matemática escolar. A saber, deduzir o valor (ou uma breve lista de valores possíveis) de uma grandeza desconhecida a partir de alguma relação numérica entre a grandeza e suas "potências" – quadrado, cubo, e assim por diante. Ou seja, resolver uma equação polinomial.

Se a potência mais alta da grandeza desconhecida – a incógnita – que aparece é seu quadrado, a equação é quadrática. Os matemáticos-escribas da antiga Babilônia sabiam como resolver essas coisas e as ensinavam aos alunos nas escolas. Temos as tabuletas de argila, com seus misteriosos caracteres cuneiformes, para provar isso. O passo mais difícil é obter a raiz quadrada de uma grandeza apropriada.

Olhando retroativamente, o passo seguinte é claro: equações cúbicas, envolvendo o cubo da incógnita, bem como seu quadrado, e a incógnita em si. Uma tabuleta babilônica dá indícios de um método especial para resolver as cúbicas (o apelido que os matemáticos usam em lugar do incômodo "equações cúbicas"), mas isso é tudo o que sabemos de suas descobertas nessa área. Os métodos geométricos gregos e persas faziam o truque; o tratamento mais detalhado é o de Omar Khayyam, mais famoso por sua poesia, especialmente *Rubaiyat*. Uma solução puramente algébrica parecia fora de alcance.

Tudo isso mudou nos dias inebriantes do Renascimento italiano.

Por volta de 1515, Scipione del Ferro, professor em Bolonha, descobriu como resolver alguns tipos de cúbicas. A distinção em tipos surgiu porque os números negativos ainda não eram reconhecidos na época, então, as equações eram arranjadas com termos positivos de ambos os lados. Del Ferro passou adiante algumas anotações para seu genro, Annibale del Nave, mostrando que ele era capaz de resolver o caso "cubo mais incógnita igual a número". Com toda a certeza ele era capaz de resolver também dois outros tipos, que entre eles efetivamente cobrem todas as possibilidades após alguma manipulação preparatória. Seu método envolvia tanto raízes quadradas quanto raízes cúbicas.

Além de Del Nave, o método para o caso mencionado era conhecido de um aluno de Del Ferro chamado Antonio Fior. De forma independente, Niccolò Fontana (conhecido pelo apelido politicamente incorreto de Tartaglia, o "gago") redescobriu a solução para o mesmo caso. Fior, que pretendia se estabelecer como professor de matemática, teve uma ideia brilhante: envolver Tartaglia numa disputa pública, em que cada um desafiaria o outro a solucionar problemas matemáticos. Esse tipo de confronto intelectual era comum na época. Mas o plano malogrou quando Tartaglia, atiçado por rumores de que todos os três casos haviam sido solucionados, e profundamente preocupado que Fior soubesse como, fez um esforço enorme e chegou às soluções bem a tempo da disputa. Embora só descobrisse tardiamente que o adversário sabia resolver apenas um dos tipos, Tartaglia apresentou a Fior casos que este não conhecia, e tripudiou sobre ele.

Essa era uma notícia excitante e logo se espalhou, chegando aos ouvidos de Cardano, que vinha coletando assiduamente material para *Ars Magna*. Atento para qualquer matemática nova e interessante que melhorasse seu livro, foi rápido em identificar uma oportunidade de ouro. A essa altura, o trabalho anterior de Del Ferro estava quase esquecido, então Cardano visitou Tartaglia implorando-lhe que revelasse o segredo das cúbicas. Tartaglia acabou cedendo. Conta a lenda que ele fez Cardano jurar segredo, mas isso parece improvável no contexto da intenção de Cardano de escrever um livro de álgebra. Em todo caso, quando *Ars Magna* surgiu, lá estava a solução de Tartaglia para as cúbicas – que lhe era creditada, mas isso mal disfarçava o fato de ter sido passado para trás. Irado, ele revidou com *Diversas questões e invenções*, que incluía toda a correspondência entre ele e Cardano. O livro alegava que em 1539 Cardano fizera um solene juramento de "nunca publicar as vossas descobertas". Agora, o juramento fora quebrado.

Como seria de esperar, a história inteira deve ser mais complicada. Algum tempo depois, Lodovico Ferrari, que mais tarde se tornou aluno de Cardano, alegou ter presenciado o encontro, e Cardano não prometera manter o método de Tartaglia em segredo. Por outro lado, dificilmente se poderia considerar Ferrari um observador desapaixonado. Sua resposta à alegação de Tartaglia de juramento quebrado foi emitir um *cartello* – desafiar Tartaglia para um debate sobre qualquer tópico que desejasse. Em agosto de 1548 grande multidão se reuniu numa igreja para assistir à disputa. Duvido que muita gente se sentisse atraída pela matemática, nem deviam entender: o que a boa parte queria era uma boa e velha polêmica. Embora não haja registros conhecidos do resultado, Ferrari logo recebeu a oferta para ser tutor do filho do imperador; em contraste, Tartaglia jamais reivindicou a vitória, perdeu seu emprego em Brescia e ficou se lamentando com o resultado. Assim, podemos arriscar um palpite.

A ironia é que nada disso fora necessário. Durante a preparação de *Ars Magna*, Cardano e Ferrari tinham lido os artigos de Del Ferro escritos em Bolonha, que continham a solução anterior das cúbicas. Esta, sustentaram eles, havia sido a verdadeira fonte do método. O motivo de Cardano ter mencionado o trabalho de Tartaglia fora explicar como tinha ouvido falar de Del Ferro. Só isso.

Pode ser. Mas por que Cardano pediu a Tartaglia que revelasse o segredo, se já o sabia de fonte anterior? Talvez não tenha pedido. Só temos a palavra de Tartaglia sobre isso. Em contrapartida, *alguma coisa* reteve Cardano por algum tempo, porque ele não necessitava simplesmente da solução das cúbicas em si. Ferrari, sob orientação de Cardano, havia conseguido levar tudo um passo adiante solucionando a equação quártica (quarta potência da incógnita, bem como potências inferiores). Mas, de modo crucial, sua solução operava reduzindo tudo a uma cúbica correlacionada. Então, Cardano não podia revelar ao mundo a solução da quártica sem também contar como resolver as cúbicas.

Talvez tudo tenha sido como Cardano e Ferrari contaram. A derrota de Tartaglia para Fior deu a Cardano a consciência de que as cúbicas podiam ser resolvidas. Depois, ao cavoucar um pouco, ele foi levado ao manuscrito de Del Ferro, que lhe deu o método de que precisava para seu livro. Estimulado por essa descoberta, Ferrari então dominou as quárticas. Cardano pôs tudo no seu livro. Ferrari, como seu aluno, não podia se queixar de seus resultados terem sido incluídos, e parece ter se orgulhado disso. Por deferência a Tartaglia, Cardano deu-lhe crédito por redescobrir o método e chamar atenção para ele.

A grande arte é importante por outro motivo. Cardano aplicou seus métodos algébricos para achar dois números cuja soma é 10 e cujo produto é 40, e obteve a resposta $5 + \sqrt{-15}$ e $5 - \sqrt{-15}$. Como números negativos não têm raiz quadrada, ele declarou esse resultado "tão sutil quanto inútil". A fórmula para cúbicas também leva a essas grandezas quando todas as três soluções são reais, e em 1572 Rafael Bombelli observou que, se você ignorar o que tais expressões poderiam significar e simplesmente fazer as somas, obterá as soluções reais corretas. Essa linha de pensamento acabou por levar à criação do sistema de números complexos, no qual -1 tem raiz quadrada. A extensão do sistema de números reais é essencial na matemática, na física e na engenharia atuais.

Girolamo Cardano 61

Nos ANOS 1540 Cardano voltou à prática da medicina. Então (como eu disse, novelas e tabloides) a tragédia o acometeu. Seu filho mais velho, Giambatista, casara-se secretamente com Brandonia di Seroni, que, na opinião de Cardano, era uma sem-vergonha desprezível. Seus pais eram caçadores de ouro, e a esposa de Giambatista o humilhou em público, afirmando que ele não era o pai dos três filhos do casal. Ele a envenenou e prontamente confessou. O juiz insistiu em que a única maneira de evitar a pena de morte era se Cardano entrasse num acordo de compensação com os Seroni. A quantia por eles exigida era tão grande que ele não pôde pagar, então seu filho foi torturado, teve a mão esquerda cortada e foi decapitado.

Cardano, um sujeito duro, que tinha visto de tudo, foi forçado a se mudar, tornando-se professor de medicina em Bolonha. Ali, sua arrogância lhe granjeou inimigos entre seus colegas médicos, e tentaram fazer com que fosse demitido. Seu filho mais novo, Aldo, acumulou enormes dívidas de jogo e arrombou a casa do pai para roubar dinheiro e joias. Cardano sentiu que não tinha escolha a não ser prestar queixa do roubo, e Aldo foi banido de Bolonha. Mesmo assim, Cardano manteve-se otimista, escrevendo que, apesar desses acontecimentos trágicos, "eu ainda tenho tantas bênçãos que, se fossem de outro, este se consideraria um felizardo". Havia, porém, mais desastres no estoque do destino, e a causa foi seu envolvimento com a astrologia. Em 1570 ele fez o horóscopo de Jesus. E também escreveu um livro elogiando Nero, que havia martirizado os primeiros cristãos. A combinação o levou a ser acusado de heresia. Foi preso e depois libertado, mas banido de todo e qualquer posto acadêmico.

Cardano foi a Roma, onde, para sua surpresa, foi recebido calorosamente. O papa Gregório XIII aparentemente o perdoara e lhe concedera uma pensão. Cardano foi admitido no Colégio de Médicos local e escreveu, mas não publicou, sua autobiografia. Esta finalmente veio à luz mais de sessenta anos após sua morte. Segundo a lenda, ele se suicidou porque havia previsto a data da própria morte, e o orgulho profissional exigia que a previsão estivesse correta.

6. O último teorema

PIERRE DE FERMAT

Pierre de Fermat
Nascimento: Beaumont-de-Lomagne, França, 17 de agosto de 1601
(ou 31 de outubro, ou 6 de dezembro de 1607)
Morte: Castres, França, 12 de janeiro de 1665

Poucos matemáticos conseguem apresentar um problema que continua sem solução durante séculos, especialmente se for um problema que acabou se revelando de importância central para áreas da disciplina que nem sequer existiam quando a questão foi formulada pela primeira vez. Pierre Fermat (o "de" foi acrescentado mais tarde, quando ele se tornou funcionário do governo) talvez seja o mais conhecido entre essa exaltada companhia. Mas ele não era exatamente um matemático; tinha diploma em direito e tornou-se conselheiro do Parlamento de Toulouse. Por outro lado, seria um exagero chamá-lo de amador. Talvez melhor seja pensar nele como um profissional não remunerado cujo emprego diurno era praticar advocacia.

Fermat publicou muito pouco, possivelmente porque seus deveres não matemáticos mal lhe deixavam tempo para escrever sobre suas descobertas. O que sabemos delas vem principalmente de suas cartas para matemáticos e filósofos, tais como Pierre de Carcavi, René Descartes, Marin Mersenne e Blaise Pascal. Fermat sabia o que era uma prova, e em particular a única afirmação incorreta nos seus papéis sobreviventes (sobre uma fórmula que ele achava que sempre produzia um número primo) era acompanhada pela declaração de que lhe faltava uma prova. Pouquíssimas de suas provas sobrevivem, sendo que a principal foi a de que dois quadrados não podem se somar dando uma quarta potência, obtida por um método novo que ele chamou de "descenso infinito".

Pierre Fermat tem muita base para reivindicar sua fama na matemática. Ele fez importantes avanços em geometria, desenvolveu elementos precursores do cálculo e trabalhou com probabilidade e física matemática da luz. Sua contribuição fundamental, porém, é o trabalho seminal em teoria dos números. Fermat enunciou a conjectura que também assegurou seu renome entre o público em geral graças, em parte, a um documentário televisivo e a um livro campeão de vendas. A saber, seu "último teorema". Essa afirmação simples, mas enigmática, adquiriu fama não porque ele a tenha sussurrado no leito de morte, mas porque os sucessores de Fermat, durante os cento e tantos anos seguintes, conseguiram provar (ou, em um caso, refutar) todos os teoremas por ele enunciados, com essa única exceção. A questão foi a última a resistir às investidas e estarreceu as cabeças mais afiadas.

Entre elas estava Carl Friedrich Gauss, uma das mentes mais perspicazes de todas. Quase duzentos anos depois da nota escrita à margem por Fermat, Gauss desconsiderou o último teorema, declarando-o típico de uma imensa gama de afirmações sobre números que são fáceis de adivinhar, mas praticamente impossíveis de provar ou refutar. Gauss em geral tinha um gosto impecável quando se tratava de matemática, mas essa avaliação revelou-se uma rara subestimação de significado matemático. Em defesa de Gauss, a maioria dos matemáticos sentia a mesma coisa durante os primeiros três séculos e um quarto depois que Fermat enunciou o problema. Só quando eles sutis com outras áreas mais centrais da matemática foram divisados é que sua verdadeira importância emergiu.

ATUALMENTE, BEAUMONT-DE-LOMAGNE é uma comuna (distrito administrativo) francesa na região dos Midi-Pyrénées, no sul da França. Foi fundada em 1276 como *bastide* – uma entre uma série de cidades medievais fortificadas naquela área – e teve uma história turbulenta. A cidade foi capturada temporariamente pelos ingleses durante a Guerra dos Cem Anos e perdeu quinhentos de seus cidadãos para a peste. Era católica, imprensada entre três cidades vizinhas protestantes. Henrique III a vendeu para o futuro Henrique IV, que a atacou em 1580, massacrando uma centena de pessoas. Luís XIII a sitiou no começo dos anos 1600; a cidade tomou parte na rebelião contra o rei, foi sujeita a ocupação militar em 1651 e pesadamente multada; então a peste atacou novamente.

Nitidamente influenciado por esses acontecimentos foi o nascimento do habitante mais famoso da cidade: Pierre Fermat, filho do rico mercador de couro Dominique e de sua esposa, Claire (nascida De Long), que provinha de uma família de advogados. Há alguma incerteza quanto ao ano de nascimento (ou 1601 ou 1607), porque talvez ele tivesse um irmão mais velho, também chamado Pierre, que morreu criança. Seu pai também era o segundo cônsul de Beaumont-de-Lomagne, de modo que Fermat cresceu numa família ligada à política. A posição do pai torna praticamente certo que Fermat cresceu na cidade onde nasceu, e, assim, deve ter sido educado no mosteiro franciscano. Após um breve período na Universidade de Toulouse, ele foi para Bordeaux, onde seus interesses matemáticos começaram a florescer. Primeiro produziu uma tentativa de restauração de *Sobre os lugares geométricos planos*, obra perdida do geômetra grego Apolônio; então escreveu sobre máximos e mínimos, antecipando algum desenvolvimento precoce do cálculo.

Sua carreira em advocacia também floresceu com um diploma em direito da Universidade de Orléans. Em 1631 Fermat comprou para si o posto de conselheiro no Parlamento de Toulouse, o que lhe deu o direito

Pierre de Fermat 65

de adicionar "de" ao nome. Atuou nessa função, e como advogado, durante o resto da vida, morando em Toulouse mas trabalhando de tempos em tempos em Beaumont-de-Lomagne e Castres. Inicialmente esteve na câmara baixa do Parlamento, mas ascendeu para a câmara alta em 1638 e daí, em 1652, para o nível mais alto da corte criminal. Ajudado em parte pela peste, que matou muitos funcionários mais antigos na década de 1650, Fermat continuou a ser promovido. Em 1653 noticiou-se que ele morrera de peste, mas (como aconteceu com Mark Twain) o relatório era amplamente exagerado. Parece que Fermat tinha o olho maior que a barriga, abocanhando mais do que podia mastigar; seu interesse em matemática o distraía das obrigações legais. Um documento diz: "Ele está bastante preocupado, não relata bem os casos e é confuso."

Introdução aos lugares geométricos planos e sólidos, de 1629 é pioneiro no uso de coordenadas para ligar geometria e álgebra. Essa ideia é geralmente creditada a Descartes, em seu ensaio de 1637, *A geometria*, um apêndice do *Discurso sobre o método*, mas já havia indícios dela em escritos muito anteriores, remontando até os gregos. Ela usa um par de eixos coordenados para representar cada ponto do plano por um par exclusivo de números (x, y), método que agora é tão lugar-comum que mal requer discussão.

Em *Sobre tangentes a linhas curvas*, de 1679, Fermat encontrava tangentes a curvas, uma versão geométrica do cálculo diferencial. Seu método para achar máximos e mínimos foi outro precursor do cálculo. Em óptica, enunciou o princípio do tempo mínimo: um raio de luz segue a trajetória que minimiza o tempo de percurso. Esse foi um passo inicial rumo ao cálculo de variações, ramo da análise que busca curvas ou superfícies que minimizem ou maximizem alguma grandeza relacionada. Por exemplo, que superfície curva de volume fixo tem a menor área de superfície? A resposta é a esfera, e isso explica por que bolhas de sabão são esféricas, pois a energia da tensão superficial é proporcional à área da superfície, e a bolha assume a forma que diminui sua energia.

Num veio similar, Fermat debateu com Descartes a dedução feita por este da lei da refração para os raios luminosos. Descartes, provavelmente aborrecido por Fermat receber o crédito pelas coordenadas, que considerava uma invenção sua, respondeu criticando o trabalho de Fermat sobre máximos, mínimos e tangentes. A disputa tornou-se tão acalorada que o engenheiro e geômetra pioneiro Girard Desargues foi convocado como árbitro. Quando disse que Fermat estava certo, Descartes reconheceu, resmungando: "Se você tivesse explicado dessa maneira desde o começo, eu não teria contestado de jeito nenhum."

O MAIOR LEGADO de Fermat está na teoria dos números. Suas cartas contêm muitos desafios feitos a outros matemáticos. Eles incluíam provar que a soma de dois cubos perfeitos não pode ser um cubo perfeito e resolver a mal batizada "equação de Pell", $nx^2 + 1 = y^2$, onde n é um número inteiro dado e números inteiros x e y devem ser encontrados. Leonhard Euler atribuiu erroneamente uma solução de William Brouncker a John Pell. Na verdade, o *Brahmasphutasiddhanta*, de Brahmagupta, de 628, inclui um método para solucioná-la.

Um dos resultados mais belos e importantes de Fermat caracteriza os números que podem ser expressos como a soma de dois quadrados perfeitos. Albert Girard enunciou a resposta num trabalho publicado postumamente, em 1634. Fermat foi o primeiro a reivindicar uma prova, anunciando-a em carta a Mersenne em 1640. O ponto principal é resolver o problema para números primos. A resposta depende do tipo de primo, no seguinte sentido: o único primo par é 2; números ímpares são um múltiplo de 4 somando 1, ou um múltiplo de 4 somando 3; ou seja, são da forma $4k + 1$ ou $4k + 3$. O mesmo vale, claro, para ímpares primos. Fermat provou que 2, e todo primo da forma $4k + 1$, são somas de dois quadrados; por outro lado, os da forma $4k + 3$ não o são.

Se você experimentar, é fácil perceber isso. Por exemplo, $13 = 4 + 9 = 2^2 + 3^2$, e $13 = 4 \times 3 + 1$. Por outro lado, $7 = 4 \times 1 + 3$, e não existe soma de dois quadrados igual a 7. Provar o teorema dos dois quadrados de Fermat, porém, é dificílimo. A parte mais fácil é mostrar que primos do tipo $4k + 3$ não são somas de dois quadrados; eu farei isso no Capítulo 10 usando um truque que Gauss desenvolveu para sistematizar um método básico de

Pierre de Fermat

teoria dos números. Mostrar que os primos tipo $4k + 1$ *são* somas de dois quadrados é consideravelmente mais complicado. A prova de Fermat não sobreviveu, mas se conhecem provas usando métodos que teriam sido acessíveis para ele. Euler deu a primeira prova conhecida, anunciando-a em 1747 e publicando-a em dois artigos em 1752 e 1755.

A conclusão é que um número inteiro é a soma de dois quadrados se, e somente se, todo fator primo da forma $4k + 3$ aparecer numa potência par quando o número for decomposto em fatores primos. Por exemplo, $245 = 5 \times 7^2$. O fator 7 é da forma $4k + 3$, e ocorre numa potência par, então, 245 é a soma de dois quadrados. De fato, $245 = 14^2 + 7^2$. Em contraste, $35 = 5 \times 7$, e o fator 7 ocorre numa potência ímpar, então 35 não é a soma de dois quadrados. Esse resultado pode parecer uma curiosidade isolada, mas deflagrou várias linhas de pesquisa, dando frutos que iriam gerar a abrangente teoria das formas quadráticas de Gauss (Capítulo 10). Em tempos modernos, ela foi levada muito mais adiante. Um teorema relacionado, provado por Joseph-Louis Lagrange, afirma que qualquer número inteiro é a soma de quatro quadrados (onde se permite $0 = 0^2$). Isso também tem extensivas ramificações.

A HISTÓRIA DO ÚLTIMO teorema de Fermat já foi contada muitas vezes, mas eu não peço desculpas por contá-la de novo. É uma grande história.

Talvez seja irônico que a maior parte da reputação de Fermat se assente sobre um teorema que ele quase com certeza não provou. Aparentemente ele *alegou* uma prova, e agora se sabe que o resultado é verdadeiro, mas o veredicto da história é que os métodos que ele tinha à disposição não estavam à altura da tarefa. Sua alegação de possuir a prova está numa nota à margem de um livro que nem sequer sobreviveu como documento original, de modo que ela pode ter sido feita prematuramente. Em pesquisa matemática é comum acordar de manhã convencido de que você provou algo importante só para ver a prova evaporar ao meio-dia, quando você acha um erro.

O livro em questão era uma tradução francesa da *Arithmetica* de Diofanto, a primeira grande obra sobre teoria dos números, a menos que se conte *Elementos* de Euclides, que desenvolve muitas propriedades básicas dos números primos e resolve algumas equações importantes. Decerto *Arithmetica* é o primeiro texto especializado no assunto. Lembre-se de que o livro deu à matemática o termo técnico "equação diofantina" para uma equação polinomial que precisa ser resolvida em números inteiros ou racionais. Diofanto fez um catálogo sistemático dessas equações, e uma das exposições centrais é a equação $x^2 + y^2 = z^2$ para as chamadas trincas pitagóricas, porque um triângulo com lados x, y e z tem um ângulo reto, pelo teorema de Pitágoras. A solução mais simples com números inteiros diferentes de zero é $3^2 + 4^2 = 5^2$, o celebrado triângulo 3-4-5. Há infinitas outras soluções: Euclides forneceu um procedimento para gerar todas elas; Diofanto o adotou.

Fermat possuía um exemplar da tradução latina de *Arithmetica*, feita por Claude Bachet de Méziriac e datada de 1621, e rabiscava observações às margens. Segundo o filho de Fermat, Samuel, o último teorema é enunciado como uma nota anexa à Questão VIII do Livro II de Diofanto. Sabemos disso porque Samuel publicou sua própria edição de *Arithmetica* incluindo as anotações do pai. As datas das notas não são conhecidas, mas Fermat começou a estudar *Arithmetica* por volta de 1630. A data mais comumente mencionada é 1637, mas isso é puro palpite. Presumivelmente refletindo sobre as generalizações potenciais dos triângulos pitagóricos, Fermat foi levado à sua épica anotação marginal:

> É impossível dividir um cubo em dois cubos, ou uma quarta potência em duas quartas potências, ou, em geral, qualquer potência mais alta que a segunda em duas potências iguais. Eu descobri uma prova verdadeiramente maravilhosa disso, mas essa margem é estreita demais para ela caber aqui.

Isto é, a equação diofantina $x^n + y^n = z^n$ não tem soluções com números inteiros se n for um inteiro maior ou igual a 3.

Há evidência circunstancial de que Fermat posteriormente mudou de ideia sobre a prova. Nas cartas, ele com frequência apresentava seus teoremas como quebra-cabeças para outros matemáticos resolverem (e pelo menos um deles queixou-se de que eram difíceis demais). No entanto, nenhuma das cartas existentes menciona o teorema. Ainda mais significativo: ele apresentou dois casos especiais, cubos e quartas potências, como problemas para seus correspondentes. Por que fazer isso se ele podia provar um resultado mais geral? Parece certo que Fermat era capaz de provar o caso cúbico, e sabemos como ele provou o teorema para quartas potências. Na verdade, essa é a *única* prova em todos os trabalhos e artigos que deixou. Seu enunciado real é: "A área de um triângulo retângulo não pode ser um quadrado." Ele claramente pretendia com isso referir-se às trincas pitagóricas. A solução de Euclides-Diofanto implica que o problema é equivalente a encontrar dois quadrados cuja soma seja uma quarta potência. Se existisse uma solução de $x^4 + y^4 = z^4$ com expoente 4, então tanto x^4 como y^4 seriam quadrados (de x^2 e y^2, respectivamente); a afirmação de Fermat implica que essa solução não existe.

A prova que ele deu é engenhosa, e na época foi uma inovação radical. Fermat chamou seu método de descenso infinito. Suponha que exista uma solução, aplique a solução de Euclides-Diofanto, manipule um pouco as coisas, e você poderá deduzir que existe uma solução *menor*. Portanto, disse Fermat, pode-se construir uma cadeia infinita de soluções cada vez menores. Como qualquer cadeia descendente desse tipo, formada de números inteiros, precisa acabar parando, existe aí uma contradição lógica. Então a solução hipotética a partir da qual começamos na realidade não existe.

FERMAT PODE TER escondido suas provas deliberadamente. Parece que ele era bastante maldoso e gostava de atormentar os outros matemáticos apresentando seus resultados como quebra-cabeças. Sua nota marginal não é a única a anunciar algo importante logo seguida de uma desculpa para não prová-la. Descartes considerava Fermat um fanfarrão, e Wallis referia-se a ele como "aquele maldito francês". Seja como for, a tática – se é que era uma tática – funcionava. Após a morte de Fermat – na verdade, também durante sua vida – grandes matemáticos deixaram sua marca lapidando um ou outro dos quebra-cabeças que ele deixara para a posteridade.

Leonhard Euler, por exemplo, reivindicou uma prova de que dois cubos não podem se somar resultando num cubo numa carta de 1753 para seu amigo Christian Goldbach. Agora sabemos que essa prova tinha um furo, mas ele pode ser reparado com bastante facilidade, de modo que Euler recebe o crédito pela primeira prova publicada. Adrien-Marie Legendre provou o último teorema para quintas potências em 1825, e Peter Dirichlet o provou para 14as potências em 1832, numa clara tentativa fracassada de prová-lo para sétimas potências – que pôde ser salva tendo como objetivo algo mais fraco. Gabriel Lamé tratou das sétimas potências em 1839, e em 1847 explicou as principais ideias da prova para a Academia de Ciências de Paris. Ela envolvia uma analogia da fatoração em primos para um tipo especial de número complexo.

Imediatamente depois do esclarecimento, Joseph Liouville apontou uma possível falha no método de Lamé. Para o tipo de número usual, a fatoração em primos é *única*: exceto a ordem na qual os fatores são escritos, existe apenas um jeito de fazê-la. Por exemplo, a fatoração em primos de 60 é $2^2 \times 3 \times 5$, e nada essencialmente diferente dá certo. Liouville estava preocupado em que a fatoração única não fosse válida para a classe de números complexos de Lamé. Suas dúvidas afinal mostraram-se justificadas: a propriedade falha pela primeira vez nas 23as potências.

Ernst Kummer conseguiu consertar essa ideia lançando novos ingredientes na mistura, o que ele chamou de "números ideais". Estes se comportam como números, mas não são. Ele usou números ideais para provar o último teorema de Fermat para muitas potências, incluindo todas as potências primas até 100, exceto 37, 59 e 67. Em 1993 sabia-se que o último teorema de Fermat era verdadeiro para todas as potências até 4 milhões, mas esse tipo de atropelo cada vez mais desesperado não jogava nenhuma luz sobre o caso geral. Novas ideias começaram a aparecer em 1955, quando Yutaka Taniyama estava trabalhando numa área diversa, aparentemente sem qualquer relação com a teoria dos números chamada curvas elípticas. (O nome é enganoso, e a elipse não é uma delas. Uma curva elíptica é um tipo especial de equação diofantina.) Ele conjecturou um elo notável entre essas curvas e a análise complexa, a teoria das funções modulares. Durante

Em 1975 Yves Hellegouarch observou uma relação entre o último teorema de Fermat e as curvas elípticas, sugerindo que qualquer contraexemplo do último teorema levaria a uma curva elíptica com propriedades muito estranhas. Em dois artigos, publicados em 1982 e 1986, Gerhard Frey mostrou que essa curva deve ser tão estranha que não pode existir. O último teorema de Fermat, portanto, continuaria sem contestação, a não ser pelo fato de que Frey havia recorrido à conjectura Shimura-Taniyama-Weil, que ainda estava para ser incorporada. Entretanto, esses desenvolvimentos convenceram muitos teóricos dos números de que Hellegouarch e Frey estavam na trilha certa. Jean-Pierre Serre previu que alguém provaria o último teorema de Fermat seguindo esse caminho cerca de uma década antes de isso acontecer.

Andrew Wiles deu o passo final em 1993, anunciando a prova de um caso especial da conjectura Shimura-Taniyama-Weil, poderosa o bastante para completar a prova do último teorema de Fermat. Infelizmente, veio então à luz uma lacuna lógica, geralmente o prelúdio de um colapso total. Wiles teve sorte. Auxiliado pelo seu ex-aluno Richard Taylor, conseguiu reparar o furo em 1995. Agora a prova estava completa.

As pessoas ainda discutem se Fermat tinha uma prova. Como eu disse, a evidência circunstancial sugere fortemente que ele não tinha, porque seguramente a teria apresentado como desafio aos outros. É mais possível que ele achasse que tinha uma prova quando rabiscou a nota à margem do livro, porém, mais tarde, mudou de ideia. No improvável caso de ele ter uma prova, ela não teria parecido em nada com a prova de Wiles. Os conceitos necessários e o ponto de vista abstrato simplesmente não existiam nos tempos de Fermat. É como esperar que Newton tivesse inventado armas nucleares. Ainda assim, é concebível que Fermat tenha divisado algum método de ataque em que ninguém havia pensado. Esse tipo de coisa já aconteceu. No entanto, ninguém vai encontrar a prova se não tiver o talento matemático de Pierre de Fermat, e isso não é pouco.

7. O sistema do mundo

ISAAC NEWTON

Sir Isaac Newton
Nascimento: Woolsthorpe, Inglaterra, 4 de janeiro de 1643
Morte: Londres, 31 de março de 1727

EM 1696 a Real Casa da Moeda, responsável pela produção de dinheiro na Inglaterra, recebeu um novo diretor, Isaac Newton. O posto lhe fora concedido pelo conde de Halifax, Charles Montagu, que na época era chanceler do Tesouro – o chefe de finanças do governo. Newton foi encarregado de recunhar a moeda do reino. Naquele tempo a cunhagem britânica estava em estado lastimável. Newton estimou que cerca de 20% das moedas em circulação eram falsificadas ou aparadas, isto é, lascas de ouro ou prata haviam sido raspadas nas bordas para serem derretidas e vendidas. Por lei, falsificar e raspar moedas eram atos de traição passíveis de pena, como a condenação à forca, a evisceração ou o esquartejamento. Na prática, dificilmente alguém chegava a ser condenado, muito menos punido.

Como professor lucasiano* de matemática na Universidade de Cambridge, o novo diretor era o tipo de acadêmico "torre de marfim", que dedicara a maior parte de sua vida aos esotéricos assuntos da matemática, física e alquimia. Também escrevera tratados religiosos sobre interpretação da Bíblia e datara a Criação em 4000 a.C. Seu currículo no serviço público era irregular. Fora membro do Parlamento pela Universidade de Cambridge em 1689-90 e novamente em 1701-02, mas alega-se que sua única contribuição para os debates foi a vez em que observou que o recinto estava frio, pedindo que a janela fosse fechada. Então era fácil imaginar que, tendo obtido o posto como sinecura por meio de patrocínio político, Newton seria um pau-mandado.

Em poucos anos, 28 pessoas condenadas por cunhagem perceberiam que não era bem assim. Newton saiu à cata de evidências de uma maneira que faria jus a Sherlock Holmes. Distinguiu-se como frequentador de tavernas e cervejarias pouco respeitáveis, espiando os fregueses, observando atividades criminosas. Percebendo que a natureza nebulosa da lei inglesa era o maior obstáculo para perseguir os responsáveis, Newton recorreu a costumes e precedentes legais antigos. O gabinete do juiz de paz tinha considerável autoridade legal, sendo apto a abrir inquéritos, interrogar testemunhas e, até um ponto considerável, atuar como juiz e júri. Então Newton se fez nomear juiz de paz em todos os condados adjacentes a Londres. Em dezoito meses, começando no verão de 1698, havia interrogado mais de uma centena de testemunhas, suspeitos e informantes, assegurando as mencionadas 28 condenações.

Sabemos disso, aliás, porque Newton enfiou o rascunho de uma carta sobre o assunto no exemplar da obra-prima *Principia*, na qual efetivamente fundava a física matemática enunciando as leis do movimento e a lei da gravidade, e mostrando como elas explicam uma vasta gama de fenômenos naturais.

O relato ilustra que, quando Newton dirigia sua mente para algo, geralmente realizava coisas grandes, mas não em alquimia e provavel-

---

* Professor lucasiano é aquele que ocupa, na Universidade de Cambridge, a cátedra de matemática criada por Henry Lucas em 1663. (N.T.)

mente não em erudição bíblica. Ele seguiu adiante, tornando-se mestre da Casa da Moeda, presidente da Royal Society, e foi sagrado cavaleiro pela rainha Ana em 1705. Suas maiores contribuições para a humanidade, porém, foram em matemática e física. Ele inventou o cálculo e o usou para exprimir leis fundamentais da natureza, das quais deduziu – como diz o subtítulo do Livro 3 do *Principia* – o sistema do mundo, o modo como o Universo funciona.

O início, porém, foi bem mais humilde.

NEWTON NASCEU no dia de Natal de 1642. Pelo menos essa foi a data do registro. Mas ela era determinada pelo calendário juliano, e quando este foi substituído pelo gregoriano, conhecido pelos "dias perdidos", a data oficial tornou-se 4 de janeiro de 1643. Na infância, ele morou numa fazenda, Woolsthorpe Manor, no minúsculo vilarejo de Woolsthorpe-by-Colsterworth, em Lincolnshire, não longe de Grantham.

O pai de Newton, também chamado Isaac, morreu dois meses antes de o filho nascer. Os Newton eram uma família rural estabelecida, e Isaac Newton, o primogênito confortavelmente abastado, era proprietário de uma grande fazenda, uma casa e muitos animais. A mãe, Hannah (nascida Ayscough), administrava a fazenda. Quando Isaac tinha dois anos, ela se casou com Barnabas Smith, ministro da igreja no vilarejo próximo de North Witham. O garoto foi criado em Woolsthorpe pela avó Margery Ayscough. Não teve uma infância feliz e não se dava muito bem com o avô James Ayscough. E se dava ainda pior com a mãe e o padrasto: quando confessou seus pecados, aos dezenove anos, Newton mencionou "ameaçar meu pai e minha mãe de queimá-los e incendiar a casa com eles dentro."

O padrasto morreu em 1653, e Isaac começou a estudar na Free Grammar School, em Grantham, onde se alojou na casa da família Clarke. William Clarke era farmacêutico, e sua casa ficava na High Street, perto da George Inn. Newton tornou-se conhecido entre os habitantes da cidade pelas estranhas invenções e os aparelhos mecânicos. Gastava sua mesada em ferramentas e, em vez de brincar, fazia objetos de madeira – casas de bonecas para as meninas, mas também um modelo de moinho de vento que funcionava. Inventou um moinho de tração movido por um camundongo que fazia girar a roda. Fez um carrinho no qual se sentava e o movimentava com manivela. E prendeu uma lanterna de papel a uma pipa para espanto de seus vizinhos à noite. Segundo seu biógrafo William Stukeley, isso "assustou a vizinhança por algum tempo e provocou falatório nos dias de feira entre o pessoal do campo, quando todos se reuniam ao redor das canecas de cerveja".

Os historiadores descobriram desde então a fonte de Newton para a maioria dessas invenções, *The Mysteries of Nature and Art*, de John Bate. Um dos cadernos de Newton contém numerosos extratos desse livro. Mas as invenções ilustram seu foco precoce nos temas científicos, mesmo que não fossem originais. Ele também era fascinado por relógios de sol – a igreja de Colsterworth tem um atribuído a ele, supostamente construído quando Newton tinha apenas nove anos –, e os distribuiu generosamente por toda a casa dos Clarke. Martelava cavilhas nas paredes para marcar as horas, meias horas e quartos de hora. Aprendeu como identificar datas significativas, como solstícios e equinócios, com bastante sucesso, a ponto de a família e os vizinhos frequentemente virem observar o que chamavam de "discos do Isaac". Era capaz de dizer as horas observando as sombras numa sala. Também tirou proveito de morar na loja de um farmacêutico investigando a composição dos remédios, uma introdução precoce à química que viria pavimentar o caminho para seu posterior interesse na alquimia. Nas paredes do quarto, desenhava a carvão, com impressionante realismo, pássaros, animais, navios e até retratos.

Isaac era claramente um rapaz inteligente, mas não mostrava sinais particulares de talento matemático, e seus relatórios escolares o descrevem como preguiçoso e desatento. A essa altura a mãe o tirou da escola para treiná-lo a administrar seu patrimônio, tarefa típica de um primogênito, mas ele mostrou ainda menos interesse pelo tema. Um tio a convenceu de que Isaac deveria ir para a universidade em Cambridge, e então ela o mandou de volta a Grantham para completar a educação.

Newton entrou no Trinity College da Universidade de Cambridge em 1661, com intenção de obter um diploma em direito. O curso era baseado na filosofia aristotélica, mas no terceiro ano ele teve permissão de ler os trabalhos de Descartes, do filósofo-cientista Pierre Gassendi, do filósofo Thomas Hobbes e do físico Robert Boyle. Ele estudou Galileu, aprendendo astronomia e a teoria de Copérnico, de que a Terra gira em torno do Sol. Leu a *Óptica* de Kepler. Como foi apresentado à matemática avançada, esse é um assunto mais opaco. Abraham de Moivre escreveu que tudo começou quando Newton comprou um livro de astrologia numa feira e não conseguiu entender a matemática. Tentando dominar a trigonometria, descobriu que não sabia geometria suficiente, então pegou um exemplar da edição de Isaac Barrow de Euclides. Esta lhe causou a impressão de ser trivial, até chegar a um teorema sobre áreas de paralelogramos, que o impressionou. Ele passou então correndo pela série de obras matemáticas fundamentais – *The Key of Mathematics*, de William Oughtred, *A geometria*, de Descartes, os trabalhos de François Vière, *Geometria de René Descartes*, de Frans van Schooten, e *Álgebra*, de John Wallis. Wallis usava indivisíveis – infinitesimais – para calcular a área contida por uma parábola e uma hipérbole. Newton pensou sobre isso e escreveu: "Assim faz Wallis, mas pode ser feito assim." Já começava a produzir suas próprias provas e a ter ideias, inspirado por grandes matemáticos, porém não subserviente a eles. Os métodos de Wallis eram interessantes, mas de maneira nenhuma sagrados. Newton sabia fazer melhor.

Em 1663 Barrow assumiu a cadeira lucasiana, tornando-se membro do Trinity, onde Newton estudava, mas não há evidência de que tenha notado qualquer talento especial no jovem estudante. O talento veio a florescer em 1665, quando os alunos da universidade foram mandados para casa a fim de evitar a grande peste. Na paz e no sossego da área rural de Lincolnshire, não mais distraído pelo burburinho da cidade, Newton voltou sua atenção para a ciência e a matemática. Entre 1665 e 1666 desenvolveu sua lei da gravidade, explicando os movimentos da Lua e dos planetas, inventou o cálculo diferencial e integral e fez significativas descobertas em óptica. Não publicou nada desse trabalho, mas retornou a Cambridge para tirar seu diploma de mestre e foi eleito fellow do Trinity College. Em 1669 foi nomeado professor lucasiano de matemática quando Barrow renunciou ao cargo e tornou-se membro da Royal Society em 1672.

A partir de 1690 Newton escreveu muitos tratados sobre a interpretação da Bíblia e realizou experimentos alquímicos. Ocupou importantes cargos administrativos, acabando por tornar-se mestre da real Casa da Moeda. Foi eleito presidente da Royal Society em 1703, e sagrado cavaleiro em 1705, quando a rainha Ana fez uma visita ao Trinity College. O único cientista a ser sagrado cavaleiro antes dele foi Francis Bacon. Newton perdeu uma fortuna com o colapso da Companhia dos Mares do Sul e teve que ir morar com a sobrinha e o marido dela perto de Winchester. Morreu dormindo em Londres, em 1727. Suspeitou-se de envenenamento por mercúrio: foram achados vestígios do metal em seu cabelo. Isso se encaixa em seus experimentos em alquimia e pode explicar por que ele se tornou excêntrico na velhice.

Uma das primeiras descobertas de Newton já o mostra como mestre em geometria de coordenadas. Nessa época, sabia-se que as seções cônicas eram definidas por equações quadráticas. Newton estudou as curvas definidas por equações cúbicas. Encontrou 72 espécies (agora reconhecemos 78) e as agrupou em quatro tipos distintos. Em 1771 James Stirling provou que toda curva cúbica pertence a um desses tipos. Newton alegava que os quatro tipos são equivalentes sob projeção, prova que foi encontrada em 1731. Em todas essas descobertas, Newton estava bem adiante do seu tempo, e o contexto amplo em que elas se encaixavam – algébrico e de geometria projetiva – tornou-se visível apenas séculos mais tarde.

Segundo um relato possivelmente apócrifo, uma das invenções práticas de Newton foi realizada durante seu trabalho inicial em óptica, por volta de 1670. Toda criança na escola ouve que um prisma de vidro decompõe a luz branca do Sol em todas as cores do arco-íris. A descoberta remonta até Newton, que executou o experimento no sótão. Entretanto, houve um imprevisto. Ele tinha uma gata bastante gorda, porque seu dono, absorto na pesquisa científica, deixava de controlar quanto a bichana comia. A gata tinha o hábito de abrir a porta do sótão para descobrir o que Isaac estava fazendo, deixando entrar luz no ambiente e arruinando o experimento. Então Newton cortou um buraco na porta e pendurou um pedaço de feltro por cima, inventando a portinhola para gatos. Quando a gata teve filhotes, acrescentou um buraco menor ao lado do grande. (Isso talvez não seja tão absurdo quanto parece; os gatinhos podiam achar difícil empurrar um pedaço de feltro muito pesado.) A fonte da anedota foi identificada apenas como uma "pessoa do campo", e eventualmente não passa de uma historinha boba. Mas em 1827 John Wright, que morou nos antigos aposentos de Newton no Trinity College, escreveu que a porta tivera dois buracos do tamanho certo para um gato e seu filhote.

As maiores contribuições de Newton para a matemática, porém, são o cálculo e o *Principia*. Seu trabalho em óptica fez importantes avanços em física, mas foi menos influente em matemática, então, vou deixá-lo de lado. Do ponto de vista lógico, o cálculo vem antes do *Principia*, mas historicamente ambos estão entrelaçados de maneira complexa, ainda mais obscurecida pela relutância de Newton em publicar. Ele tinha uma aversão instintiva a críticas, e o jeito mais fácil de evitá-las era conservar as descobertas em segredo. O resultado final, como se viu, foi uma barragem muito maior de críticas e uma enorme controvérsia pública, porque o matemático e filósofo alemão Gottfried Leibniz teve ideias muito parecidas mais ou menos na mesma época, o que acabou por deflagrar uma disputa pela primazia.

As origens do cálculo podem remontar ao *Método* de Arquimedes, à *Aritmética do infinito* de Wallis, de 1656, e aos trabalhos de Fermat (Capítulo 6). O tema se divide em duas áreas distintas mas relacionadas.

O cálculo diferencial é um método para achar a taxa de variação de alguma grandeza que se altera com o tempo. Por exemplo, a velocidade é a variação de posição (quantos quilômetros sua posição varia depois de uma hora). Aceleração é a taxa de variação da velocidade (você está acelerando ou freando?). A questão básica em cálculo diferencial é encontrar a taxa de mudança de alguma função do tempo. O resultado também é função do tempo, porque a taxa de variação pode ser diferente em instantes diferentes.

O cálculo integral trata de áreas, volumes e conceitos similares. Ele é feito cortando-se o objeto em fatias muito finas, estimando a área do volume de cada fatia, ignorando qualquer erro que seja muito menor que a espessura das fatias, somando tudo e fazendo com que as fatias se tornem tão finas quanto se queira. Como Newton e Leibniz descobriram, a integração é essencialmente o processo inverso da diferenciação.

Os dois processos envolvem uma ideia filosoficamente astuciosa: grandezas que podem se tornar tão pequenas quanto se queira. Estas eram conhecidas como infinitesimais, e exigem manipulação muito cuidadosa. Nenhum número específico pode ser "tão pequeno quanto se queira", uma vez que isso o deixaria menor que ele próprio. No entanto, um número que varia pode se tornar tão pequeno quanto quisermos. Mas, se algo varia, como pode ser um número?

Suponha que saibamos exatamente onde um carro está localizado num determinado instante e queiramos calcular sua velocidade. Se durante o intervalo de uma hora ele viaja sessenta quilômetros, a velocidade *média* durante esse tempo é de sessenta quilômetros por hora. Mas a velocidade pode ter sido mais rápida em alguns momentos e mais lenta em outros. Reduzir o intervalo de tempo para um segundo dá uma estimativa mais precisa, a velocidade média em um segundo. Mesmo assim a velocidade pode ter variado ligeiramente durante esse tempo. Podemos nos aproximar da velocidade instantânea, num dado momento, descobrindo que distância o carro percorre num intervalo de tempo muito curto e dividindo essa distância pelo tempo que ele levou para percorrê-la. Por menor que tornemos esse intervalo, porém, o resultado é apenas uma aproximação. Mas se você tentar calcular usando uma fórmula para a posição do carro, se você fizer o intervalo cada vez mais próximo de zero, a velocidade média nesse intervalo vai ficando cada vez mais próxima de *algum valor específico*. Nós definimos esse valor como a velocidade instantânea.

A maneira usual de fazer as contas determina que dividamos a distância percorrida pelo tempo que se passou. Críticos como o bispo George Berkeley foram rápidos em apontar que, quando o tempo passado torna-se zero, essa fração é $\frac{0}{0}$, que não tem sentido. Berkeley publicou suas críticas em 1734, num panfleto, *O analista: discurso endereçado a um matemático infiel*, referindo-se sarcasticamente às fluxões (as velocidades instantâneas) de Newton como "fantasmas das grandezas desaparecidas".

Newton e Leibniz tinham respostas para essas objeções. O primeiro empregou uma imagem física do intervalo fluindo para zero, mas na realidade sem chegar lá. A distância percorrida também flui para zero, assim como a velocidade média. O que importa, disse Newton, é para onde ela flui. Chegar lá é irrelevante. Então ele chamou seu método de "fluxões" – coisas que fluem. Leibniz preferiu tratar o intervalo de tempo como um infinitesimal, querendo dizer com isso não uma grandeza fixa diferente de zero que pode ser tão pequena quanto se queira (o que não faz sentido lógico), mas uma grandeza variável diferente de zero que pode *se tornar* tão pequena quanto se queira. É praticamente o mesmo ponto de vista que o de Newton. Tirando ou pondo alguma precisão na terminologia, é o mesmo ponto de vista que usamos hoje, conhecido como "tendendo ao limite". Mas foram necessários vários séculos para desemaranhar tudo isso. É sutil. Mesmo hoje os alunos de graduação em matemática levam algum tempo para se acostumar.

O BISPO BERKELEY pode ter ficado descontente com os fundamentos do cálculo, mas os matemáticos estão sempre dispostos a ignorar os filósofos, em particular quando estes lhes dizem para parar de usar um método que funciona perfeitamente bem. Não, a grande discussão em relação ao cálculo foi uma disputa de primazia sobre quem o criou.

Newton havia escrito *Método de fluxões e séries infinitas* em 1671, mas não o publicara. O livro finalmente veio à luz em 1736, numa tradução inglesa do original em latim feita por John Colson. Leibniz publicou textos sobre o cálculo diferencial em 1684 e sobre o cálculo integral em 1686. Newton lançou *Principia* em 1687. Além disso, embora muitos de seus resultados dependessem do cálculo, Newton optou por apresentá-los de uma forma geométrica mais clássica, usando um princípio que chamou de "primeiras e últimas razões". Eis como ele define a igualdade de fluxões:

> Quantidades, e as razões entre quantidades, que em qualquer tempo finito convergem continuamente para a igualdade e antes do fim desse tempo aproximam-se uma da outra mais do que qualquer diferença dada e em última instância tornam-se iguais.

A formulação atual do conceito de limite em análise é equivalente a isso, porém o significado é mais explícito. Os críticos de Newton nunca entenderam a definição.

Isaac Newton usou a geometria em vez do cálculo no *Principia* para não ficar enredado em questões acerca dos infinitesimais, contudo, ao fazer isso, perdeu a oportunidade de ouro para revelar o cálculo ao mundo. Essas ideias circulavam informalmente entre os matemáticos britânicos, mas passavam em grande parte despercebidas no resto do mundo. Então, quando Leibniz tornou-se o primeiro a publicar algo sobre o cálculo, isso provocou um alarido na Grã-Bretanha. Um matemático escocês chamado John Keill deu o chute inicial ao publicar um artigo na *Transactions of the Royal Society* acusando Leibniz de plágio. Quando Leibniz o leu, em 1711, exigiu uma retratação, mas Keill subiu o tom argumentando que Leibniz vira duas cartas de Newton que continham as ideias principais do cálculo diferencial. Leibniz pediu à Royal Society que mediasse a questão, e esta nomeou uma comissão, que decidiu a favor de Newton – mas o relatório foi *escrito* por Newton, e ninguém tinha pedido a Leibniz que advogasse em causa própria. Matemáticos importantes na Europa continental entraram na briga, queixando-se de que Leibniz não estava recebendo um tratamento justo. Leibniz parou de argumentar com Keill, justificando que se recusava a discutir com um idiota. Tudo acabou fora de controle.

Historiadores subsequentes consideram que o jogo terminou empatado. Newton e Leibniz conceberam seus métodos de forma bastante independente. Em certa medida, um estava ciente do trabalho do outro, mas ninguém roubou ideias de ninguém. Por um século ou mais, vários matemáticos, inclusive Fermat e Wallis, vinham circulando em torno dessas noções. Infelizmente a controvérsia absurda levou os matemáticos britânicos a ignorar o que seus primos no continente estavam fazendo durante os cem anos seguintes, ou algo assim, o que foi uma pena, porque isso incluía a maior parte da física matemática.

O *Principia* FOI CONSTRUÍDO fundamentado no trabalho de cientistas anteriores, especialmente Kepler, cujas três leis básicas do movimento planetário levaram Newton a formular sua lei da gravidade, e Galileu, que investigou o movimento dos corpos em queda experimentalmente, identificando elegantes padrões nos números. Ele publicou suas descobertas em 1590, em *Sobre o movimento*. Isso inspirou Newton a enunciar três leis gerais do movimento. A primeira edição do *Principia* foi publicada em 1687; seguiram-se novas edições, com acréscimos e correções. Em 1747 Alexis Clairaut escreveu que o livro "marcou a época de uma grande revolução na física". No prefácio, Newton explica seu grande tema:

> A mecânica racional será a ciência de movimentos resultantes de quaisquer forças e das forças exigidas para produzir quaisquer movimentos, ... e portanto oferecemos este trabalho como princípios matemáticos de filosofia. Pois toda a dificuldade da filosofia parece consistir nisso – a partir dos fenômenos do movimento investigar as forças da natureza, e então, a partir dessas forças, demonstrar os outros fenômenos.

Era uma alegação audaciosa, mas, em retrospecto, seu otimismo se justificava plenamente. As primeiras sacações de Newton haviam crescido para se tornar uma massiva área da ciência: a física matemática. Muitas das equações desenvolvidas durante esse período continuam em uso até hoje, com aplicações para calor, luz, som, magnetismo, eletricidade, gravidade, vibrações, geofísica, e assim por diante. Nós fomos além desse estilo "clássico" da física com a relatividade e a teoria quântica, mas é admirável como a física de Newton ainda é importante. E sua ideia de descrever a natureza com equações diferenciais é adotada em todas as ciências, da astronomia à zoologia.

O Livro I do *Principia* aborda o movimento na ausência de qualquer meio resistente – nada de atrito, resistência do ar ou arrasto hidrodinâmico. Esse é simplesmente o tipo de movimento mais simples, com a matemática mais elegante. Começa explicando o método das primeiras e últimas razões, sobre o qual se assenta todo o resto. Como foi explicado, isso é cálculo sob disfarce geométrico. Newton estabelece logo de saída que uma lei do quadrado inverso da atração é equivalente às leis de Kepler do movimento planetário. À primeira vista, a equivalência lógica da lei de Newton com as três leis de Kepler sugere que tudo que Newton conseguiu foi reformular as leis de Kepler em linguagem de forças. Mas há uma característica adicional, uma predição, em lugar de um teorema. Newton, como Hooke antes dele, alega que essas forças são *universais*. Todo corpo no Universo atrai outro corpo. Isso lhe permite desenvolver princípios aplicáveis a todo o sistema solar, e ele começa com o problema de três corpos se movendo sob atração gravitacional.

O Livro 2 aborda o movimento num meio resistente, incluindo a resistência do ar. Newton desenvolve a hidrostática – o equilíbrio de corpos flutuantes – e fluidos compressíveis. Um estudo de ondas leva a uma estimativa para a velocidade do som no ar, 1.088 pés por segundo (331 metros por segundo), e como ela varia com a umidade. O número moderno, no nível do mar, é de 340 metros por segundo. O Livro 2 termina demolindo a teoria de Descartes acerca da formação do sistema solar por meio de vórtices.

O Livro 3, com o subtítulo *Do sistema do mundo*, aplica os princípios desenvolvidos nos dois primeiros livros ao sistema solar e à astronomia. As aplicações são surpreendentemente detalhadas: irregularidades no movimento da Lua; movimento dos satélites de Júpiter, dos quais quatro eram conhecidos; cometas; marés; precessão dos equinócios; e especialmente a teoria heliocêntrica, que Newton formulou de maneira muito previdente: "O centro de gravidade comum da Terra, do Sol e de todos os planetas deve ser considerado o centro do mundo, ... [e este centro] está em repouso ou move-se uniformemente para a frente em linha reta." Estimando as razões das massas do Sol, de Júpiter e de Saturno, ele calculou que esse centro de gravidade comum está muito próximo do centro do Sol, com um erro de no máximo o diâmetro do Sol. E estava certo.

A LEI DO QUADRADO INVERSO, na realidade, não era original de Newton. Kepler aludiu a esse tipo de dependência matemática no contexto da luz em 1604, argumentando que, quando um feixe de raios luminosos se espalha, ele ilumina uma esfera cuja área cresce como quadrado do seu raio. Se a quantidade de luz é conservada, o brilho deve ser inversamente proporcional ao quadrado da distância. Kepler também sugeriu uma lei similar para a "gravidade", mas ele se referia a uma força hipotética exercida pelo Sol que propelia os planetas ao longo de suas órbitas, e que ele acreditava ser inversamente proporcional à distância. Ismaël Bullialdus discordava, argumentando que a força deve ser inversamente proporcional ao quadrado da distância.

Atração gravitacional, sua universalidade e a lei do quadrado inverso estavam todas no ar por volta de 1670. É também uma relação muito natural, pela analogia com a geometria dos raios luminosos. Numa palestra para a Royal Society em 1666, Robert Hooke disse:

> Explicarei um sistema do mundo muito diferente de qualquer outro já concebido. Ele se assenta nas seguintes proposições: 1) que todos os corpos celestes têm não só uma gravitação de suas partes para o seu próprio centro, mas também se atraem mutuamente dentro das suas esferas de ação; 2) que todos os corpos dotados de movimento simples continuarão a se mover em linha reta, a menos que continuamente desviados dela por alguma força externa, levando-os a descrever um círculo, uma elipse ou alguma outra curva; 3) que essa atração é tanto maior quanto mais próximos estão os corpos. Quanto à proporção em que essas forças diminuem com o aumento da distância, reconheço que não descobri.

Em 1679 ele escreveu uma carta particular a Newton,[2] propondo uma dependência segundo a lei do quadrado inverso para a gravidade nesse sentido. E ficou visivelmente irritado quando a mesma lei apareceu no *Principia*, embora Newton lhe tenha dado crédito por ela, juntamente com Halley e Christopher Wren. Podemos nos solidarizar com Hooke porque, apesar disso, Newton ficou com a maior parte do crédito. Isso ocorreu porque o *Principia* tornou-se muito conhecido, mas há outra razão. Newton não sugeriu meramente essa lei. Ele a *deduziu* a partir das leis de Kepler, colocando-a assim sobre um alicerce científico sólido. Hooke concordava que apenas Newton dera "a demonstração das curvas assim geradas", ou seja, que as órbitas fechadas são elípticas. (A lei do quadrado inverso também permite órbitas parabólicas e hiperbólicas, mas estas não são curvas fechadas e o movimento não se repete periodicamente.)

Hoje tendemos a ver Newton como o primeiro grande pensador racional. Não levamos em consideração sua forte crença em Deus e sua erudição bíblica e ignoramos suas extensivas pesquisas em alquimia, as tentativas bastante místicas de converter matéria de uma forma em outra. É provável que a maioria de seus escritos sobre alquimia tenha se perdido quando seu laboratório pegou fogo, e duas décadas de pesquisa viraram fumaça. Aparentemente a causa do incêndio foi o cachorro. Conta-se que Newton teria censurado o animal dizendo: "Ó Diamond, Diamond, pouco sabes o mal que tu fizeste."

Seja como for, sobreviveram livros e artigos suficientes para sugerir que Newton buscava a pedra filosofal, capaz de transformar chumbo em ouro. E possivelmente o elixir da vida, a chave da imortalidade. Um dos títulos era: *Nicholas Flammel, sua exposição das figuras hieroglíficas que ele fez pintar sobre o arco no pátio da igreja dos Santos Inocentes em Paris. Junto com o livro secreto de Artephius e a epístola de João Pontanus: contendo igualmente a teórica e a prática da pedra filosofal.* Eis um excerto:

O espírito desta terra é fogo y^e em wch Pontanus digere sua feculenta matéria, o sangue de infantes em wch y^e $\odot$ & $\mathbb{D}$, se banham, o sujo leão verde w^{ch}, diz Ripley, é y^e significa juntar tinturas y^e de $\odot$ e $\mathbb{D}$, o caldo wch que Medeia derramou sobre as duas serpentes de y^e, Vênus por meditação de w^{ch} ☉ vulgar e o ☿ de 7 águias diz Filaletes deve ser decoctado.

Aqui os símbolos têm os seguintes significados: ☉ = Sol, ☽ = Lua, ☿ = Mercúrio. Para o olho moderno, isso parece um absurdo místico. Mas Newton estava desbravando trilhas, e não sabia aonde elas o levariam. Esse, por acaso, era um beco sem saída. Em anotações para uma palestra que nunca chegou realmente a dar,[3] o economista John Maynard Keynes chamou Newton de "o último dos mágicos, ... o último menino-prodígio a que os Magos podiam prestar sincera e apropriada reverência". Hoje ignoramos quase totalmente o aspecto místico de Newton, e o recordamos pelas suas realizações científicas e matemáticas. Mas, ao fazê-lo, perdemos de vista muito do que impulsionava a sua mente notável. Antes de Newton, a compreensão humana da natureza estava profundamente entrelaçada com o sobrenatural. Depois dele, passamos a reconhecer de maneira consciente que o Universo funciona conforme profundos padrões exprimíveis pela matemática. O próprio Newton foi uma figura de transição, com um pé em cada mundo, conduzindo a humanidade para longe do misticismo e rumo à racionalidade.

8. Mestre de todos nós

LEONHARD EULER

Leonhard Euler
Nascimento: Basileia, Suíça, 15 de abril de 1707
Morte: São Petersburgo, Rússia, 18 de setembro de 1783

É PROVÁVEL QUE, hoje, Leonhard Euler esteja ranqueado como o matemático mais importante praticamente desconhecido do público geral. Mesmo em vida sua reputação era tão grande que em 1760, quando as tropas russas arrasaram sua fazenda em Charlottenburg durante a Guerra dos Sete Anos, o general Ivan Saltykov prontamente pagou pelos estragos. A imperatriz Isabel da Rússia acrescentou outros 4 mil rublos, quantia enorme na época. E esse tampouco foi o fim da história. Euler fora membro da Academia de São Petersburgo de 1726 a 1741, quando, preocupado com a deterioração do estado político da Rússia, foi embora para Berlim. Em 1766 retornou, tendo negociado um salário de 3 mil rublos por ano, uma generosa pensão para sua esposa e promessas de que seus filhos seriam bem cuidados, ocupando posições lucrativas.

No entanto, a vida não lhe foi absolutamente cor-de-rosa. Euler vinha sofrendo problemas de visão após perder a vista direita, em 1738;

em seguida, o olho esquerdo desenvolveu catarata, e ele ficou quase totalmente cego. Entretanto, era o afortunado possuidor de uma estarrecedora memória; podia recitar inteiro o poema épico de Virgílio, *Eneida*, e se lhe dessem um número de página era capaz de dizer o primeiro e o último verso nela impressos. Certa vez, não conseguindo adormecer, Euler achou o tradicional método de contar carneirinhos tão trivial que passou o tempo calculando a sexta potência de todos os números até cem. Alguns dias depois, ainda conseguia se lembrar de todos os resultados. Seus filhos Johann e Christoph muitas vezes atuavam como escribas, o mesmo acontecendo com Wolfgang Krafft e Anders Lexell, seus colegas na Academia. O marido de sua neta, Nikolai Fuss, também ajudava, tornando-se seu assistente oficial em 1776. Todos tinham formação matemática sólida, e Euler debatia suas ideias com eles. Tão bem-sucedidos eram esses arranjos que sua produção, já prodigiosa, aumentou significativamente após ele perder a visão.

Praticamente nada impedia Euler de trabalhar. Nos anos 1740, na Academia de Berlim, assumiu imensa carga administrativa: supervisionou os jardins botânicos e o observatório, contratou funcionários, cuidou das finanças e lidou com publicações como mapas e calendários. Atuou como consultor do rei Frederico o Grande da Prússia na construção do canal de Finlow e na criação do sistema hidráulico da residência real de verão em Sanssouci. O rei não se impressionou:

> Eu queria ter um jato de água no meu jardim. Euler calculou a força das rodas necessária para erguer a água até um reservatório, de onde ela deveria voltar a descer através de canais, finalmente jorrando em Sanssouci. Meu moinho foi executado geometricamente e não conseguia erguer um copo de água mais perto do que cinquenta passos do reservatório. Vaidade das vaidades! Vaidade da geometria![4]

Registros históricos mostram que Frederico estava culpando a pessoa errada pelo tópico errado. O arquiteto do rei para Sanssouci escreveu que ele queria uma porção de fontes, inclusive uma enorme, que jorrasse água

Leonhard Euler

a trinta metros de altura. A única fonte de água era o rio Havel, a 1.500 metros. O plano de Euler era escavar um canal do rio até uma bomba, acionada por um moinho de vento. Isso levaria a água até um reservatório que criava uma diferença de altura de cerca de cinquenta metros, fornecendo pressão suficiente para alimentar a fonte. A construção começou em 1748 e prosseguiu sem nenhum problema até os canos da bomba para o reservatório serem instalados. Estes eram feitos de tiras de madeira presas por faixas de ferro, como barris. Tão logo os construtores começaram a bombear a água para o reservatório, os canos estouraram. Troncos de árvore perfurados também não deram certo, então foi necessário usar tubos de metal, mas estes eram estreitos demais para alimentar um fluxo de água adequado. Tentativas de resolver o problema continuaram até 1756, foram interrompidas durante a Guerra dos Sete Anos e depois brevemente retomadas. Então o rei perdeu a paciência e o projeto foi abandonado. O arquiteto culpou Frederico, que tinha o hábito de conceber magníficas estruturas, mas sem fornecer o dinheiro necessário. Seu relatório lista todo mundo responsável pelo fracasso. Euler não figura no rol.

Na verdade, o trabalho de Euler no projeto deu início à teoria do fluxo hidráulico através de canos, analisando como o movimento da água afeta a pressão no cilindro. Em particular, ele demonstrou que o movimento faz a pressão aumentar, mesmo quando não há diferença de altura. A hidrostática tradicional não previa isso. Euler calculou o aumento de pressão, deu recomendações quanto à bomba e o encanamento e fez advertências explícitas de que os construtores eram trapalhões e de que o projeto inevitavelmente fracassaria. Ele escreveu:

> Eu fiz os meus cálculos sobre as primeiras tentativas em que os canos de madeira estouraram logo que a água alcançou a altura de [vinte metros]. Descobri que os tubos na realidade suportaram uma pressão correspondente a [cem metros de] coluna d'água. Isso é indício certo de que a máquina ainda está longe de sua perfeição, ... a todo custo é necessário usar tubos maiores.

Ele insistiu em que deveriam usar tubos de chumbo, não de madeira, e que a espessura do chumbo devia ser deduzida a partir de experimentos. Seu conselho foi ignorado.

Frederico nunca teve grande respeito pelos cientistas, preferindo gênios artísticos como Voltaire. Fazia chacota do olho cego de Euler, chamando-o de "ciclope matemático". Quando o rei escreveu sobre o fiasco de Sanssouci, trinta anos haviam se passado, e o ausente (havia muito tempo) Euler foi o bode expiatório conveniente. A perene crença de que ele era um matemático nefelibata, sem habilidades práticas, é um completo absurdo. Ele assessorou o governo em termos de seguridade, finanças, artilharia e loteria. Foi o faz-tudo matemático da época. E o tempo todo manteve um fluxo constante de acurada pesquisa original e livros-texto que se tornaram clássicos instantâneos.

Ele ainda trabalhava no dia em que morreu. Pela manhã, como de hábito, deu a um dos netos uma aula de matemática, fez alguns cálculos sobre balões em duas pequenas lousas e debateu a história então recente do planeta Urano com Lexell e Fuss. No fim da tarde sofreu uma hemorragia cerebral e disse: "Estou morrendo." Expirou seis horas depois. Em *Elogio ao sr. Euler*, Nicolas de Condorcet escreveu: "Euler cessou de viver e de calcular." Para ele, a matemática era tão natural quanto respirar.

O PAI DE EULER, Paul, estudou teologia na Universidade de Basileia e tornou-se ministro protestante. Sua mãe, Margaret (nascida Brucker), era filha de pastor protestante. Mas Paul também assistiu a palestras do matemático Jacob Bernoulli, em cuja casa morou como estudante de graduação, juntamente com o irmão de Jacob, Johann, que era seu colega. Os Bernoulli são o exemplo arquetípico de família com talento matemático, e durante quatro gerações quase todos eles começaram buscando as carreiras tradicionais, mas acabaram na matemática.

Euler tornou-se aluno na Universidade de Basileia aos treze anos, em 1720. Seu pai queria que fosse pastor. Em 1723 ele já havia completado o mestrado comparando as filosofias de Newton e Descartes, mas embora

Leonhard Euler 91

fosse cristão devoto, a teologia não o atraía, tampouco hebraico ou grego. A matemática era uma questão completamente diferente: Euler a adorava. E soube também como construir uma carreira na disciplina. Suas anotações autobiográficas não publicadas incluem esta passagem:

> Logo achei uma oportunidade de ser apresentado ao famoso professor Johann Bernoulli. ... É verdade, ele era muito ocupado, então se recusou terminantemente a me dar aulas particulares; mas me deu o conselho muito mais valioso de começar a ler por conta própria livros de matemática difíceis e estudá-los o mais diligentemente possível; se deparasse com algum obstáculo ou dificuldade, eu tinha permissão de visitá-lo todo domingo à tarde, e ele gentilmente me explicava tudo o que eu não conseguia entender.

Johann logo identificou o impressionante talento do rapaz, e Paul concordou em deixar seu filho mudar de área para estudar matemática. Sem dúvida, a longa e duradoura amizade com Johann ajudou a azeitar as engrenagens.

Euler publicou seu primeiro artigo científico em 1726, e em 1727 apresentou um artigo para concorrer ao grande prêmio anual da Academia de Paris, naquele ano destinado a encontrar o arranjo ideal de mastros num navio a vela. Pierre Bouguer, perito na área, ganhou o prêmio, mas Euler ficou em segundo lugar. A conquista chamou a atenção de São Petersburgo, e quando Nicolaus Bernoulli morreu e seu posto ficou vago, ele foi oferecido a Euler. Aos dezenove anos ele partiu para a Rússia numa viagem de sete semanas: ao longo do Reno, de barco, depois carruagem e novamente de barco no trecho final.

Entre 1727 e 1730 Euler serviu também como médico-tenente na Marinha russa, mas quando se tornou docente pleno deixou o posto e se tornou membro permanente da academia local. Em 1733 Daniel Bernoulli renunciou à sua cadeira em São Petersburgo para regressar a Basileia, e Euler assumiu como professor de matemática. Suas finanças haviam melhorado o suficiente para ele se casar, e o nó foi devidamente atado com Katarina Gsell, filha de um artista do Gymnasium (escola secundária) local. O casal acabou gerando treze filhos, dos quais oito morreram na infância, e Euler comentou que tinha feito alguns dos seus melhores trabalhos segurando um bebê e cercado de crianças brincando.

Euler tinha problemas persistentes de visão, exacerbados por uma febre que, em 1735, quase o matou. Como já foi mencionado, ficou praticamente cego de um olho. Isso teve muito pouco efeito sobre sua produtividade – efeito nenhum, na verdade. Ele ganhou o grande prêmio da Academia de Paris em 1738 e novamente em 1740; acabaria por recebê-lo doze vezes. Em 1741, à medida que a política russa ia ficando cada vez mais turbulenta, partiu para Berlim, tornando-se tutor de uma sobrinha de Frederico o Grande. E seus 25 anos em Berlim produziu 380 artigos. Ele escreveu livros sobre análise, artilharia e balística, cálculo de variações, cálculo diferencial, o movimento da Lua, órbitas planetárias, construção de navios e navegação, e até ciência popular, em *Cartas a uma princesa alemã*.

Quando Pierre Louis Moreau de Maupertuis morreu, em 1759, Euler tornou-se presidente da Academia de Berlim em tudo, menos no título, o qual recusou. Quatro anos depois o rei Frederico ofereceu a presidência a Jean le Rond d'Alembert, o que não agradou muito a Euler. D'Alembert decidiu que não queria mudar-se para Berlim, mas o estrago já estava feito, e Euler concluiu que era hora de partir para novas paragens. Ou, nesse caso, paragens velhas, pois voltou para São Petersburgo a convite de Catarina a Grande. E ali terminou seus dias, tendo enriquecido a matemática para além de qualquer medida.

É QUASE IMPOSSÍVEL transmitir o brilhantismo de Euler, ou a variedade e originalidade de suas descobertas, em qualquer espaço menor que um livro. Mesmo assim, seria um desafio. Mas podemos apreender um pouco do que ele realizou e obter alguma percepção acerca de suas notáveis capacidades. Vou começar com a matemática pura e passar para a aplicada, ignorando a cronologia para manter algum tipo de fluxo de ideias.

Primeiro e mais importante, Euler tinha uma espantosa intuição para fórmulas. Em *Introdução à análise do infinito*, de 1748, ele investiga a relação entre as funções exponencial e trigonométrica para números complexos, levando à fórmula:

$$e^{i\theta} = \cos \theta + i \sin \theta$$

A partir disso, fazendo $\theta = \pi$ radianos $= 180°$, é possível deduzir a famosa equação

$$e^{i\pi} + 1 = 0$$

que relaciona as duas enigmáticas constantes e e π e o número imaginário i. Aqui $e = 2,718...$ é a base dos logaritmos naturais e i é o símbolo que Euler introduziu para a raiz quadrada de -1, um padrão até hoje. Agora que a análise complexa é mais bem entendida, essa relação não constitui grande surpresa, mas no tempo de Euler foi de arrepiar. As funções trigonométricas provêm da geometria de círculos e das medidas de triângulos; a função exponencial vem da matemática dos juros compostos e da ferramenta de cálculo de logaritmos. Por que essas duas coisas haveriam de estar tão intimamente ligadas?

A misteriosa destreza de Euler com fórmulas levou a um triunfo que lhe trouxe grande fama aos 28 anos, quando solucionou o problema de Basileia. Matemáticos vinham achando interessantes fórmulas para as somas de séries infinitas, talvez a mais simples sendo

$$1 + \frac{1}{2} + \frac{1}{4} + \frac{1}{8} + \frac{1}{16} + \frac{1}{32} + \ldots = 2$$

O problema de Basileia era achar a soma dos inversos dos quadrados

$$1 + \frac{1}{4} + \frac{1}{9} + \frac{1}{16} + \frac{1}{25} + \frac{1}{36} + \ldots$$

Muitos nomes famosos haviam buscado a resposta sem sucesso: Leibniz, James Stirling, Abraham de Moivre e três dos mais proficientes Bernoulli: Jacob, Johann e Daniel. Euler bateu todos eles provando (ou, pelo menos, fazendo os cálculos indicando – rigor não era seu ponto forte) que a soma é *exatamente* $\pi^2/6$.

Uma soma infinita mais simples, a "série harmônica" de inversos dos inteiros, é:

$$1 + \frac{1}{2} + \frac{1}{3} + \frac{1}{4} + \frac{1}{5} + \frac{1}{6} + \ldots$$

e esta diverge – sua soma é infinita. Euler, imperturbável, encontrou uma fórmula aproximada altamente acurada:

$$1 + \frac{1}{2} + \frac{1}{3} + \frac{1}{4} + \frac{1}{5} + \frac{1}{6} + \ldots + \frac{1}{n} \approx \log n + \gamma$$

onde γ, agora chamada constante de Euler, é até dezesseis casas decimais:

0,5772156649015328 ...

O próprio Euler calculou seu valor com esse número de casas decimais. E fez isso a mão.

A teoria dos números naturalmente atraiu a atenção de Euler. Ele se inspirou amplamente em Fermat, e a correspondência com seu amigo Christian Goldbach, um matemático amador, forneceu motivação adicional. A solução do problema de Basileia o levou à notável relação entre primos e séries infinitas (Capítulo 15). Euler obteve provas de vários teoremas básicos enunciados por Fermat. Um deles era o chamado "pequeno teorema", para distingui-lo do último teorema. Este afirma que se n é primo e a não é múltiplo de n, então $a^n - a$ é divisível por n. Inócuo quanto possa parecer, o enunciado começa agora a apontar para alguns códigos alegadamente inquebráveis, amplamente usados na internet. E também generalizou o resultado para um n composto, introduzindo a função totiente (ou de Euler), $\varphi(n)$. A função totiente é o número de inteiros entre 1 e n que não possuem fator primo em comum com n. Euler conjecturou a lei da reciprocidade quadrática, posteriormente provada por Gauss (Capítulo 10); caracterizou todos os primos que são a soma de dois quadrados (2, todos da forma $4k + 1$, nenhum da forma $4k + 3$) e aperfeiçoou o teorema de Lagrange, de que todo inteiro positivo é a soma de quatro quadrados.

Seus livros-texto sobre álgebra, cálculo, análise complexa e outros tópicos padronizaram a notação e a terminologia matemáticas, muitas das coisas que usamos até hoje, tal como π para pi, e para a base dos logaritmos naturais, i para a raiz quadrada de -1, a notação Σ para somatória e $f(x)$ para uma função genérica de x. Ele chegou a unir as notações de Newton e Leibniz para o cálculo diferencial.

GOSTO DE DEFINIR um matemático não como "alguém que faz matemática", mas como "alguém que percebe uma oportunidade para fazer matemática quando ninguém mais perceberia". Euler raramente perdia uma oportunidade. Dois exemplos deram partida para a área agora conhecida como combinatória ou matemática discreta, que trata de contagem e arranjos de objetos finitos.

O primeiro, em 1735, foi um quebra-cabeça sobre a cidade de Königsberg, na Prússia (hoje Kaliningrado, na Rússia). Situada às margens do rio Pregel, a cidade tem duas ilhas ligadas entre si e às margens por sete pontes. O quebra-cabeça era achar um trajeto pela cidade que cruzasse todas as pontes uma vez, e somente uma vez. O começo e o fim podiam ser em lugares distintos. Euler provou que esse trajeto não existia, atacando a questão mais geral para qualquer arranjo de ilhas e pontes. Ele demonstrou que o trajeto existe se, e apenas se, houver duas ilhas nas extremidades de um número ímpar de pontes. Hoje interpretamos esse teorema como um dos primeiros da teoria dos grafos, o estudo de redes de pontos conectados por linhas. A prova de Euler era algébrica, envolvendo uma representação simbólica do trajeto usando letras para ilhas e pontes. É fácil provar que sua condição é necessária para que exista o trajeto; a parte mais difícil é provar que ela é suficiente.

O segundo problema de combinatória, que ele apresentou em 1782, foi o quebra-cabeça dos 36 oficiais. Dados seis regimentos, cada um compreendendo seis oficiais de seis diferentes graus hierárquicos, é possível arranjá-los num quadrado 6×6 de modo que nenhuma linha ou coluna contenha dois oficiais do mesmo regimento ou do mesmo grau hierár-

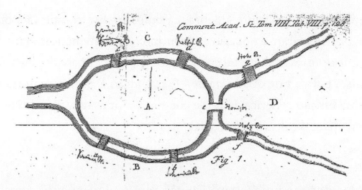

Mapa das sete pontes de Königsberg, de "A solução de
um problema relacionado à geometria de posição".

quico? Euler conjecturou que isso é impossível, um resultado cuja prova precisou esperar por Gaston Tarry, em 1901. A estrutura subjacente aqui é um quadrado latino, no qual n cópias de n símbolos devem ser arranjadas num quadrado $n \times n$ de modo que cada símbolo ocorra exatamente uma vez em cada linha e em cada coluna. Os 36 oficiais são solicitados a formar dois quadrados latinos "ortogonais", um para o regimento e outro para o grau hierárquico, com todos os pares possíveis incluídos. Quadrados latinos têm aplicações em planificação experimental para testes estatísticos, e vastas generalizações conhecidas como experimentos de blocos aparecem em diversas áreas da matemática. O Sudoku é uma variação do tema.

Os RESULTADOS QUE apresentei mal arranham a superfície da prodigiosa produção de Euler em matemática pura, mas ele foi, no mínimo, igualmente prolífico em matemática aplicada e física matemática.

Em mecânica, Euler sistematizou e fez progredir o estudo do movimento de uma partícula em *Mecânica*, de 1736. Outra inovação importante foi o uso da análise em lugar da geometria, o que unificou o tratamento de problemas antes diversos. Esse trabalho foi acompanhado de um livro sobre projetos de embarcações, começando com hidrostática, que também introduzia equações diferenciais para o movimento de um corpo rígido.

O tema foi desenvolvido em 1765 na *Teoria do movimento dos corpos sólidos*, no qual Euler definia um sistema de coordenadas agora conhecidas como ângulos de Euler, relacionando-as como os três eixos de inércia do corpo e seus momentos de inércia em torno desses eixos. Os eixos de inércia são linhas distintas que representam componentes especiais do giro do corpo; o momento correspondente determina a quantidade de giro relativo ao eixo escolhido. Em particular, ele resolveu suas equações para o corpo rígido de Euler, um corpo com dois momentos de inércia iguais.

Em mecânica dos fluidos, ele estabeleceu as equações básicas agora chamadas equações de Euler, que ainda interessam, conquanto ignorem a viscosidade. Estudou teoria do potencial, com aplicações em gravidade, eletricidade, magnetismo e elasticidade. Seu trabalho sobre a luz foi essencial para o sucesso da teoria ondulatória, que prevaleceu até o surgimento da mecânica quântica em 1900. Alguns de seus resultados em mecânica celeste foram usados pelo astrônomo Tobias Mayer para calcular tabelas do movimento da Lua. Em 1740 Euler escreveu *Método para encontrar linhas curvas* – o título completo é bem mais longo –, dando início ao cálculo de variações, que busca curvas e superfícies que minimizam (ou maximizam) alguma grandeza correlacionada, como comprimento ou área. Todos os seus livros são claros, elegantes e bem-organizados.

Outros trabalhos abrangem tópicos como música, cartografia e lógica – há pouquíssimas áreas da matemática que *não* atraíram a atenção de Euler. Pierre-Simon Laplace resumiu perfeitamente o papel que ele desempenhou: "Leia Euler, leia Euler, ele é o mestre de todos nós."

9. O operador de calor

JOSEPH FOURIER

Jean-Baptiste Joseph Fourier
Nascimento: Auxerre, França, 21 de março de 1768
Morte: Paris, França, 16 de maio de 1830

O ANO ERA 1804, e a física matemática estava no ar. Johann Bernoulli aplicara as leis do movimento de Newton, combinadas à lei de Hooke para a força exercida por uma mola esticada, às vibrações da corda de um violino. Suas ideias levaram Jean le Rond d'Alembert a formular a equação das ondas. Esta é uma equação diferencial parcial, relacionando as taxas de variação da forma da corda em referência ao espaço e ao tempo. Ela governa o comportamento de ondas de todos os tipos – ondas na água, ondas sonoras, vibrações. Equações similares também haviam sido propostas para magnetismo, eletricidade e gravidade. Foi então que Joseph Fourier decidiu aplicar os mesmos métodos a outra área da física, o fluxo de calor

Joseph Fourier

em um meio condutor. Depois de três anos de pesquisa, ele produziu um extenso trabalho sobre a propagação do calor, que foi lido no Instituto de Paris, provocando reações diversas; nomeou-se então uma comissão para examiná-lo. Quando o relatório foi redigido, estava claro que a comissão não ficara satisfeita. Havia duas razões para isso, uma boa e outra ruim.

Jean-Baptiste Biot os alertara para o que alegava ser um problema na derivação da equação para o fluxo de calor. Em particular, Fourier não havia mencionado um artigo de Biot, de 1804. Essa era a razão ruim, porque o artigo estava errado. A razão boa era que um passo-chave no argumento de Fourier, transformando uma função periódica numa série infinita de senos e cossenos de múltiplos de um ângulo dado, não fora estabelecido com o devido rigor. De fato, Euler e Bernoulli vinham argumentando sobre a mesma ideia havia anos no contexto da equação da onda. Fourier apressou-se em esclarecer seu raciocínio, mas a comissão não se satisfez.

Não obstante, o problema era considerado importante, e Fourier abria possibilidades significativas. Então o Instituto de Paris anunciou que o problema-prêmio para 1811 seria o fluxo de calor num sólido. Fourier adicionou a seu trabalho sobre resfriamento e radiação do calor mais alguns resultados e o reapresentou. Uma nova comissão lhe concedeu o prêmio, mas teve as mesmas reservas acerca das séries trigonométricas: "A maneira pela qual o autor chega a essas equações não está isenta de dificuldades, e sua análise para integrá-las ainda deixa algo a desejar no âmbito da generalidade e mesmo do rigor." Era normal que o trabalho vencedor do prêmio fosse publicado, mas a comissão declinou de fazê-lo por causa dessa crítica.

Em 1817, Fourier foi eleito membro da Academia de Ciências de Paris. Cinco anos depois o secretário para a seção de matemática, Jean Delambre, morreu. François Arago, Jean-Baptiste Biot e Fourier candidataram-se ao posto, mas Arago desistiu e Fourier venceu por ampla maioria. Pouco depois, a Academia publicou a *Teoria analítica do calor* de Fourier, o trabalho que ganhara o prêmio. Tem-se a impressão de que Fourier influenciou a comissão, mas foi Delambre quem ordenou a publicação. Ainda assim, isso deve ter dado a Fourier uma boa dose de satisfação.

O PAI DE FOURIER era alfaiate, e seu primeiro casamento gerara três filhos. Quando a esposa faleceu ele se casou de novo, e o segundo casamento gerou nada menos que doze filhos, dos quais Joseph era o nono. Quando o garoto estava com nove anos sua mãe morreu, e o pai a seguiu um ano depois. O menino começou sua educação numa escola dirigida pelo professor de música da catedral de Auxerre, estudando francês e latim, matérias em que foi excelente aluno. Em 1780, aos doze anos, transferiu-se para a École Royale Militaire da cidade. Saiu-se bem em literatura, mas aos treze anos já emergia seu verdadeiro talento: a matemática. Fourier leu textos avançados e, em um ano, havia aberto caminho pelos seis volumes do *Cours de mathématiques* de Étienne Bézout.

Em 1787, com a intenção de tornar-se padre, Fourier foi para a abadia beneditina de Saint-Benoît-sur-Loire, mas manteve-se concentrado na matemática. Decidiu não prestar os votos religiosos, deixou a abadia em 1789 e apresentou à Academia um artigo sobre equações algébricas. Um ano depois dava aulas em sua velha escola. Para complicar as coisas, tornou-se membro do comitê revolucionário da cidade em 1793, escrevendo que era possível "conceber a sublime esperança de estabelecer entre nós um governo livre de reis e padres", e dedicou-se à causa revolucionária. No entanto, a violência do Terror durante o primeiro período da Revolução Francesa lhe causou repulsa, e ele tentou renunciar. Isso se mostrou politicamente impossível, e Fourier ligou-se de maneira irrevogável à Revolução. Lutas internas de facções eram comuns entre os revolucionários, todos com ideias diferentes sobre o curso que a rebelião deveria seguir, e Fourier acabou envolvido no apoio público a uma facção em Orléans, o que o levou à detenção e à perspectiva de se encontrar com Madame Guilhotina. A essa altura, Maximilien Robespierre, um dos revolucionários mais influentes, foi guilhotinado, a atmosfera política mudou e Fourier foi posto em liberdade.

Sua carreira matemática floresceu sob os olhos observadores dos grandes matemáticos franceses do período. Fourier frequentou a École Normale, estando entre seus primeiros alunos quando ela foi inaugurada, em 1795. Fez cursos com Lagrange, que ele considerava o maior cientista da

Europa; com Legendre, que não o impressionou muito; e com Gaspard Monge. Obteve um cargo na École Centrale des Travaux Publics, mais tarde rebatizada de École Polytechnique. No entanto, seu passado lhe cobrou o preço, e mais uma vez ele foi preso e encarcerado. Logo foi solto, contudo, por razões ainda obscuras, mas que provavelmente envolveram uma enxurrada de atividades de bastidores por parte de seus alunos e colegas, em mais outra mudança no cenário político. Em 1797 seu mundo tornara-se um mar de rosas, tendo herdado a cadeira de Lagrange de análise e mecânica.

Napoleão então invadira o Egito. Fourier juntou-se a seu exército como conselheiro científico, ao lado de Monge e Étienne-Louis Malus. Depois de alguns sucessos iniciais do imperador, Horatio Nelson destruiu a Armada francesa na Batalha do Nilo, e Napoleão ficou preso no Egito. Ali, Fourier tornou-se administrador, montou um sistema educacional e praticou um pouco de arqueologia. Foi membro fundador da divisão de matemática do Instituto do Cairo, organizando relatórios sobre as descobertas científicas da expedição. Apresentou Jean-François Champollion à Pedra de Roseta, passo fundamental para que o egiptólogo decifrasse os hieroglifos.

Em 1799 Napoleão deixou seu exército para trás no Egito e voltou a Paris. Fourier o seguiu em 1801 e reassumiu o professorado. Mas o imperador decidiu que ele era um administrador tão capaz que deveria ser nomeado prefeito do departamento de Isère. Essa era uma oferta que o relutante Fourier sentiu-se incapaz de recusar, e então se mudou para Grenoble. Ali supervisionou a drenagem dos pântanos de Bourgoin, bem como a construção da estrada Grenoble-Turim, e trabalhou na massiva obra napoleônica *Descrição do Egito*, publicada em 1810. Fourier mudou-se para a Inglaterra em 1816, mas logo voltou à França, tornando-se secretário permanente da Academia de Ciências. Enquanto estava no Egito tivera problemas cardíacos, que continuaram depois do retorno à França, com frequentes ataques de falta de ar. Em maio de 1830, após cair numa escada, ele piorou muito, e morreu pouco depois. Seu nome é um dos 72 inscritos na Torre Eiffel. Mas, no que diz respeito à matemática, foi a época de

Fourier em Grenoble que trouxe as contribuições mais importantes para a matemática, porque foi ali que ele realizou sua pesquisa épica sobre o calor.

A EQUAÇÃO DO CALOR de Fourier descreve, em símbolos, o fluxo de calor numa haste condutora – digamos, feita de metal. Se uma parte da haste está mais quente que as outras, o calor se propaga para as regiões vizinhas; se essa parte está mais fria que as outras, fica mais quente à custa das regiões vizinhas. Quanto maior a diferença de temperatura, mais depressa o calor se propaga. A taxa na qual o calor flui também determina a rapidez com que a haste inteira se resfria. A equação do calor de Fourier descreve como esses processos interagem.

Inicialmente, partes diferentes da haste podem ser aquecidas ou resfriadas a temperaturas diferentes, criando um perfil de temperatura ou distribuição de calor. Soluções da equação descrevem como essa distribuição inicial de calor ao longo da haste vai mudando à medida que o tempo passa. A forma precisa da equação levou Fourier a uma solução simples, num caso especial. Se a distribuição inicial de temperatura é uma curva senoidal, com uma temperatura máxima no centro que vai diminuindo na direção das extremidades, então, com o passar do tempo, a temperatura terá o mesmo perfil, mas que decresce exponencialmente em direção a zero. No entanto, o que Fourier queria de fato saber era o que acontece para qualquer perfil inicial de temperatura. Suponha, por exemplo, que de início a haste esteja aquecida ao longo de metade do seu comprimento e bem mais fria ao longo da outra metade. Então o perfil inicial é uma onda quadrada, e esta não é uma senoidal.

Para obter soluções apesar desse obstáculo, Fourier explorou uma importante característica de sua equação: ela é linear, ou seja, quaisquer duas soluções podem ser somadas para dar uma terceira. Se ele conseguisse representar o perfil inicial como uma combinação linear de curvas senoidais, então a solução seria a combinação correspondente das curvas senoidais decrescendo exponencialmente. Fourier descobriu que uma onda quadrada pode ser representada dessa forma, contanto que se tomem in-

Como obter uma onda quadrada a partir de senos e cossenos. *À esquerda:* as ondas componentes senoidais. *À direita:* sua soma e uma onda quadrada. Mostram-se os primeiros termos da série de Fourier: termos adicionais tornam a aproximação a um quadrado tão próxima quanto desejarmos.

finitas curvas senoidais e se combinem perfis da forma sen x, sen $2x$, sen $3x$, sen $4x$, e assim por diante. Para se obter uma onda quadrada exata são necessários infinitos termos como esses. Na verdade, para uma haste de comprimento 2π, a fórmula é:

$$\text{sen } x + \frac{1}{3}\text{ sen } 3x + \frac{1}{5}\text{ sen } 5x + \frac{1}{7}\text{ sen } 7x + \cdots$$

que é realmente bem bonita.

Os cálculos de Fourier o convenceram de que, se você usar também termos de cossenos, séries trigonométricas infinitas podem representar *qualquer* perfil de temperatura inicial, por mais complicado que seja, mesmo que tenha descontinuidades como aquela que ocorre na onda quadrada. Então ele podia anotar uma solução para sua equação do calor da mesma forma. Cada termo decresce numa taxa de variação diferente; quanto mais ondulações houver na curva de seno ou cosseno, mais rapidamente sua contribuição decresce. Então o perfil varia de formato, bem como de tamanho. Ele deduziu também uma fórmula geral para os termos da série usando integração.

A comissão sentiu-se suficientemente impressionada para lhe conceder o prêmio, mas seus membros ficaram preocupados com a alegação de Fourier de que seu método se aplicava a qualquer perfil inicial, mesmo que ele tivesse muitos saltos e outras descontinuidades, como a onda quadrada, só que pior. Fourier apelou para a intuição física como justificativa, mas os matemáticos sempre ficam preocupados com o fato de a intuição envolver premissas ocultas. Na verdade, nem o método nem o problema sugerido eram realmente novos. O mesmo assunto já fora abordado em relação à equação da onda, causando uma briga entre Euler e Bernoulli, e Euler havia publicado fórmulas integrais iguais às de Fourier para a expansão da série, com uma prova mais simples e mais elegante. A grande diferença era a afirmação de Fourier de que seu método era válido para todos os perfis, contínuos ou descontínuos, alegação que Euler se abstivera de fazer. A questão era um problema menos sério para as ondas, porque um perfil descontínuo modelaria uma corda de violino rompida, que não vibraria de jeito nenhum. Mas, para o calor, perfis como a onda quadrada tinham interpretações físicas razoáveis, sujeitas a premissas de modelagem idealizadas. Dito isso, a questão matemática subjacente era a mesma em ambos os casos, e na época continuou sem solução.

Em retrospecto, os dois lados da disputa estavam parcialmente corretos. O problema básico é o da convergência da série: será que a soma infinita tem um significado sensato? Para séries trigonométricas, essa é uma questão delicada, complicada pela necessidade de considerar mais de uma interpretação de "convergir". Uma resposta completa exigiria três ingredientes: uma nova teoria da integração desenvolvida por Henri Lebesgue, a linguagem e o rigor da teoria dos conjuntos inventada por Georg Cantor e um ponto de vista radicalmente novo encontrado por Bernhard Riemann. O desfecho é que o método de Fourier é válido para uma classe ampla, mas não universal, de perfis iniciais. A intuição física dá um bom guia para esses perfis, que são adequados para qualquer sistema físico razoável. Matematicamente, porém, não se deve reivindicar demais, pois há exceções. Então Fourier estava certo em espírito, mas seus críticos também apresentavam pontos válidos.

NA DÉCADA DE 1820, Fourier foi um dos pioneiros da pesquisa sobre o aquecimento global. Contudo, não eram as mudanças climáticas causadas pelo aquecimento global provocado pelo homem; ele simplesmente queria entender por que a Terra era quente o suficiente para manter a vida. A fim de descobrir, aplicou sua compreensão do fluxo de calor ao nosso planeta. A única fonte óbvia de calor era a radiação que a Terra recebe do Sol. O planeta irradia um pouco desse calor de volta para o espaço, e a diferença deveria explicar a temperatura média observada na superfície. Mas isso não acontecia. Segundo os cálculos que ele fez, a Terra deveria ser perceptivelmente mais fria do que realmente é. Fourier deduziu que outros fatores deviam estar envolvidos, e publicou artigos em 1824 e 1827 investigando quais seriam eles. Acabou por concluir que uma radiação extra do espaço interestelar era a explicação mais provável, o que se revelou irremediavelmente errado. Mas ele também sugeriu (e descartou) a explicação correta: a atmosfera pode atuar como uma espécie de cobertor, conservando mais calor e permitindo que menos radiação se perca para o espaço.

A inspiração de Fourier foi um experimento realizado pelo geólogo e físico Horace-Bénédict de Saussure. Investigando a possibilidade de usar raios solares para cozinhar comida, Saussure descobriu que uma caixa isolada com três camadas de vidro, largamente separadas por camadas de ar, era o mais eficiente de seus projetos, e que a temperatura podia chegar a 110°C tanto em planícies quentes quanto nas montanhas frias. Portanto, o mecanismo de aquecimento dependia amplamente do ar dentro da caixa e do efeito do vidro. Fourier teve o palpite de que a atmosfera da Terra poderia atuar da mesma maneira que o forno solar de Saussure. A expressão "efeito estufa" talvez tenha derivado dessa sugestão, mas foi usada pela primeira vez por Nils Ekholm em 1901.

Em última análise, Fourier não ficou convencido de que esse efeito fosse a resposta que ele buscava, em parte porque a caixa impede a convecção, que transporta o calor por grandes distâncias na atmosfera. Ele não avaliou o papel especial do dióxido de carbono e de outros "gases estufa", que absorvem e emitem radiação infravermelha de maneira a aprisionar mais calor. O mecanismo preciso é complicado, e a analogia com uma estufa é enganosa, porque a estufa funciona confinando ar quente num espaço fechado.

FOURIER TAMBÉM DESENVOLVEU uma versão de sua equação para o fluxo de calor em regiões do plano, ou do espaço, em termos do que agora chamamos de operador de calor. Este combina variações na temperatura numa dada localidade com a difusão do calor penetrando ou saindo de sua vizinhança. Os matemáticos acabaram resolvendo o sentido em que a série de Fourier soluciona a equação do calor para espaços de qualquer dimensão. A essa altura já havia se tornado visível que o método tem aplicações muito mais amplas – não para o calor absolutamente, mas para a engenharia eletrônica.

Esse é um exemplo típico da unidade e generalidade da matemática. A mesma técnica se aplica a qualquer função, não só ao perfil de calor. Ela representa essa função como uma combinação linear de componentes mais simples, possibilitando processar os dados e extrair informação de alguma gama de componentes. Por exemplo, uma versão da análise de Fourier é usada para compressão de imagens em câmeras digitais – codificando a imagem como combinação de padrões simples baseados em funções cosseno, o que reduz a memória exigida para armazená-la.

Quase duzentos anos depois, a sacação inicial de Fourier tornou-se uma ferramenta indispensável para matemáticos, físicos e engenheiros. O comportamento periódico é generalizado, e, sempre que ocorre, pode-se calcular a série de Fourier correspondente e ver aonde ela nos leva. Uma generalização, a transformada de Fourier, aplica-se a funções não periódicas. Uma análoga discreta, a transformada rápida de Fourier, é um dos algoritmos mais usados em matemática aplicada, com uso em processamento de sinais e aritmética de alta precisão em álgebra computacional. As séries de Fourier ajudam os sismólogos a compreender os terremotos e os engenheiros civis a projetar edifícios à prova deles. Auxilia os oceanógrafos a mapear as profundezas dos oceanos e as empresas petrolíferas a prospectar petróleo. Os bioquímicos as utilizam para solucionar a estrutura de proteínas. A equação de Black-Scholes, que os investidores empregam para precificar opções no mercado de ações, é um parente próximo da equação do calor. O legado do operador de calor é quase ilimitado.

10. Andaimes invisíveis

CARL FRIEDRICH GAUSS

Johann Carl Friedrich Gauss
Nascimento: Braunschweig, ducado de Braunschweig-Wolfenbüttel, 30 de abril de 1777
Morte: Göttingen, reino de Hanôver, 23 de fevereiro de 1855

O ANO É 1796, a data, 30 de março. O jovem Carl Friedrich Gauss vinha tentando decidir se estudava línguas ou matemática. Ele havia acabado de fazer um importante progresso, usando métodos algébricos para descobrir uma construção geométrica que passara despercebida desde o tempo de Euclides, mais de 2 mil anos antes. Usando apenas os instrumentos geométricos tradicionais, régua e compasso, ele é capaz de construir um heptadecágono regular, isto é, um polígono de dezessete lados com todos os lados iguais e todos os ângulos internos iguais. Não só aproximadamente, isso é fácil, mas *exatamente*. Poucas pessoas têm a oportunidade de descobrir algo de que ninguém mais, durante dois milênios, sequer desconfiava; ainda menos gente aproveita essa oportunidade. Além disso, apesar de sua natureza esotérica, a matemática empregada é muito original e da mais elevada beleza, embora em si não tenha nenhuma importância prática.

Elementos de Euclides estabelece o cenário. A obra nos dá construções para triângulo equilátero, quadrado, pentágono regular, hexágono regular – polígonos regulares com três, quatro, cinco e seis lados. E quanto a sete lados? Não, nada. Claro que oito é fácil – desenhe um quadrado cercado por um círculo e corte o lado ao meio; então desenhe raios passando por esses pontos médios até criar quatro novos vértices sobre o círculo. Se você consegue construir algum polígono regular, o mesmo truque se aplica para construir um polígono com o dobro de lados. Nove? Não, Euclides se mantém calado. Dez é fácil novamente: basta duplicar cinco. Nada sobre onze. Doze é o dobro de seis, direto. Treze, catorze – não. Quinze pode ser feito combinando as construções para polígonos de três e cinco lados. Dezesseis: duplicar o de oito lados.

Até Euclides vai. Três, quatro, cinco, quinze e todos os múltiplos desses números por potências de dois. *Dezessete?* Maluquice. E maluquice ainda maior, porque o método de Gauss é bastante claro quanto à impossibilidade de construir polígonos de sete, nove, onze, treze e catorze lados com régua e compasso. Porém, maluquice ou não, é verdade. Existe um motivo ainda mais simples (embora o *porquê* de este ser um motivo não seja de modo algum simples). Dezessete é um número primo, e subtraindo 1 obtemos 16, uma potência de 2.

Essa combinação, como percebe Gauss, encerra a chave para construções de polígonos regulares com régua e compasso. Num caderninho, ele escreve: *"Principia quibus innititur sectio circuli, ac divisibilitus eiusdem geometrica in septemdecim partes etc."* Parafraseando: "O círculo pode ser dividido em dezessete partes [iguais]." Essa é a primeira entrada no seu caderno. Posteriormente, 145 outras descobertas são adicionadas, cada qual registrada com uma breve nota, muitas vezes críptica.

Línguas? Ou matemática?

Não há a menor dúvida.

Carl Friedrich Gauss

GAUSS NASCEU NUMA família pobre. Seu pai, Gerhard, teve um emprego em Brunswick (Braunschweig) como jardineiro e mais tarde trabalhou como encarregado dos canais e pedreiro. A mãe de Gauss, Dorothea (nascida Benze), era tão iletrada que nem sequer registrou a data de nascimento do filho. No entanto, era inteligente, e lembrava-se de que seu filho viera ao mundo numa quarta-feira, oito dias antes do banquete da Ascensão. De modo bem típico, mais tarde Gauss usou essa informação limitada para calcular o dia exato de seu nascimento.

O brilhantismo intelectual de Gauss logo se tornou visível. Quando tinha três anos, seu pai estava distribuindo pagamentos para alguns trabalhadores, e de repente o pequeno Carl se intrometeu: "Não, pai, está errado, deveria ser ..." Um recálculo provou que o garoto estava certo. Reconhecendo o potencial do filho, os pais de Gauss fizeram tudo o que podiam para que ele o desenvolvesse. Quando Gauss tinha oito anos, seu professor na escola, Büttner, passou um problema de aritmética para a turma. Muitas vezes se diz que o problema era somar os números de 1 a 100, mas essa provavelmente é uma simplificação. O problema real decerto era mais complicado, mas na mesma linha: somar uma porção de números uniformemente espaçados. A vantagem de uma soma dessas para o professor é direta: existe um ardiloso atalho. Evite revelá-lo aos seus ingênuos alunos, e você poderá prendê-los durante horas num cálculo gigantesco, que eles quase certamente errarão. O menino de oito anos sentou-se na carteira por um momento, rabiscou um único número na sua lousa, andou até a escrivaninha do professor e a deixou sobre a mesa virada para baixo. "*Ligget se*", disse ele, no seu dialeto do campo: "Aí está." Esse era o modo comum de apresentar a resposta, e não implicava nenhum desrespeito. Enquanto os outros alunos se debatiam, com as lousas se empilhando lentamente, Büttner observava Gauss, que esperava calmamente. Quando as lousas foram verificadas, a resposta de Gauss era a única correta.

Suponha que o problema realmente tenha sido $1 + 2 + 3 + ... + 99 + 100$. Qual é o atalho? Bem, primeiro você precisa de imaginação para reconhecer que *existe* um atalho. Então você precisa achá-lo. O mesmo truque também funciona para somas desse tipo, só que mais complicadas.

De maneira geral, acredita-se que Gauss tenha agrupado mentalmente os números em pares: um do começo, um do final. Agora

$$1 + 100 = 101$$
$$2 + 99 = 101$$
$$3 + 98 = 101$$

e o padrão continua se repetindo (porque o primeiro número sofre aumento de um, mas o segundo diminui para compensar) até que finalmente

$$50 + 51 = 101$$

Existem 50 pares desses, cada um somando 101, então o grande total é $50 \times 101 = 5050$.

Ligget se.

BÜTTNER PERCEBEU que tinha um gênio nas mãos, e deu a Gauss o melhor texto de aritmética que pôde comprar. O garoto o leu como um romance e logo o dominava. "Ele está além de mim. Não posso lhe ensinar mais nada", disse Büttner. Mas ainda assim podia ajudar seu prodígio. Em 1788 Gauss entrou no Gymnasium, auxiliado por Büttner e seu assistente, Martin Bartels. Ali desenvolveu gosto por linguística, aprendendo alto-alemão e latim.

Bartels conhecia alguns dos próceres de Brunswick e lhes contou sobre o talento de Gauss. A notícia chegou aos ouvidos do duque Karl Wilhelm Ferdinand de Brunswick-Wolfenbüttel, e em 1791 uma audiência foi concedida a Gauss, então com catorze anos. Ele era tímido e modesto – e incrivelmente brilhante. O duque, encantado e impressionado em igual medida, prometeu fornecer dinheiro para a educação do menino. Em 1792, patrocinado pelo duque, Gauss entrou no Collegium Carolinum. Ali desenvolveu seu interesse em línguas, especialmente as clássicas. Gerhard achou que esses estudos pouco práticos eram uma perda de tempo, mas Dorothea bateu o pé. Seu filho deveria receber a melhor educação possível, e isso incluía grego e latim. Ponto-final.

Durante algum tempo Gauss dividiu-se entre dois interesses: matemática e línguas. Havia redescoberto independentemente (sem provas) cinco ou seis importantes teoremas matemáticos, entre eles a lei da reciprocidade quadrática em teoria dos números, que descreverei adiante, e conjecturou o teorema dos números primos, que afirma que o número de primos menores que x é aproximadamente $x/\ln x$, que foi provado em 1896 por Charles Hadamard e Charles de la Vallée-Poussin, de forma independente. Em 1795 Gauss deixou Brunswick para frequentar a Universidade de Göttingen. Seu professor Abraham Kästner escrevia principalmente livros-texto e enciclopédias, não fazia pesquisa original. Gauss não ficou impressionado e deixou claríssima a sua opinião. Estava se voltando para uma carreira em línguas quando os deuses da matemática vieram em sua salvação de forma espetacular com o heptadecágono.

PARA ENTENDER O QUANTO a descoberta de Gauss era radical, precisamos voltar à Grécia Antiga, mais de 2 mil anos atrás. Nos *Elementos*, Euclides codificou sistematicamente os teoremas dos grandes geômetras gregos. Ele era um rígido defensor da lógica e exigia que tudo fosse demonstrado. Bem, quase tudo. Era preciso começar em algum lugar, com premissas que não eram provadas. Euclides as classificou em três tipos: definições, noções comuns e postulados. Agora chamamos os dois últimos de axiomas.

Com base nessas premissas, Euclides desenvolveu grande parte da geometria grega, passo a passo. Para os olhos modernos, faltavam algumas premissas – premissas sutis, tais como: "Se uma reta passa por um ponto dentro de um círculo, então a reta, se estendida o suficiente, deve encontrar o círculo." Mas sem procurar pelo em casca de ovo, ele fez um serviço maravilhoso, deduzindo consequências de longo alcance a partir de princípios simples.

O ponto alto dos *Elementos* foi a prova de que existem precisamente cinco sólidos regulares; são formas com polígonos regulares como faces, arranjados da mesma maneira em todo vértice. Eles são o tetraedro, com quatro faces de triângulos equiláteros; o cubo, com seis faces quadradas; o octaedro, com oito faces de triângulos equiláteros; o dodecaedro, com doze faces de pentágonos regulares; e o icosaedro, com vinte faces de triângulos equiláteros. Agora, se você é Euclides e insiste em provas lógicas, não consegue fazer a geometria tridimensional do dodecaedro a menos que tenha passado previamente pela geometria bidimensional do pentágono regular. Afinal, o dodecaedro é construído a partir de doze pentágonos regulares. Então, para chegar ao que realmente vale, os sólidos regulares, você precisa lidar com pentágonos regulares e muito mais.

Entre as premissas básicas de Euclides está uma restrição implícita sobre como você pode construir figuras geométricas. Tudo acontece em termos de linhas retas e círculos. Com efeito, você pode usar uma régua e, como costumavam dizer, um par de compassos. Este é um instrumento só – como o par de calças e o par de tesouras. Hoje dizemos simplesmente, de forma abreviada, "compasso", de modo que os procedimentos de Euclides são chamados construções de régua e compasso. Sua geometria é uma idealização matemática na qual retas são infinitamente finas e perfeitamente retas e círculos são infinitamente finos e perfeitamente redondos. Assim, as construções de Euclides não são boas o bastante apenas para fins práticos; elas são *exatas*: boas o bastante para uma supermente infinitamente pedante com um microscópio infinitamente potente.

A ABORDAGEM DE GAUSS aos polígonos regulares baseia-se na descoberta de Descartes de que geometria e álgebra são dois lados da mesma moeda, relacionados por coordenadas no plano. Uma linha reta é representada por uma equação, que deve ser satisfeita por todo ponto sobre a reta. O mesmo vale para círculos, mas a equação é mais complicada. Se duas retas ou círculos se intersectam, os pontos de interseção devem satisfazer *ambas* as equações. Quando você tenta achar esses pontos resolvendo o par de equações, tudo é bastante simples para duas retas. Se uma reta cruza um círculo, ou dois círculos se cruzam, você precisa resolver uma equação quadrática. Há uma fórmula para isso, e sua principal característica é obter uma raiz quadrada. O resto é aritmética simples: somar, subtrair, multiplicar, dividir.

Vista através desse telescópio algébrico, a construção do tipo régua e compasso se reduz a formar uma série de raízes quadradas. Com alguns truques do ofício, isso é o mesmo que resolver uma equação cujo "grau" – a potência mais alta da incógnita – é 2, 4, 8, 16, ou seja, alguma potência de 2. Nem toda equação dessas se reduz a uma série de quadráticas, mas essa potência de 2 é uma pista. *Qual* é essa potência que lhe diz até quantas quadráticas você precisa atar.

Polígonos regulares se transformam em equações muito simples se você usar números complexos, nos quais -1 tem raiz quadrada. A equação para os vértices de um pentágono regular, por exemplo, é

$$x^5 - 1 = 0$$

que é muito simples e elegante. Tirando a solução real óbvia $x = 1$, as outras satisfazem

$$x^4 + x^3 + x^2 + x + 1 = 0$$

Isso ainda é bastante bonito, e, crucialmente, de grau 4, que é uma potência de 2. Algo semelhante acontece para o heptadecágono, mas aí as equações somam todas as potências de x até a $16^{\underline{a}}$ – e 16 é novamente uma potência de 2.

Por outro lado, um heptágono regular (sete lados) tem uma equação similar de grau 6, que *não é* uma potência de 2. Então você decididamente não pode obter um heptágono regular usando uma construção de régua e compasso.[5] Como Euclides constrói o pentágono, sua equação deve se reduzir a uma série de quadráticas. Com um pouco de álgebra, não é difícil revelar como. Assim armado, Gauss descobriu que a equação para o 17-ágono *também* se reduz a uma série de quadráticas. Primeiro, $16 = 2^4$, uma potência de 2, o que é necessário para que se possa fazer o truque com uma série de raízes quadradas, embora nem sempre seja suficiente. Segundo, 17 é primo, o que deu a Gauss a possibilidade de encontrar essa série.

Qualquer matemático competente poderia seguir o raciocínio de Gauss, uma vez mostrado o caminho, contudo, mais ninguém desconfiava que Euclides não havia catalogado todos os polígonos regulares de possível construção.

Nada mau para um rapaz de dezenove anos.

SOB O PATROCÍNIO do duque, Gauss continuou a dar grandes passos, especialmente em teoria dos números. Desde a infância ele calculava na velocidade de um raio, era capaz de fazer uma operação aritmética complicada a jato, de cabeça. Numa era sem computadores, essa habilidade era muito útil, ajudando-o a realizar rápidos progressos em teoria dos números, e sua reputação precoce foi grandemente realçada quando escreveu um dos mais famosos textos de pesquisa em história da matemática, *Disquisitiones Arithmeticae*. Esse livro fez pela teoria dos números o que Euclides fizera pela geometria dois milênios antes. Foi publicado em 1801 graças a um subsídio do fiel duque, recompensado com uma efusiva dedicatória.

Uma das técnicas básicas no livro é um típico exemplo da habilidade de Gauss para sintetizar conceitos simples a partir de resultados desorganizados e complexos. Hoje a chamamos de aritmética modular. Muitos resultados fundamentais na teoria dos números baseiam-se nas respostas a duas questões simples:

Quando um dado número divide outro?
Se não divide, como os dois números estão relacionados?

A distinção feita por Fermat de $4k + 1$ e $4k + 3$ é desse tipo. É o que acontece quando se divide um número por 4. Às vezes a divisão é exata. Os números

0   4   8   12   16   20 ...

são múltiplos exatos de 4. Os outros números pares

2   6   10   14   18 ...

não são. Na verdade, cada um deixa resto 2 quando dividido por 4; isto é, são um múltiplo de 4 mais "resto 2". De maneira semelhante, os números ímpares deixam resto 1:

Carl Friedrich Gauss

1 5 9 13 17 21 ...

ou resto 3:

3 7 11 15 19 23 ...

Antes de Gauss, a ordem habitual das palavras era que essas listas compreendem os números de formas $4k$, $4k + 1$, $4k + 2$ e $4k + 3$, colocando os restos na sua ordem usual. Gauss disse o mesmo de modo diferente: elas são as listas de todos os números congruentes com 0, 1, 2, 3 em módulo 4.

Até aqui isso é apenas terminologia, mas o que importa é a estrutura. Se você somar dois números, ou multiplicá-los, e perguntar com qual deles, 0, 1, 2 ou 3, o resultado é congruente, descobre-se que a resposta depende unicamente de com qual deles os números originais são congruentes. Por exemplo:

Se você somar dois números congruentes com 2 e 3, o resultado sempre será congruente com 1.

Se você multiplicar números congruentes com 2 e 3, o resultado sempre será congruente com 2.

Vamos experimentar num exemplo. O número 14 é congruente com 2 e 23 é congruente a 3. Sua soma é 37, que deve ser congruente com 1. E de fato é: $37 = 4 \times 9 + 1$. O produto é $322 = 4 \times 80 + 2$.

Isso pode soar um pouco simplório, mas nos permite responder a perguntas acerca da divisibilidade por 4 usando apenas essas quatro "classes de congruência". Vamos aplicar a ideia a primos que sejam somas de dois quadrados. Todo número inteiro é congruente (módulo 4) com 0, 1, 2 ou 3. Portanto, os quadrados são congruentes com os quadrados desses quatro números, ou seja, 0, 1, 4 ou 9. Estes, por sua vez, são congruentes com 0, 1, 0, 1, respectivamente. Essa é uma maneira muito rápida e fácil de provar que todo quadrado é da forma $4k$ ou $4k + 1$, na terminologia antiga. Há mais, porém. Somas de dois quadrados são, portanto, congruentes com 0 + 0 ou 0 + 1 ou 1 + 1; ou seja, 0, 1 ou 2. Notável pela ausência do 3. Agora provamos que a soma de dois quadrados nunca é congruente com 3 módulo 4. Assim, uma coisa que parece bastante complicada torna-se uma trivialidade em aritmética modular.

Se o método se limitasse à congruência módulo 4 não seria tão importante, mas pode-se substituir o 4 por qualquer outro número. Se escolhermos 7, por exemplo, então todo número é congruente com precisamente um destes: 0, 1, 2, 3, 4, 5 ou 6. Mais uma vez, pode-se prever a classe de congruência de uma soma ou produto a partir das classes de congruência dos números envolvidos. Assim, pode-se fazer aritmética (e portanto também álgebra) usando classes de congruência em lugar de números.

Nas mãos de Gauss, essa ideia tornou-se a pedra fundamental de teoremas de longo alcance sobre números. Em particular, ela o levou a uma das descobertas mais impressionantes, feita aos dezoito anos. Fermat, Euler e Lagrange haviam notado o padrão anteriormente, mas nenhum deles dera uma prova. Gauss achou a prova, publicando-a em 1796, quando tinha dezenove anos; encontrou ao todo seis. Em particular, ele a chamava de "teorema áureo". A denominação oficial, bem mais incômoda e menos atraente para a mídia, é lei da reciprocidade quadrática. Trata-se de uma ferramenta para responder a uma pergunta básica: qual é o aspecto de quadrados perfeitos a um módulo dado? Por exemplo, vimos que todo quadrado (módulo 4) é ou 0 ou 1. Estes são chamados resíduos quadráticos (módulo 4). As outras duas classes, 2 e 3, são não resíduos quadráticos. Se, em vez disso, trabalharmos (módulo 7) então os resíduos quadráticos acabam sendo:

0 1 2 4

(os quadrados de 0, 1, 3, 2, nessa ordem) e os não resíduos são

3 5 6

Em geral, se o módulo é um primo ímpar p, pouco mais da metade das classes de congruência são resíduos e pouco menos da metade são não resíduos. No entanto, não há um padrão óbvio referente a qual número é qual.

Suponha que p e q sejam primos ímpares. Podemos fazer duas perguntas:

Carl Friedrich Gauss

Será que p é um resíduo quadrático módulo q?

Será que q é um resíduo quadrático módulo p?

Não está claro se essas perguntas devem ter alguma relação entre si, mas o teorema áureo afirma que ambas têm a mesma resposta, *a não ser que* tanto p quanto q sejam da forma $4k + 3$, e nesse caso elas têm respostas opostas: uma sim, outra não. O teorema não diz quais são as respostas, mas apenas como elas estão relacionadas. Mesmo assim, com algum esforço adicional, o teorema áureo nos leva a um método eficiente para decidir se um dado número é ou não um resíduo quadrático módulo de outro número dado. No entanto, se for um resíduo quadrático, o método não diz qual quadrado usar. Mesmo uma questão básica como essa ainda encerra profundos mistérios.

O núcleo do *Disquisitiones* é uma refinada teoria das propriedades aritméticas de formas quadráticas – variações enfeitadas da "soma de dois quadrados" – que desde então se desenvolveu em vastas e complexas teorias ligadas a muitas outras áreas da matemática. No caso de tudo isso parecer terrivelmente esotérico, resíduos quadráticos são importantes para projetos de boa acústica em salas de concertos. Eles nos dizem de que formato fazer os refletores e absorvedores acústicos nas paredes. E as formas quadráticas estão no cerne da matemática atual, tanto a pura quanto a aplicada.

Os escritos de Gauss são concisos, elegantes e sofisticados. "Quando se construiu um belo edifício, os andaimes não devem ser mais visíveis", escreveu ele. Muito justo se você deseja que as pessoas admirem o prédio, mas se você está treinando arquitetos e construtores, o exame meticuloso dos andaimes é vital. O mesmo vale se estiver treinando a próxima geração de matemáticos. Carl Jacobi queixava-se de que Gauss era "como a raposa, que apaga suas pegadas na areia com o rabo". Gauss não estava sozinho nessa prática. Vimos que Arquimedes precisava saber a área e o volume de uma esfera para fazer com que suas provas em *Sobre a esfera e o cilindro* funcionassem, mas os manteve escondidos na manga, no livro. Para ser justo, ele revelou a intuição subjacente em *O método*. Newton usou cálculo para descobrir muitos dos resultados em *Principia*, e então os apresentou em roupagem geométrica. Pressão de espaço na publicação científica e hábitos da tradição ainda fazem com que grande parte da matemática publicada seja mais obscura do que o necessário. Não estou convencido de que essa atitude preste algum favor à profissão, mas é muito difícil mudar, e há alguns argumentos a seu favor. Em particular, é difícil seguir uma trilha que volta e meia nos conduz ao lugar errado só para voltar pelo mesmo caminho quando ela não dá em nada.

A FAMA ACADÊMICA de Gauss estava nas alturas, e ele não tinha motivo para supor que o duque fosse parar de patrociná-lo em alguma data futura, mas um posto permanente, assalariado, ofereceria maior segurança. Para obtê-lo, era uma boa ideia ter também reputação pública. Sua chance veio em 1801. No primeiro dia desse ano, o astrônomo Giuseppe Piazzi chamou atenção ao descobrir um "novo planeta". Hoje o consideramos um planeta anão, mas durante boa parte do tempo desde então foi um asteroide. Qualquer que seja o status, seu nome é Ceres. Asteroides são corpos relativamente pequenos orbitando (principalmente) entre Marte e Júpiter. Já haviam previsto a existência de um planeta nessa distância com base num padrão empírico envolvendo os tamanhos das órbitas planetárias, a lei de Titius-Bode. Esta servia para os planetas conhecidos, com exceção do vazio entre Marte e Júpiter, o lugar exato para que um planeta desconhecido estivesse à espreita.

Em junho, um astrônomo húngaro conhecido de Gauss, o barão Franz Xaver von Zach, tinha publicado observações sobre Ceres. Contudo, Piazzi conseguira observar o novo planeta apenas por uma curta distância ao longo de sua órbita. Quando ele desapareceu por trás do brilho do Sol, os astrônomos ficaram preocupados com a possibilidade de não o encontrarem de novo. Gauss concebeu um método novo para deduzir órbitas acuradas a partir de um pequeno número de observações, e Zach publicou a predição de Gauss, juntamente com diversas outras, todas discordantes entre si. Em dezembro, Zach redescobriu Ceres quase exatamente onde

Carl Friedrich Gauss

Gauss dissera que ele iria estar. O feito selou a reputação de Gauss como mestre matemático, e a recompensa foi sua nomeação como diretor do Observatório de Göttingen, em 1807.

A essa altura ele estava casado com Johanna Ostoff, mas em 1809 ela morreu depois de dar à luz o segundo filho do casal, que também morreu. Gauss ficou arrasado por essas tragédias familiares, mas continuou trabalhando em matemática. Talvez esta o tenha ajudado a lidar com a situação distraindo-o. Ele estendeu seu estudo de Ceres para uma teoria geral da mecânica celeste: o movimento de estrelas, planetas e luas. Em 1809 publicou *Teoria do movimento dos corpos celestes ao redor do Sol em seções cônicas*. Menos de um ano após a morte de Johanna, casou-se com sua grande amiga Friederica Waldeck, conhecida como Minna.

NESSE PONTO GAUSS já habitava o santuário máximo da matemática germânica – na verdade, mundial; suas opiniões eram valorizadas e respeitadas, e algumas poucas palavras de elogio ou condenação saídas de seus lábios podiam ter efeitos de longo alcance na carreira das pessoas. De modo geral, ele não abusava de sua influência, e fez muita coisa para incentivar os matemáticos mais jovens, contudo, sua visão era muito conservadora. Ele evitava conscientemente qualquer coisa que pudesse ser controversa, resolvendo-a por satisfação própria, mas evitando a publicação. Essa combinação ocasionalmente produziu injustiças. O exemplo mais evidente ocorreu em conexão com a geometria não euclidiana, uma história que adiarei para o próximo capítulo.

Os trabalhos de Gauss eram de uma gama ampla. Ele fez a primeira demonstração rigorosa do teorema fundamental da álgebra, de que toda equação polinomial tem soluções em números complexos. Definiu rigorosamente números complexos como pares de números reais sujeitos a operações específicas. Provou um teorema básico em análise complexa, mais tarde conhecido como teorema de Cauchy, porque Augustin-Louis Cauchy o elaborara de modo independente e o publicara. Em análise real, uma função pode ser integrada ao longo de um intervalo para dar a área sob a curva correspondente. Em análise complexa, uma função pode ser integrada ao longo de um trajeto curvo no plano complexo. Gauss e Cauchy provaram que, se dois trajetos têm as mesmas extremidades, então o valor da integral depende apenas dessas extremidades, contanto que a função não se torne infinita em nenhum ponto dentro da curva fechada obtida quando se juntam os dois trajetos. Esse resultado simples tem profundas consequências para a relação entre uma função complexa e suas singularidades – os pontos nos quais ela se torna infinita.

Gauss deu os primeiros passos rumo à topologia ao introduzir o número de ligação, uma propriedade topológica que pode ser usada para provar que duas curvas ligadas não podem ser desligadas por uma deformação contínua. Esse conceito foi generalizado para dimensões mais altas por Henri Poincaré (Capítulo 18). E foi também o primeiro passo rumo a uma teoria da topologia dos nós, tópico sobre o qual Gauss também pensou e que hoje tem aplicações na teoria quântica de campos e na caracterização das moléculas de DNA.

Como diretor do Observatório de Göttingen, Gauss dedicou boa parte do seu tempo à construção de um novo observatório, terminado em 1816. Ele se manteve ocupado também com a matemática, publicando sobre séries infinitas e a função hipergeométrica, um artigo sobre análise numérica, algumas ideias estatísticas e *Teoria da atração de um elipsoide homogêneo*, sobre a atração gravitacional de um elipsoide sólido – uma aproximação do formato de um planeta melhor que a esfera. Foi encarregado do levantamento geodésico de Hanôver em 1818, aperfeiçoando técnicas de topografia. Na década de 1820, Gauss passou a se interessar pela medida do formato da Terra. Antes ele provara um resultado que chamou de "teorema egrégio". Este caracteriza o formato de uma superfície, independentemente de qualquer espaço ao seu redor. O teorema, além do levantamento geodésico, lhe valeu o Prêmio de Copenhague em 1822.

Carl Friedrich Gauss

Gauss entrava agora num período difícil na vida familiar. Sua mãe estava doente, e em 1817 levou-a para morar em sua casa. Uma posição em Berlim lhe acenava, e sua esposa queria que aceitasse, mas ele relutava em deixar Göttingen. Então, em 1831, Minna morreu. A chegada do físico Wilhelm Weber o ajudou a superar a tristeza. Gauss conhecia Weber havia alguns anos, e juntos realizaram trabalhos sobre o campo magnético da Terra. Gauss escreveu três importantes artigos sobre o tema, desenvolvendo resultados básicos na física do magnetismo, e aplicou sua teoria para deduzir a localização do polo sul magnético. Com Weber, descobriu o que agora chamamos de leis de Kirchhoff para circuitos elétricos. Eles também construíram um dos primeiros telégrafos elétricos práticos, capaz de enviar mensagens a mais de um quilômetro.

Quando Weber deixou Göttingen, a produtividade matemática de Gauss começou então a fenecer. Ele passou para o setor financeiro, organizando o fundo de pensão das viúvas da Universidade de Göttingen. Aproveitou a experiência que isso lhe deu e fez fortuna investindo em títulos financeiros. Mas ainda orientava dois estudantes de doutorado, Moritz Cantor e Richard Dedekind. Este último escreveu sobre a maneira calma, clara, com que Gauss conduzia as discussões de pesquisa, elaborando princípios básicos e depois desenvolvendo-os na sua elegante caligrafia, num pequeno quadro-negro. Gauss morreu dormindo, em 1855.

11. Dobrando as regras

NIKOLAI IVANOVICH LOBACHEVSKY

Nikolai Ivanovich Lobachevsky
Nascimento: Nizhny-Novgorod, Rússia, 1º de dezembro de 1792
Morte: Kazan, Rússia, 24 de fevereiro de 1856

POR MAIS DE 2 MIL ANOS *Elementos* de Euclides foi considerado o epítome do desenvolvimento lógico. Partindo de algumas premissas simples, cada qual enunciada explicitamente, Euclides deduziu o maquinário inteiro da geometria, um passo de cada vez. Ele começou com a geometria do plano e então prosseguiu para a geometria dos sólidos. Tão convincente era a lógica de Euclides que sua geometria era vista não só como uma representação matemática idealizada conveniente da estrutura visível do espaço físico, mas também como uma descrição verdadeira desse espaço. Com exceção da geometria esférica – a geometria da superfície de uma esfera, amplamente usada em navegação como boa aproximação do formato da Terra –, a perspectiva-padrão entre matemáticos e

Nikolai Ivanovich Lobachevsky

outros estudiosos era de que a geometria de Euclides era a única possível, por isso, necessariamente, ela determinava a estrutura do espaço físico. A geometria esférica não é um *tipo* diferente de geometria; ela é simplesmente a mesma geometria restringida a uma esfera imersa num espaço euclidiano, assim como a geometria plana é a geometria de um plano no espaço euclidiano.

Toda geometria é euclidiana.

Um dos primeiros a desconfiar que isso era um absurdo foi Gauss, mas não quis publicar nada sobre o assunto, acreditando que qualquer coisa significaria mexer num vespeiro. As reações mais prováveis seriam olhares vazios e acusações variando de ignorância a insanidade. O desbravador prudente escolhe regiões da selva onde ninguém vai gritar insultos do alto da copa das árvores.

Nikolai Ivanovich Lobachevsky foi mais corajoso, ou mais temerário, ou mais ingênuo que Gauss. Provavelmente as três coisas. Quando descobriu uma alternativa para a geometria de Euclides, tão lógica quanto a de seu ilustre predecessor, com sua própria e notável beleza interna, compreendeu-lhe a importância e reuniu seus pensamentos na obra *Geometria*, terminada em 1823. Em 1826 ele pediu permissão ao Departamento de Ciências Físico-Matemáticas da Universidade de Kazan para ler um artigo sobre o tema que finalmente foi impresso numa obscura publicação, o *Kazan Messenger*. Ele também o submeteu à prestigiosa Academia de Ciências de São Petersburgo, mas Mikhail Ostrogradsky, especialista em matemática aplicada, rejeitou o artigo. Em 1855, Lobachevsky, então cego, ditou um novo texto de geometria não euclidiana, intitulado *Pangeometria*. *Geometria* foi finalmente publicado na forma original em 1909, muito depois da morte do autor.

As extraordinárias descobertas de Lobachevsky, juntamente com as de um matemático ainda mais negligenciado injustamente, János Bolyai, são agora reconhecidas como o início de uma gigantesca revolução no pensamento humano acerca da geometria e da natureza do espaço físico. Mas é destino dos pioneiros serem mal-representados e mal-compreendidos. Ideias que devem ser saudadas pela originalidade rotineiramente são denunciadas como absurdas, e seus criadores recebem pouco reconhecimento. O mais provável é a hostilidade; basta pensar na evolução e na mudança climática. Às vezes sinto que a raça humana não merece os grandes pensadores. Quando eles nos mostram as estrelas, o preconceito e a falta de imaginação nos arrastam de volta para a lama.

Nesse caso, a humanidade estava unida na crença de que a geometria *precisa* ser euclidiana. Filósofos como Immanuel Kant recorreram a altas erudições para explicar por que isso era inevitável. A crença baseava-se na antiga tradição, reforçada pelos esforços exigidos para dominar os arcanos argumentos de Euclides, e foi imposta a gerações de estudantes como um gigantesco teste de memória. As pessoas valorizam naturalmente o conhecimento produzido por grande esforço: se a geometria de Euclides não era a do mundo real, todo aquele trabalho árduo teria sido em vão. Outro motivo era a sedutora linha de pensamento desde então apelidada de argumento a partir da incredulidade pessoal. *É óbvio* que a única geometria era a de Euclides. O que mais poderia ser?

Perguntas retóricas às vezes recebem respostas retóricas, e essa pergunta específica, levada a sério, orientou os matemáticos para águas intelectuais muito profundas. A motivação inicial era uma característica dos *Elementos* de Euclides que parecia uma falha. Não um erro, mas simplesmente algo que parecia pouco elegante e supérfluo. Euclides organizou logicamente o seu desenvolvimento da geometria, começando com premissas simples, enunciadas de forma explícita e não comprovadas. Todo o resto era então deduzido a partir dessas premissas, passo a passo. A maioria dessas premissas era simples e razoável: "Todos os ângulos retos são iguais", por exemplo. Mas uma delas era tão complicada que sobressaía como um dedão inchado:

Se um segmento de reta intersecta duas linhas retas formando dois ângulos internos do mesmo lado cuja soma é menor que dois ângulos retos, então as duas retas, quando estendidas indefinidamente, encontram-se do lado no qual os ângulos cuja soma é menor que dois ângulos retos.

Esse é conhecido como axioma (ou postulado) das paralelas, porque na realidade trata de retas paralelas. Quando duas retas são paralelas, elas nunca se encontram. Nesse caso, o axioma das paralelas nos diz que a soma dos ângulos internos em questão deve ser exatamente a de dois ângulos retos – 180°. E inversamente, se for esse o caso, as retas são paralelas.

Retas paralelas são básicas e óbvias: basta olhar um papel pautado. Parece evidente que essas retas existem e claramente nunca se encontram, porque a distância entre elas é a mesma em todo lugar, então não pode ser zero. Seguramente Euclides estava tirando vantagem de algo que devia ser óbvio, não? Surgiu um sentimento generalizado de que deveria ser possível provar o axioma das paralelas a partir das outras premissas de Euclides. De fato, várias pessoas se convenceram de terem feito exatamente isso, mas quando matemáticos independentes examinaram as alegadas provas, sempre havia um erro ou alguma premissa não percebida.

No século XI, Omar Khayyam fez uma das primeiras tentativas de resolver a questão. Mencionei seu trabalho com as equações cúbicas (Capítulo 5), mas essa não foi, de maneira alguma, a única corda de seu arco matemático. Em *Explicações das dificuldades nos postulados dos Elementos de Euclides*, ele elabora a tentativa anterior feita por Alhazen (Hasan ibn al-Haitham) para provar o axioma das paralelas. Khayyam rejeitou esta e outras "provas" com fundamentos lógicos e as substituiu por um argumento que reduzia o axioma das paralelas a um enunciado mais intuitivo.

Um dos diagramas-chave ataca o cerne do problema. Ele pode ser visto como uma tentativa de construir um retângulo – o que esperaríamos que fosse algo simples e direto. Desenhe uma reta e dois segmentos de comprimento igual formando ângulos retos com ela. Finalmente, junte as extremidades desses segmentos de modo a formar o quarto lado de um retângulo. Pronto!

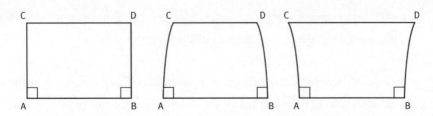

AC = BD e ângulos em A e B são ângulos retos.
Será que DC completa o retângulo?

Será mesmo? Como sabemos que o resultado é um retângulo? Num retângulo, os quatro vértices são ângulos retos e os lados opostos são iguais. Na figura de Khayyam, sabemos que dois ângulos são retos e um par de lados são iguais. E quanto aos outros?

De acordo, *parece* que desenhamos um retângulo, mas isso acontece porque temos a geometria de Euclides como padrão mental. E, de fato, na geometria de Euclides podemos provar que CD = AB e os ângulos C e D também são ângulos retos. No entanto, a dedução requer o axioma das paralelas. Isso não chega a ser surpresa. Porque esperamos que CD seja paralelo a AB. Se você quiser provar o axioma das paralelas a partir dos outros axiomas de Euclides, vai precisar mostrar que Khayyam desenhou um retângulo *sem* recorrer ao axioma das paralelas. Na verdade, como Khayyam percebeu, se você conseguir achar essa prova, o serviço está feito. Segue-se rapidamente o axioma das paralelas. Evitando a armadilha de tentar demonstrar o axioma das paralelas, ele explicitamente o substituiu por uma premissa mais simples: "Duas retas convergentes se intersectam, e é impossível para duas retas convergentes divergir na direção em que convergem." Ele tinha total consciência de que isso *era* uma premissa.

Giovanni Saccheri levou os diagramas de Khayyam adiante, talvez de forma independente, mas deu um passo atrás tentando usá-los para provar o axioma das paralelas. Seu *Euclides livre de qualquer falha* foi publicado em 1733. Saccheri dividiu sua prova em três possibilidades, dependendo de se o ângulo C da figura é um ângulo reto, agudo (menos que um ângulo reto) ou obtuso (mais que um ângulo reto). Ele provou que qualquer que seja a situação do ângulo C nesse diagrama, a mesma coisa acontece em todos os outros diagramas do mesmo tipo. Os ângulos envolvidos são *todos* retos, *todos* agudos ou *todos* obtusos. Então há três casos ao todo, não três para cada retângulo. Esse já é um grande passo adiante.

A estratégia da prova de Saccheri foi considerar as alternativas de ângulos agudos e obtusos, visando refutá-las ao deduzir uma contradição. Primeiro ele admitiu que o ângulo é obtuso. Isso produziu resultados que ele considerou incompatíveis com os outros axiomas de Euclides – caso dispensado. Levou muito mais tempo para se livrar do caso do ângulo agudo, mas acabou deduzindo teoremas que acreditava contradizer os demais. Na realidade, não contradizem: o que contradizem é a geometria de Euclides, com o teorema das paralelas e tudo. Então Saccheri achou que tinha demonstrado o axioma das paralelas, enquanto nós agora vemos seu trabalho como um grande passo rumo a geometrias não euclidianas logicamente consistentes.

O PAI DE NIKOLAI, Ivan, trabalhava com levantamentos topográficos. Sua mãe, Praskovia, assim como o pai, era imigrante polonesa. O pai de Nikolai morreu quando ele tinha sete anos, e a mãe foi morar em Kazan, na Sibéria ocidental. Depois de terminar a escola ali, ele foi para a Universidade de Kazan, em 1807. Começou estudando medicina, mas logo mudou para matemática e física. Seus professores incluíam Martin Bartels, amigo e ex-professor de Gauss.

Em 1811 Lobachevsky graduou-se em matemática e física, o que o levou a tornar-se palestrante, depois professor substituto e, finalmente, professor titular em 1822. Os administradores da universidade eram retrógrados e desconfiados de qualquer coisa inovadora, especialmente em ciência e filosofia. Consideravam isso uma espécie de subproduto perigoso da Revolução Francesa e um risco à ortodoxia religiosa da época. Como consequência, a vida acadêmica era contaminada, os melhores (entre eles Bartels) eram deixados para trás, outros eram excluídos, e os padrões decaíam. Aquele não era o melhor lugar para ficar se você estivesse prestes a derrubar milênios de tradição não imaginativa em geometria, e Lobachevsky não tornava sua vida mais fácil sendo franco e independente. Não obstante, ele se manteve atualizado com sua pesquisa matemática, e seus cursos eram modelos de clareza.

A carreira administrativa de Lobachevsky, que havia começado quando ele entrou para a comissão de edificações da universidade, floresceu. Ele comprou novos equipamentos para o laboratório de física, novos livros para a biblioteca. Dirigiu o observatório, foi decano de matemática e física de 1820 a 1825 e bibliotecário-chefe de 1825 a 1835. Suas disputas com as autoridades superiores abrandaram quando Nicolau I, que adotava uma atitude mais benevolente em relação à política e ao governo, tornou-se czar. Ele destituiu do cargo o curador (diretor) da universidade, Mikhail Magnitskii. Seu substituto, Mikhail Musin-Pushkin, tornou-se ferrenho aliado de Lobachevsky, e fez dele reitor em 1827. O cargo, que durou por dezenove anos, foi um grande sucesso, com novos prédios para a biblioteca, a astronomia, a medicina e as ciências. O novo reitor incentivou a pesquisa em arte e ciência, e o número de alunos aumentou. Suas rápidas e firmes respostas garantiram que uma epidemia de cólera, em 1830, e um incêndio, em 1842, causassem danos mínimos, e o czar enviou-lhe uma mensagem de agradecimento. Durante todo esse tempo, Lobachevsky deu aulas sobre cálculo e física, além de palestras genéricas para o público leigo.

Em 1832, aos quarenta anos, Lobachevsky casou-se com uma mulher rica e bem mais jovem, Varvara Moisieva. Durante esse período publicou dois trabalhos sobre geometria não euclidiana: um artigo acerca da "geometria imaginária", em 1837, e um resumo em alemão que apareceu em 1840 e impressionou Gauss tremendamente. Os Lobachevsky tiveram dezoito filhos, dos quais sete sobreviveram até a idade adulta. Tinham uma casa requintada e uma intensa vida social. Tudo isso deixou Nikolai com pouco dinheiro para sua eventual aposentadoria, e o casamento não foi grande coisa. Sua saúde deteriorou e a universidade o demitiu em 1846, num acontecimento classificado como "aposentadoria". Seu filho mais velho morreu logo depois, e ele começou a perder a visão, acabando por ficar

Nikolai Ivanovich Lobachevsky

cego e incapaz de andar. Morreu em 1856, na pobreza, sem saber de alguém que viesse a dar importância à sua descoberta da geometria não euclidiana.

UM SEGUNDO MATEMÁTICO envolveu-se igualmente nesse grande processo de ruptura e inovação: János Bolyai. Suas ideias foram impressas em 1832 como "Apêndice exibindo a ciência absoluta do espaço: independente da verdade ou falsidade do axioma XI de Euclides (de modo algum previamente decidido)", em *Ensaio para jovens estudiosos dos elementos da matemática*, da autoria de seu pai, Wolfgang. Bolyai e Lobachevsky geralmente recebem a maior parte do crédito por tornar a geometria não euclidiana uma área significativa da matemática, mas a pré-história do tema inclui quatro outros que fracassaram em publicar suas ideias ou foram ignorados quando o fizeram.

Ferdinand Schweikart investigou a "geometria astral" desenvolvendo o caso de Saccheri sobre o ângulo agudo. Ele enviou a Gauss um manuscrito, mas nunca o publicou. Incentivou seu sobrinho Franz Taurinus a continuar o trabalho e, em 1825, Taurinus publicou *Teoria das retas paralelas*. Em *Primeiros elementos de geometria*, de 1826, ele afirmou que o caso do ângulo obtuso também leva a uma sensata geometria "logarítmico-esférica" não euclidiana. Taurinus não conseguiu chamar atenção e, desgostoso, queimou os exemplares disponíveis. Um dos alunos de Gauss, Friedrich Wachter, também escreveu sobre o axioma das paralelas, mas foi igualmente ignorado.

Para complicar mais a história, Gauss antecipara-se a todos, compreendendo já em 1800 que o problema do axioma das paralelas diz respeito à lógica interna da geometria euclidiana, e não ao espaço real. Retas traçadas a régua num pedaço de papel não podem dar a resposta. Talvez se encontrassem a milhões de quilômetros de distância caso se usasse uma folha grande o suficiente. E talvez, se se desenhasse uma porção de pontos equidistantes de uma reta, a linha resultante *não fosse uma reta*. Aventando essa possibilidade, Gauss podia ter começado como Saccheri, na esperança de obter uma contradição. Em vez disso, apenas obteve um número cada vez maior de teoremas elegantes, críveis, mutuamente consistentes, e em 1817 já estava convencido de que eram possíveis as geometrias logicamente consistentes diferentes da de Euclides. Mas não publicou nada sobre o tema, comentando numa carta de 1829: "Pode demorar muito até que eu torne públicas as minhas investigações sobre o assunto; na verdade, isso talvez não aconteça durante a minha vida, pois receio o 'clamor dos beócios'."[6]

Wolfgang Bolyai era um velho amigo de Gauss, e escreveu ao grande homem pedindo-lhe que comentasse (favoravelmente, esperava) a épica pesquisa de seu filho. A resposta de Gauss desfez suas esperanças:

> Elogiar [o trabalho de János] seria elogiar a mim mesmo. De fato, todo o conteúdo do trabalho, o caminho tomado por seu filho e os resultados aos quais conduziu coincidem quase inteiramente com minhas meditações, que ocuparam minha cabeça parcialmente durante os últimos trinta ou 35 anos. Então fiquei bastante estupefato. No que concerne ao meu próprio trabalho, do qual até agora pus muito pouco no papel, minha intenção era não deixar que fosse publicado durante a minha vida. ... Portanto, é uma agradável surpresa para mim que esse problema me seja poupado, e estou muito contente que seja o filho de um velho amigo quem tenha precedência sobre mim em matéria tão extraordinária.

Tudo muito bem, mas claramente injusto, uma vez que Gauss nada havia publicado. Claro que louvar as ideias radicais de János também corria o risco de sofrer o clamor dos beócios. Um elogio em particular era meio que tirar o corpo fora, e Wolfgang e Gauss sabiam disso.

Lobachevsky não tinha consciência de que tanto Gauss quanto Bolyai haviam enfrentado o problema. O axioma das paralelas implica a existência de uma paralela *única* a uma reta dada passando por um ponto dado, e ele começou por considerar a possibilidade de que essa ideia pudesse ser falsa. Substituiu a exclusividade pela existência de muitas linhas desse tipo, em que "paralelas" significava "não se encontrando por mais longe que seja". Ele desenvolveu as consequências dessa premissa em consideráveis detalhes. Não provou que seu sistema geométrico fosse logicamente consistente, mas não conseguiu deduzir nenhuma contradição e convenceu-se de que não haveria discrepâncias. Agora chamamos essa configuração de geometria hiperbólica. Ela corresponde ao caso do ângulo agudo de Saccheri. O ângulo obtuso leva à geometria elíptica, muito similar à geometria esférica. Bolyai estudou ambos os casos, enquanto Lobachevsky limitou suas investigações à geometria hiperbólica.

LEVOU ALGUM TEMPO para a validade da geometria não euclidiana ser absorvida e ter sua importância reconhecida. A tradução francesa do trabalho de Lobachevsky, feita por Jules Hoüel, deu início ao processo em 1866, dez anos depois da morte do autor. Por algum tempo, uma característica vital era notável pela ausência: uma *prova* de que a negação do teorema das paralelas nunca leva a uma contradição. Esta veio algum tempo depois: na realidade, há três geometrias consistentes que satisfazem todos os outros axiomas de Euclides. A própria geometria euclidiana; a geometria elíptica, na qual retas paralelas não existem; e a geometria hiperbólica, onde elas existem, mas não são únicas.

A prova de consistência acabou se revelando mais simples do que era de esperar. A geometria não euclidiana pode ser percebida como a geometria de uma superfície de curvatura constante: positiva para a geometria elíptica, negativa para a geometria hiperbólica. A geometria euclidiana é o caso de transição de curvatura zero. Aqui "reta" é interpretado como "geodésica", o caminho mais curto entre dois pontos. Com essa interpretação, todos os axiomas de Euclides, exceto o axioma das paralelas, podem ser provados usando geometria euclidiana. Se houvesse alguma inconsistência lógica na geometria elíptica ou na hiperbólica, ela poderia ser traduzida diretamente numa inconsistência lógica correspondente na geometria euclidiana de superfícies. Considerando que a geometria euclidiana é consistente, também o são a geometria elíptica e a hiperbólica.

Em 1868, Eugenio Beltrami deu um modelo concreto para a geometria hiperbólica: geodésicas sobre uma superfície chamada pseudoesfera, que tem curvatura negativa constante. Ele interpretou o resultado como uma demonstração de que a geometria hiperbólica não era realmente nova, não passava da geometria de Euclides especializada numa superfície adequada. Ao fazê-lo, Beltrami perdeu o ponto lógico mais profundo: o modelo prova que a geometria hiperbólica é consistente, de modo que o axioma das paralelas não pode ser deduzido dos outros axiomas de Euclides. Hoüel percebeu isso em 1870, quando traduziu o artigo de Beltrami para o francês.

Um modelo para a geometria elíptica foi fácil de achar. Ela é a geometria dos círculos máximos numa esfera, mas com um detalhe: círculos máximos se encontram em dois pontos diametralmente opostos, não num único ponto, então, não obedecem aos outros axiomas de Euclides. Para consertar isso, redefinimos "ponto" de maneira a significar "par de pontos diametralmente opostos", e pensamos num círculo máximo como um par de semicírculos diametralmente opostos. Esse espaço, tecnicamente uma esfera com pontos diametralmente opostos unificados, tem curvatura positiva constante, herdada da esfera.

Nesse meio-tempo, a geometria não euclidiana estava começando a aparecer em outras áreas da matemática, especialmente em análise

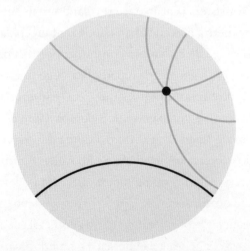

No modelo do disco de geometria hiperbólica concebido por Poincaré, uma reta (preta) pode ter infinitas paralelas (três mostradas em cinza) passando por um ponto dado. A borda do círculo não é considerada, sendo parte do espaço.

complexa, em que ela tem ligações com as transformações de Möbius, que mapeiam círculos (e linhas retas) com círculos (e linhas retas). Karl Weierstrass lecionava sobre o tema em 1870. Felix Klein, que caminhava na mesma direção, entendeu o recado e debateu a ideia com Sophus Lie. Em 1872, Klein escreveu um importante documento, o "Programa de Erlangen", no qual definia geometria como o estudo de invariantes de grupos de transformações. Isso unificou todas as discrepantes geometrias que vinham flutuando por aí naquela época, com a principal exceção da geometria riemanniana para superfícies de curvatura não constante, em que grupos de transformações adequados deixam de existir. Poincaré fez progressos adicionais, incluindo seu próprio modelo para a geometria hiperbólica. O espaço é o interior de um círculo, e as linhas "retas" são arcos de circunferências encontrando a borda em ângulos retos.

Mais tarde, a geometria hiperbólica foi uma das inspirações para a teoria de Bernhard Riemann dos espaços curvos de qualquer dimensão (variedades), que dá base à teoria da gravidade de Einstein (Capítulo 15). Suas aplicações em matemática moderna incluem análise complexa, relatividade especial, teoria combinatória de grupos e conjectura da geometrização de Thurston (agora teorema) em topologia de variedades tridimensionais (Capítulo 25).

12. Radicais e revolucionários

ÉVARISTE GALOIS

Évariste Galois
Nascimento: Bourg-la-Reine, França, 25 de outubro de 1811
Morte: Paris, França, 31 de maio de 1832

EM 4 DE JUNHO DE 1832, o jornal francês *Le Précurseur* relatou um acontecimento sensacional, mas nada incomum:

> *Paris, 1º de junho.* Um duelo deplorável ontem privou as ciências exatas de um rapaz que representava as mais altas expectativas, mas cuja celebrada precocidade foi ultimamente ofuscada pelas atividades políticas. O jovem Évariste Galois ... duelava com um de seus velhos amigos, ... conhecido por ter igualmente figurado num julgamento político. Comenta-se que a causa do combate era o amor. A arma escolhida pelos adversários foi a pistola, mas por causa da velha amizade os dois não conseguiram se encarar e deixaram a decisão para o destino, duelando às cegas. À queima-roupa, cada um deles

Évariste Galois

armado de pistola disparou. Apenas uma das duas estava carregada. Galois foi atingido pela bala do oponente; ele foi levado ao hospital Cochin, onde morreu em cerca de duas horas. Sua idade era 22 anos. L.D., seu adversário, é um pouco mais novo.

Galois passou a noite anterior ao duelo escrevendo o resumo de suas pesquisas matemáticas, que se concentravam no uso de conjuntos especiais de permutações, que ele chamou de "grupos", para determinar se uma equação algébrica pode ser resolvida por fórmula. Também descreveu conexões entre essa ideia e funções especiais conhecidas como integrais elípticas. Seus resultados implicam claramente que não existe fórmula algébrica para resolver a equação geral quíntica, ou de quinto grau, questão que havia intrigado os matemáticos por séculos antes de Paolo Ruffini publicar uma solução quase completa, mas compridíssima, e Niels Henrik Abel divisar outra mais simples.

Vários mitos sobre Galois persistem até hoje, apesar dos esforços dos historiadores para determinar o curso real dos acontecimentos. O registro é cheio de remendos e às vezes contraditório. Por exemplo, quem foi seu adversário? A matéria do jornal não é confiável – para começar, a idade dele está errada – e muita coisa permanece obscura. A importância de sua matemática, porém, é clara. O conceito de grupo de permutações foi um dos primeiros passos significativos na direção da teoria dos grupos. Esta acabou por se revelar a chave para a profunda matemática da simetria, e mesmo hoje é uma importante área de pesquisa. Os grupos agora são centrais para muitas áreas da matemática e indispensáveis em física matemática. Têm importantes aplicações para a formação de padrões em muitas áreas das ciências físicas e biológicas.

O PAI DE ÉVARISTE, Nicolas-Gabriel, republicano, era prefeito de Bourg-la-Reine em 1814, depois que Luís XVIII mais uma vez se tornou rei. Sua mãe, Adélaïde-Marie (nascida Demante), era a bem-educada filha de um consultor jurídico. Ela estudou religião e os clássicos, e educou Évariste em casa até ele ter doze anos. Em 1823 o menino foi mandado para o Collège Louis-le-Grand. Tirou o primeiro prêmio em latim, entediou-se e buscou refúgio na matemática. Leu trabalhos avançados: *Elementos de geometria*, de Legendre, e os artigos originais de Abel e Lagrange sobre a solução de equações polinomiais por radicais. Esse termo refere-se a fórmulas algébricas expressando as soluções em termos dos coeficientes, envolvendo operações básicas de aritmética e extração de raízes quadradas, cúbicas e de ordem mais elevada. Os babilônios haviam resolvido quadráticas por radicais, e os algebristas do Renascimento fizeram o mesmo para cúbicas e quárticas. Agora se tornava patente que esses métodos tinham se esgotado. Abel provou em 1824 que a quíntica geral – a equação de quinto grau – não pode ser resolvida por radicais e publicou uma prova expandida em 1826.

Ignorando o conselho de seu professor de matemática, Galois prestou exame de admissão para a prestigiosa École Polytechnique com um ano de antecedência, sem se preocupar em preparar-se para as provas. Não foi surpresa que ele tenha sido reprovado. Em 1829 enviou um artigo sobre a teoria de equações para a Academia de Paris, mas o artigo se perdeu. Galois interpretou o fato como deliberada rejeição de sua genialidade, mas pode ter sido mero desleixo. De maneira geral, aquele foi um ano ruim. O pai de Galois matou-se durante um conflito político com o padre da aldeia, que forjou a assinatura de Nicolas em documentos mal-intencionados. Pouco depois, Galois fez uma segunda e definitiva tentativa de entrar na Polytechnique, fracassando novamente. Assim, ele foi para a menos prestigiosa École Preparatoire, mais tarde rebatizada de École Normale. Saiu-se bem em física e matemática, mas não em literatura, e graduou-se tanto em ciências quanto em letras no final de 1829. Alguns meses depois, inscreveu uma nova versão do seu trabalho sobre equações no grande prêmio da Academia. Fourier, o secretário, levou o texto para casa, porém morreu antes de fazer seu relatório. Mais uma vez o manuscrito se perdeu e mais uma vez Galois viu isso como uma trama deliberada para negar-lhe as retribuições que o seu brilhantismo merecia. Essa narrativa encaixava-se perfeitamente em suas opiniões republicanas e reforçou sua determinação de ajudar a fomentar a revolução.

Évariste Galois

Quando a oportunidade surgiu, Galois a perdeu. Em 1824 Carlos X sucedeu a Luís XVIII, mas em 1830 pressionaram o rei para abdicar. A fim de evitar a queda, Carlos X introduziu a censura à imprensa, mas o povo revoltou-se em protesto. Após três dias de caos, chegou-se a um acordo em relação a um candidato de compromisso, e Luís Filipe, duque de Orléans, tornou-se rei. O diretor da École Normale trancou seus estudantes na escola. Isso não caiu bem para o pretenso revolucionário, que redigiu um caloroso ataque pessoal ao diretor numa carta à *Gazette des Écoles*. Galois assinara seu nome, mas o editor não o imprimiu. O diretor usou o fato como desculpa para expulsar Galois por escrever uma carta anônima. Então Galois juntou-se à Artilharia da Guarda Nacional, milícia repleta de republicanos. Pouco tempo depois o rei a aboliu como ameaça à segurança.

Em janeiro de 1831 Galois mandou para a Academia um terceiro manuscrito sobre a teoria de equações. Depois de dois meses sem nenhuma resposta, escreveu ao presidente para perguntar o que causava o atraso, mas não recebeu resposta novamente. Seu estado mental foi ficando cada vez mais agitado, quase paranoide. Sophie Germain, uma brilhante matemática, escreveu sobre Galois a Guillaume Libri: "Dizem que ele vai ficar totalmente louco, e receio que isso seja verdade." Em abril do mesmo ano, dezenove membros da dissolvida Artilharia da Guarda Nacional foram julgados por tentativa de derrubar o governo, mas o júri os absolveu. Num barulhento banquete de cerca de duzentos republicanos, organizado para comemorar a absolvição, Galois ergueu uma taça e uma adaga. Foi detido no dia seguinte por ameaçar o rei. Admitiu suas atitudes, mas informou à corte que tinha proposto o brinde com as palavras: "A Luís Filipe, *se ele virar traidor.*" Um júri simpático a ele o absolveu.

Em julho a Academia se pronunciou sobre o artigo submetido: "Fizemos todo o esforço para compreender a prova de Galois. Seu raciocínio não é suficientemente claro nem suficientemente desenvolvido para que possamos julgar sua correção." Os árbitros também teciam críticas matemáticas inteiramente razoáveis. Esperavam informações sobre alguma condição a respeito dos coeficientes da equação, determinando se ela era solucionável por radicais. Galois demonstrara uma condição elegante, mas que envolvia as *soluções*. Ou seja, cada solução pode ser expressa como função racional das outras. Agora está claro que não existe nenhum critério simples baseado nos coeficientes, mas na época ninguém sabia disso.

Galois entrou em parafuso. No dia da comemoração da Queda da Bastilha, estava na vanguarda de uma manifestação republicana com o amigo Ernest Duchâtelet, pesadamente armado e vestindo o uniforme da Artilharia. As duas coisas eram ilegais. Ambos os camaradas revolucionários foram detidos e encarcerados na cadeia de Sainte-Pélagie, aguardando julgamento. Após alguns meses, Galois foi condenado e sentenciado a seis meses de prisão. Passou o tempo fazendo matemática, e quando a cólera atacou, em 1832, foi mandado para um hospital e solto em regime condicional.

Tendo assegurada sua liberdade, Galois ficou obcecado por uma moça, identificada apenas como "Stéphanie D", com o resto do nome rabiscado. "Como posso me consolar quando em um mês exauri a maior fonte de felicidade que um homem pode ter?", queixou-se ele a outro amigo, Auguste Chevalier. Galois copiou fragmentos das cartas da moça num caderno. Num deles lê-se: "Senhor, esteja seguro de que nunca teria havido mais que isso. O senhor está supondo coisas erradas, e seus pesares não têm fundamento." A história às vezes retrata Stéphanie como uma espécie de *femme fatale*, com sugestões de que um hipotético "caso de honra" deu aos inimigos de Galois pretexto para desafiá-lo ao duelo. Mas em 1968 Carlos Infantozzi examinou o manuscrito original e relatou que ela era Stéphanie-Felicie Poterin du Motel, filha do médico do alojamento de Galois. Essa interpretação é um pouco controversa, mas plausível.

O relatório policial sobre o duelo informa que foi uma disputa privada, por causa de uma moça, entre Galois e outro revolucionário. Na véspera do duelo, Galois escreveu:

> Rogo a patriotas e meus amigos que não me censurem por morrer de maneira outra que não pelo meu país. Morro vítima de uma infame beldade. É numa briga miserável que minha vida se extingue. Oh! Por que morrer

Évariste Galois

por algo tão trivial, por algo tão desprezível! ... Perdão para aqueles que me mataram, eles são de boa-fé.

Sua visão da moça era naturalmente tendenciosa, mas se seus inimigos tivessem engendrado a coisa toda, ele dificilmente pediria que fossem perdoados.

Quem foi o oponente? O registro é esparso e confuso. Em suas *Mémoires*, Alexandre Dumas diz que era um colega republicano, Pescheux d'Herbinville. O que nos traz de volta ao artigo no *Le Précurseur* e ao assassino enigmático, "L.D.". O "D" poderia se referir a d'Herbinville, mas, se assim for, o "L" é mais um erro num artigo bastante impreciso. Tony Rothman[7] defende bastante bem a ideia de que "D" representa Duchâtelet, embora o "L" seja questionável. Mais de uma amizade já desmoronou por causa de uma mulher. O duelo foi com pistolas – a 25 passos, segundo o relatório pós-morte, porém, mais como uma roleta-russa, a se acreditar no *Le Précurseur*. Evidência circunstancial apoia a última alternativa, porque Galois foi atingido na barriga; seria acaso a 25 passos, mas era uma garantia à queima-roupa. Recusando a oferta de um padre, Galois morreu um dia depois, de peritonite, e foi enterrado na vala comum no cemitério de Montparnasse.

No DIA ANTERIOR ao duelo, Galois sintetizou suas descobertas numa carta a Auguste Chevalier. Assinalava que os grupos nos contam quando uma equação polinomial é solúvel por radicais e mencionava outras descobertas – funções elípticas, integração de funções algébricas e pistas crípticas cujo significado podemos apenas adivinhar. A carta terminava: "Peça publicamente a Gauss ou Jacobi para darem sua opinião, não quanto à verdade, mas quanto à importância desses teoremas. Mais tarde haverá, espero, algumas pessoas que acharão proveitoso decifrar toda essa bagunça."

Felizmente para a matemática, houve essas pessoas. O primeiro a apreciar o que Galois tinha conseguido foi Joseph-Louis Liouville. Em 1843, Liouville disse que havia perdido ou rejeitado os três artigos de

Galois. "Espero interessar a Academia", começou ele, "ao anunciar que entre os papéis de Évariste Galois encontrei uma solução, tão precisa quanto profunda, para esse belo problema: se existe uma solução [de uma equação] por radicais." Assim, Jacobi havia lido os artigos de Galois e – como era esperança deste último – compreendera sua importância. Em 1856 a teoria de Galois era ensinada na pós-graduação tanto na França quanto na Alemanha. E em 1909 Jules Tannery, diretor da École Normale, inaugurou um memorial para Galois em sua cidade natal, Bourg-la-Reine, agradecendo ao prefeito por "me permitir fazer uma apologia à genialidade de Galois em nome desta escola para a qual ele entrou com relutância, onde foi mal compreendido, expulso, mas para a qual ele foi, afinal, a mais brilhante das glórias".

O que, então, Galois fez pela matemática?

A resposta curta é que ele explicou a matemática básica da simetria, que é o conceito de grupo. A simetria tornou-se um dos temas centrais da matemática e da física matemática, servindo de apoio para nossa compreensão de tudo, desde padrões de pelagem animal até moléculas vibratórias, do formato de conchas de lesmas até a mecânica quântica das partículas fundamentais.

A versão longa é mais cheia de nuances.

As ideias de Galois tinham alguns precedentes. Pouquíssimos progressos em matemática dispensam os precedentes. Os matemáticos, na maior parte do tempo, elaboram a partir de pistas, indícios e sugestões dados por seus antecessores. Um ponto de entrada conveniente é *Ars Magna*, de Cardano, que fornecia soluções para equações algébricas de terceiro e quarto graus. Hoje as escrevemos como fórmulas para as soluções em termos dos coeficientes. A característica fundamental dessas fórmulas é que elas constroem a solução usando as operações básicas da álgebra – adição, subtração, multiplicação, divisão – juntamente com raízes quadradas e cúbicas. Um palpite natural é que a solução de uma equação quíntica (de quinto grau) também pode ser dada por tais fórmulas, provavelmente demandando raízes quintas. (A raiz quarta é a raiz quadrada da raiz quadrada, então é supérflua.) Muitos matemáticos – e amadores – buscaram essa fórmula fugidia. Quanto maior o grau, mais complicadas se tornam as fórmulas, então, esperava-se que a fórmula para a quíntica fosse bastante bagunçada. Mas ninguém conseguia encontrá-la. Gradualmente começou-se a desconfiar que poderia haver uma razão para esse fracasso: a busca era como ir atrás de uma miragem – tentar achar algo que não existe.

Isso não significa que *não existem soluções*. Toda equação quíntica tem pelo menos uma solução real, e sempre tem cinco, se considerarmos também os números complexos e contarmos soluções "múltiplas" corretamente. Mas as soluções não podem ser encapsuladas numa fórmula algébrica que não utilize nada mais esotérico que radicais.

A primeira evidência séria de que esse poderia ser o caso tinha vindo à tona nos anos 1770, quando Lagrange escreveu um enorme tratado sobre equações algébricas. Em vez de somente observar que as soluções tradicionais eram corretas, ele indagou por que, afinal, elas existiam. Que características de uma equação a tornam solúvel por meio de radicais? Ele unificou os métodos clássicos para os graus dois, três e quatro, relacionando-os com expressões especiais nas soluções que se comportam de maneiras interessantes quando permutadas. Como exemplo trivial, a soma das soluções é a mesma, independentemente da ordem em que são escritas. E o mesmo ocorre com o produto. Os algebristas clássicos provaram que qualquer expressão completamente simétrica como essas sempre pode ser representada em termos dos coeficientes da equação, sem nenhum uso de radicais.

Exemplo mais interessante para uma equação cúbica com soluções a_1, a_2, a_3 é a expressão

$$(a_1 - a_2)(a_2 - a_3)(a_3 - a_1)$$

Se permutarmos ciclicamente as soluções, de modo que $a_1 \to a_2, a_2 \to a_3$ e $a_3 \to a_1$, essa expressão tem o mesmo valor. No entanto, se trocarmos duas delas, de modo que $a_1 \to a_2, a_2 \to a_1$ e $a_3 \to a_3$, a expressão muda de sinal, isto é, fica multiplicada por -1, mas, fora isso, ela fica inalterada. Portanto, seu quadrado é totalmente simétrico, e deve ser alguma expressão dos coeficientes. A expressão em si é, portanto, a *raiz quadrada* de alguma expressão nos coeficientes. Isso ajuda a explicar por que as raízes quadradas entram na fórmula de Cardano para resolução de cúbicas. Uma expressão diferente parcialmente simétrica explica as raízes cúbicas.

Seguindo essa ideia, Lagrange achou um método unificado para resolver equações quadráticas, cúbicas e quárticas explorando as propriedades permutativas de expressões particulares nas soluções. E também demonstrou que esse método *falha* quando se tenta aplicá-lo a uma quíntica. Em vez de levar a uma equação mais simples, ele produz uma mais complicada, tornando o problema pior. Isso não implica que nenhum outro método possa ser bem-sucedido, mas é decididamente pista de uma potencial encrenca.

Em 1799 Paolo Ruffini pegou a pista e publicou um livro em dois volumes, *Teoria geral das equações*. "A solução algébrica de equações gerais de grau superior a quatro", escreveu ele, "é sempre impossível. Observe um teorema muito importante que acredito ser capaz de enunciar (se não me engano)." E creditou sua inspiração à pesquisa de Lagrange. Infelizmente para Ruffini, a perspectiva de vagar através de um tomo de quinhentas páginas, cheio de álgebra complicada apenas para obter um resultado negativo, não atraiu mais ninguém, e ele foi amplamente ignorado. Algebristas proeminentes começavam a aceitar que não havia solução viável, o que provavelmente não ajudou. Circularam boatos de que o livro continha erros, abafando ainda mais o entusiasmo. Ruffini fez nova tentativa com provas revistas, que ele esperava serem mais fáceis de entender. Augustin-Louis Cauchy chegou a lhe escrever em 1821, dizendo que seu livro "sempre me pareceu digno da atenção dos matemáticos, e, a meu juízo, prova completamente a impossibilidade de solucionar algebricamente equações de grau superior ao quarto".

O elogio de Cauchy poderia ter melhorado a reputação de Ruffini, mas ele morreu em menos de um ano. Depois de sua morte, surgiu um consenso de que a quíntica não pode ser resolvida por radicais, mas a situação da prova de Ruffini continuou pouco clara. Na verdade, muitos anos mais

Évariste Galois

tarde, encontrou-se uma falha sutil. A lacuna foi preenchida, tornando o livro de Ruffini ainda mais longo, mas a essa altura Abel havia publicado uma prova muito mais curta e simples. Abel morreu jovem, provavelmente de tuberculose. A quíntica parece ter sido algo como um cálice envenenado.

Tanto Ruffini quanto Abel pegaram a ideia básica de Lagrange: o que importa é quais expressões são invariantes sob certas permutações das raízes. A grande contribuição de Galois foi desenvolver uma teoria geral, baseada em permutações e que se aplica a todas as equações polinomiais. Ele não provou apenas que equações específicas são insolúveis por meio de radicais; Galois indagou exatamente quais *são* solúveis. Sua resposta foi que o conjunto de permutações e que preserva todas as relações algébricas entre as raízes – ele o chamou de grupo da equação – deve ter uma estrutura particular, bastante técnica, mas precisamente definida. Os detalhes dessa estrutura explicam exatamente quais radicais aparecerão quando existe uma solução por radicais. A ausência de tal estrutura significa que não há solução em radicais.

A estrutura envolvida é bem complicada, embora natural do ponto de vista dos grupos. Uma equação é solúvel por radicais se, e somente se, seu grupo de Galois tiver uma série de subgrupos especiais (chamados "normais") tais que o subgrupo final contenha apenas uma permutação, e o número de permutações em cada subgrupo sucessivo seja o do anterior dividido por um número primo. A ideia da prova é que apenas radicais primos são necessários – por exemplo, a raiz sexta é a raiz quadrada da raiz cúbica, e tanto 2 como 3 são primos –, e cada radical desses reduz o tamanho do grupo correspondente dividido pelo mesmo primo.

O grupo de Galois da quártica geral, por exemplo, contém todas as 24 permutações das soluções. Esse grupo tem uma cadeia descendente de subgrupos normais, com tamanhos

24   12   4   2   1

e

$24/12 = 2$ é primo

$12/4 = 3$ é primo

$^2\!/_2 = 2$ é primo

$^2\!/_1 = 2$ é primo

Portanto, podemos resolver a quártica, e esperamos encontrar raízes quadradas (por causa dos 2) e cúbicas (por causa dos 3), contudo, nada mais.

Os grupos para equações quadráticas e cúbicas são menores e, mais uma vez, têm cadeias descendentes de subgrupos normais cujos tamanhos estão relacionados pela divisão por um primo. E quanto a quíntica? Esta tem cinco soluções, dando 120 permutações. A única cadeia de subgrupos normais tem tamanhos

120   60   1

Como $^{60}\!/_1 = 60$ não é primo, não pode haver solução em radicais.

Galois não anotou realmente uma prova de que a quíntica não pode ser resolvida. Abel já fizera isso, e Galois sabia. Em vez disso, ele desenvolveu um teorema geral caracterizando todas as equações de grau primo que *podem* ser resolvidas por radicais. Mostrar que a quíntica geral não está entre essas equações é uma trivialidade – tão trivial para Galois que ele nem sequer a menciona.

O QUE TORNA Galois significativo não são tanto os seus teoremas, mas o método. Seu grupo de permutações – agora chamado grupo de Galois – consiste em todas as permutações das raízes que preservam as relações algébricas entre elas. Mais genericamente, dado algum objeto matemático, podemos pensar em todas as transformações – talvez permutações, talvez algo mais geométrico, tais como movimentos rígidos – que preservem sua estrutura. Este chama-se grupo de simetria desse objeto. "Grupo" aqui focaliza um aspecto particular dos grupos de permutações de Galois, o que ele enfatizou, mas não desenvolveu num conceito mais geral. Isso significa que uma transformação de simetria seguida por outra transformação de simetria sempre produz uma transformação de simetria.

Como exemplo geométrico simples, pense num quadrado no plano e transforme-o usando movimentos rígidos. Pode-se deslizá-lo, girá-lo, até mesmo virá-lo ao contrário. Que movimentos deixam o quadrado aparentemente inalterado? Não se pode deslizá-lo; isso move seu centro para uma nova localização. É possível girá-lo, mas somente em um ou mais ângulos retos. Qualquer outro ângulo produz um deslocamento que não havia antes. Finalmente, pode-se virá-lo em torno de qualquer um dos seus quatro eixos: as duas diagonais e as retas que passam pelo meio de lados opostos. Sem esquecer a transformação trivial, que é "deixá-lo em paz", obtemos exatamente oito simetrias.

Faça a mesma coisa com o pentágono regular, e você obtém dez simetrias; para um hexágono regular, doze; e assim por diante. Um círculo de infinitas simetrias: rotação de qualquer ângulo, e virá-lo em torno de qualquer diâmetro. Formas diferentes podem ter diferentes números de simetrias. De fato, propriedades mais sutis do que o mero número de simetrias também entram em jogo – não só quantas há, mas como se combinam.

A simetria permeia todo o campo da matemática, da álgebra à teoria da probabilidade, e tornou-se absolutamente central para a matemática e a física teórica. Dado qualquer objeto matemático, a pergunta "Quais são suas simetrias?" imediatamente salta à mente, e a resposta com frequência é muito informativa. Em física, a teoria da relatividade especial de Einstein trata em grande parte de como grandezas físicas se comportam sob um particular grupo de simetrias de leis físicas, chamado grupo de Lorentz, baseado no postulado filosófico de que a natureza não deve depender de onde ou quando você a observa. Hoje, todas as partículas fundamentais da mecânica quântica – elétrons, neutrinos, bósons, glúons, quarks – são classificadas e explicadas em termos de um único grupo de simetria.

Galois deu um passo vital pela trilha que formalizou a simetria como invariância sob um grupo de transformações. Isso levou à definição abstrata de grupo, uma característica-chave na moderna abordagem da álgebra. Henri Poincaré certa vez chegou a dizer que os grupos constituem "o todo da matemática" despido até de seus elementos essenciais. Foi um exagero, mas desculpável.

13. A encantadora de números

AUGUSTA ADA KING

Augusta Ada King-Noel, condessa de Lovelace (nascida Byron)
Nascimento: Piccadilly (hoje, Londres), Inglaterra, 10 de dezembro de 1815
Morte: Marylebone, Londres, 27 de novembro de 1852

AQUELA NÃO ERA uma família feliz.

O poeta Lord George Gordon Byron estava convencido de que se tornaria o orgulhoso pai de um "glorioso menino", mas ficou amargamente decepcionado quando sua esposa, Anne Isabella (nascida Milbanke e conhecida como "Annabella"), o presenteou com uma filha. A menina recebeu o nome de Augusta Ada – Augusta pela meia-irmã de Byron, Augusta Leigh. Byron sempre a chamou de Ada.

Um mês mais tarde o casal se separou e quatro meses depois disso Byron deixou o litoral da Inglaterra para nunca mais voltar. Lady Byron ficou com a custódia da filha e desdenhou qualquer contato adicional com Lord Byron, mas Ada desenvolveu uma visão mais matizada e se interessou pelas atividades e pelo paradeiro do pai. Ele viajou pela Europa, passando sete anos na Itália, e morreu quando Ada tinha oito anos, de uma doença contraída enquanto lutava contra o Império Otomano na Guerra da Independência da Grécia. Muito mais tarde ela pediu para ser enterrada ao lado do pai quando morresse, o que foi devidamente respeitado.

Annabella considerava Byron insano, e a opinião era razoável, dado o ultrajante comportamento do marido. Indiretamente, isso propiciou o interesse de Ada pela matemática. Ela era matematicamente talentosa e tinha um agudo interesse pelo assunto. As aptidões de Byron estavam decididamente em outra parte. Numa carta para a esposa, em 1812, ele escreveu:

> Concordo com você bastante também quanto à matemática – e devo ficar contente em admirá-la a uma distância incompreensível –, sempre adicionando-a ao catálogo dos meus arrependimentos – sei que dois e dois são quatro –, e deveria ficar feliz em provar isso também, se pudesse – embora deva dizer que, se por algum tipo de processo pudesse converter dois e dois em cinco, isso me daria um prazer muito maior.

O estudo da matemática era portanto, aos olhos de Annabella, uma forma ideal de distanciar a criança do pai. Além disso, acreditava ela, o tema estimulava uma mente prática e disciplinada. A isso ela acrescentou música, que dotava as jovens damas de desejáveis habilidades sociais. Aparentemente Annabella dedicava mais esforço para organizar a educação de sua filha do que à filha em si; Ada ficava principalmente com a avó e a governanta. Em 1816, Byron escreveu sugerindo que era hora de Ada "apreciar outra de suas relações", ou seja, a avó paterna.

Ada desfrutou as vantagens e desvantagens de uma criação de classe alta inglesa e foi educada por uma série de tutores particulares. Uma certa senhorita Lamont despertou seu interesse pela geografia, que ela preferia à aritmética, o que fez com que Annabella prontamente insistisse em que uma das aulas de geografia fosse substituída por uma aula extra de aritmética. Não demorou muito para que a senhorita Lamont fosse enxotada. Membros da família ficaram preocupados com o excesso de pressão sobre a menina, como castigos demais e poucas recompensas. O tutor de matemática da própria Annabella, William Frend, foi chamado para ensinar Ada, mas estava ficando velho e não se atualizara na matéria. Em 1829, o dr. William King foi convocado, mas suas habilidades matemáticas eram parcas. Verdadeiros matemáticos sabem que sua matéria não é um espetáculo para ser assistido – é preciso *fazê-la* para apreciá-la. King preferia ler sobre ela. Arabella Lawrence foi chamada para domar a "disposição argumentativa" de Ada. Enquanto isso, Ada sofria uma série de problemas de saúde, incluindo um severo ataque de sarampo que a atrasou por um longo tempo.

Em 1833 Ada foi apresentada à corte, num rito de passagem tradicional para integrantes de sua classe. Mas em poucos meses um acontecimento muito mais significativo ocorreu em sua vida. Ela foi a uma festa e conheceu o original, mas pouco ortodoxo, matemático Charles Babbage. Com esse evento fortuito, sua carreira matemática deu um enorme salto.

Talvez o encontro tenha sido menos fortuito do que eu sugeri, porque a alta sociedade inglesa movia-se nos mesmos círculos que os indivíduos destacados em ciência, artes e comércio. Os principais luminares nessas áreas conheciam uns aos outros, ceavam juntos em pequenos grupos e mantinham interesse nas respectivas atividades. Ada logo se tornou conhecida entre os expoentes de sua era – os físicos Charles Wheatstone, David Brewster e Michael Faraday, bem como o escritor Charles Dickens.

Duas semanas depois de conhecer Babbage, Ada – com sua mãe, na condição de acompanhante e parte interessada – o visitou em seu estúdio. O principal objeto de atenção foi uma fantástica e complexa engenhoca: a máquina diferencial. O núcleo do trabalho de Babbage era o projeto e, esperava ele, a construção de potentes máquinas para realizar cálculos matemáticos. Babbage concebeu pela primeira vez uma máquina dessas em 1812, enquanto pensava sobre as deficiências das tábuas de logaritmos. Embora largamente usadas em todas as ciências, e cruciais para a

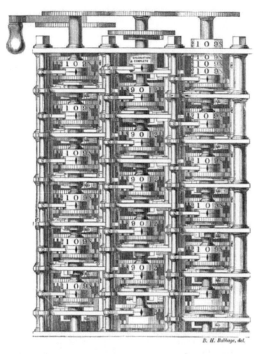
Uma pequena parte da máquina diferencial de Babbage.

navegação, as tábuas publicadas estavam cheias de erros causados por falha humana ao fazer os cálculos a mão ou ao passar os resultados para a impressão. Os franceses haviam tentado melhorar a precisão dividindo os cálculos em passos simples envolvendo apenas adição e subtração, atribuindo cada passo a "computadores" humanos treinados para executar essas tarefas rápida e acuradamente e conferindo repetidas vezes os resultados. Babbage percebeu que essa abordagem era ideal para ser implementada numa máquina que, com o projeto certo, seria mais barata, mais confiável e rápida.

A primeira tentativa de Babbage nesse sentido, a máquina diferencial, é vista mais corretamente como uma precursora mecânica das calculadoras; ela era capaz de realizar operações básicas de aritmética. Seu principal papel era calcular funções polinomiais tais como quadrados e cubos, ou parentes mais complicados, por métodos baseados no cálculo de diferenças finitas.

A ideia subjacente é simples. Padrões nessas funções aparecem se considerarmos as diferenças entre valores sucessivos. Por exemplo, comecemos com os cubos:

0   1   8   27   64   125   216

A diferença entre números sucessivos é:

1   7   19   37   61   91

Tomemos a diferença novamente:

6   12   18   24   30

E mais uma vez:

6   6   6   6

quando um padrão simples se torna óbvio. (É bastante óbvio no estágio anterior; bem menos no anterior a esse.) O que torna importante esse curioso padrão é a possibilidade de rodar o processo de trás para a frente. Somando a série de 6 recriamos a sequência imediatamente anterior; somando cada número desta com o imediatamente superior, após inserirmos o primeiro elemento (no caso 1) obtemos toda a sequência antes dessa; repetimos o processo inserindo o primeiro termo (agora o 0), e assim finalmente criamos os cubos. Método semelhante funciona para qualquer função polinomial. Basta ser capaz de somar. A multiplicação, que parece mais complicada, é supérflua.

Auxílios mecânicos para a computação não eram ideia muito nova. Uma longa tradição de auxílios desse tipo atravessa a história da matemática, de contar nos dedos até o computador eletrônico. Mas o plano de Babbage era inusitadamente ambicioso. Ele viera a público com a ideia num artigo apresentado à Royal Astronomical Society em 1822, e arrancou £1.700 do governo britânico um ano depois para o projeto-piloto. Em 1842 o investimento do governo havia subido para £17.000 – cerca de três quartos de milhão de libras (US$1 milhão) em dinheiro atual – sem nenhuma máquina funcionando à vista. Ada e sua mãe tinham visto o protótipo, uma pequena parte do plano geral. Para piorar as coisas (na visão do governo), Babbage propôs uma máquina muito mais ambiciosa, a máquina analítica – um genuíno computador programável, composto por engrenagens, alavancas, linguetas e catracas meticulosamente fabricadas e associadas, inspiração para o gênero de ficção científica *steampunk*,* com suas versões mecânicas de tudo, de computadores a telefones celulares e internet. Infelizmente ambas as máquinas, a diferencial e a analítica, continuaram a ser apenas isso: ficção científica. No entanto, em tempos modernos a máquina diferencial foi efetivamente construída num projeto liderado por Doron Swade, do Museu de Ciência de Londres. Com base no segundo projeto de Babbage, ela funciona e pode ser observada atualmente no museu. Outra, construída segundo o primeiro projeto, está no Museu da História do Computador, na Califórnia. Até hoje ninguém tentou construir uma máquina analítica.

EM 1834 ADA conheceu uma das grandes cientistas mulheres da época, Mary Somerville, amiga próxima de Babbage. As duas passaram muitas horas debatendo matemática; Mary emprestou a Ada livros-texto e passou-lhe problemas para resolver. Elas também conversaram sobre Babbage e a máquina diferencial. As duas tornaram-se amigas e iam juntas a exposições científicas e outros eventos, como concertos.

Em 1835 Ada casou-se com William King-Noel, que se tornou o primeiro conde de Lovelace três anos depois. O casal teve três filhos, e depois disso ela voltou ao seu primeiro amor, a matemática, sob a tutela do célebre matemático, lógico e excêntrico Augustus de Morgan, fundador da Sociedade Matemática de Londres e flagelo dos malucos da matemática. Em 1843 Ada deu início a uma estreita colaboração com Babbage, surgida a partir do

---

* Também conhecido como "tecnovapor", esse subgênero da ficção científica teve seu auge no fim dos anos 1980 e início dos anos 1990. (N.T.)

relatório de uma palestra sobre a máquina analítica que ele dera em Turim em 1840. Luigi Menabrea havia feito anotações e redigira as palestras para publicação. Ada as traduziu do italiano, e Babbage sugeriu que ela acrescentasse algum comentário próprio. A moça concordou entusiasmada, e seu comentário em pouco tempo ultrapassou a palestra original.

O resultado deveria ser publicado na série *Taylor's Scientific Memoirs*. Num estágio final de leitura de provas, Babbage pensou melhor: o comentário de Ada era tão bom que seria melhor se ela o publicasse separadamente como livro. Lady King perdeu sua aristocrática compostura. A maioria do trabalho feito seria perdida, o impressor ficaria aborrecido com a quebra de contrato – não, a ideia era ridícula. Babbage imediatamente voltou atrás, como ela bem sabia que o faria. Com intenção de amaciar o golpe, Ada ofereceu-se para continuar a escrever sobre o trabalho dele, contanto que semelhante mudança de opinião jamais voltasse a ocorrer. Ela também insinuou que seria capaz de ajudá-lo a obter verbas para a construção da máquina analítica, desde que Babbage envolvesse um grupo de amigos dedicados à prática para supervisionar o projeto. A mãe de Ada vivia se queixando da saúde; é possível que a filha tivesse em mente sua herança. Se era isso, ficou desapontada, pois a mãe viveu oito anos a mais que ela.

O comentário de Ada é o principal documento sobre o qual se assenta sua reputação científica. Além de explicar a operação do equipamento, ela dava duas importantes contribuições para o que agora vemos como o desenvolvimento do computador.

O primeiro foi ilustrar a versatilidade da máquina. Enquanto a máquina diferencial era uma calculadora, a máquina analítica era um verdadeiro computador, capaz de rodar programas que, em princípio, podiam calcular qualquer coisa, na verdade, rodar qualquer algoritmo especificado. A ideia nasceu com Babbage, porém Ada forneceu uma série de exemplos ilustrativos, mostrando como a máquina deveria ser configurada para executar cálculos específicos. Entre eles, o mais ambicioso era determinar os chamados números de Bernoulli. Tais números recebem esse nome por causa de Jacob Bernoulli, que os debateu em *Arte de conjecturar*, de 1713, um dos primeiros livros sobre combinatória e probabilidade. O matemá-

Augusta Ada King

tico japonês Seki Kowa os descobrira antes, mas os resultados não foram publicados até sua morte. Os números de Bernoulli surgem a partir do desenvolvimento da série da função trigonométrica tangente e ocorrem em uma diversidade de outros contextos matemáticos. São todos números racionais (frações), e cada segundo número de Bernoulli do terceiro em diante é zero; exceto por essas características, eles não possuem nenhum padrão óbvio. Os primeiros são:

$$1 \quad \frac{1}{2} \quad \frac{1}{6} \quad 0 \quad -\frac{1}{30} \quad 0 \quad \frac{1}{42} \quad 0 \quad -\frac{1}{30} \quad 0 \quad \frac{5}{66} \quad 0 \quad -\frac{691}{2730}$$

Apesar da falta de um padrão simples, os números de Bernoulli podem ser calculados um de cada vez usando uma fórmula simples. Essa fórmula foi implantada no programa. Logo, logo voltarei ao espinhoso assunto acerca do papel exato de Ada na empreitada.

Sua segunda contribuição foi menos específica do que escrever programas, porém de alcance muito maior. Ada percebeu que uma máquina programável pode fazer muito mais que meros cálculos. Sua inspiração foi o tear Jacquard, uma máquina extraordinariamente versátil para tecer panos em ricos e complexos padrões. O truque era usar uma longa cadeia de cartões perfurados, que controlava dispositivos mecânicos capazes de ativar carretéis de diferentes cores, ou afetar de algum outro modo o padrão da trama do tecido. Ela escreveu:

> A característica distintiva da máquina analítica, e que possibilitou dotar o mecanismo de tais extensivas faculdades como justa proposta de tornar a máquina o braço direito executivo da álgebra abstrata, é a introdução nela do princípio que Jacquard divisou para regular, por meio de cartões perfurados, os mais complicados padrões na fabricação de tecidos brocados. É nisso que reside a distinção entre as duas máquinas. Nada desse tipo existe na máquina diferencial. Podemos dizer com toda a propriedade que a máquina analítica tece padrões algébricos exatamente como o tear Jacquard tece flores e folhas.

A analogia então alçou voo. A máquina analítica, escreve ela,

poderia atuar sobre outras coisas além de números, se se encontrassem objetos cujas relações fundamentais mútuas pudessem ser expressas por aquelas
da ciência abstrata de operações, e que também fossem suscetíveis a adaptações à ação da notação de operações e mecanismo da máquina. ... Supondo,
por exemplo, que as relações fundamentais de sons de diferentes tons na
ciência da harmonia e da composição musical fossem suscetíveis de tal expressão e adaptações, a máquina poderia compor elaboradas e científicas
peças de música de qualquer grau de complexidade ou extensão.

Aqui a imaginação de Ada transcende a de seus pares. Todo o impulso
de invenção na era vitoriana era criar uma engenhoca para tudo. Uma
maquineta para descascar batatas, outra para fatiar ovos cozidos, outra
para praticar as habilidades de equitação sem precisar de um cavalo. Mas
ela via então que uma única máquina versátil podia realizar praticamente
qualquer tarefa. Tudo de que precisava era a série correta de instruções
– o programa.

Por essa razão, Ada é vista como a primeira programadora de computadores. Ela foi, indiscutivelmente, a primeira pessoa a publicar modelos
de programas, embora seja sempre possível sugerir precursores, entre eles
Jacquard. Mais controverso é até que ponto os programas do comentário
eram dela e não de Babbage. Escrevendo a biografia *Charles Babbage, Pioneer of the Computer*, Anthony Hyman ressalta que três ou quatro pessoas
devem ter feito coisas similares antes: Babbage, alguns assistentes e talvez
o filho dele, Benjamin Herschel. Ademais, o exemplo mais impressionante,
o programa de números de Bernoulli, foi escrito por Babbage "para poupar
trabalho a Ada". Hyman conclui que "não há uma migalha de evidência de
que Ada alguma vez tenha tentado fazer trabalho matemático original".
Não obstante, ele escreve que "a importância de Ada foi como intérprete
de Babbage. Nesse sentido, sua realização foi notável".

Contra tudo isso devemos talvez apresentar as próprias palavras de
Babbage:

Discutimos juntos as várias ilustrações que poderiam ser introduzidas. Sugeri inúmeras, mas a seleção foi inteiramente dela. Ela foi também responsável pela resolução algébrica dos diferentes problemas, exceto, na verdade, daqueles relacionados aos números de Bernoulli, o que me ofereci para fazer a fim de poupar lady Lovelace de problemas. E mesmo este ela me mandou de volta para correção, tendo detectado um grave erro que cometi no processo.

As anotações da condessa de Lovelace estendem-se até cerca de três vezes o tamanho do texto original. Sua autora penetrou totalmente em quase todas as dificílimas e abstratas questões ligadas ao tema.

Esses dois textos tomados em conjunto fornecem, para aqueles que são capazes de compreender o raciocínio, uma demonstração completa – de que a totalidade do desenvolvimento e das operações de análise é agora capaz de ser executada por uma máquina.

A PARTIR DESSE pináculo científico, a trajetória subsequente de Ada logo decaiu. Sendo uma criança parcialmente rebelde, ela era voluntariosa e impulsiva. Uma série de casos com cavalheiros amigos foi abafada, e seu marido mandou destruir uma centena ou mais de cartas comprometedoras. O gosto pelo vinho fugiu do controle e ela também se envolveu com o consumo de ópio. Tornou-se jogadora inveterada e deixou dívidas de £2.000 ao morrer. A jogatina pode ter até brotado de uma mal orientada tentativa de reunir dinheiro para a máquina analítica.

A saúde de Ada, que nunca foi boa, declinou, e ela morreu de câncer aos 37 anos. Perto do fim, sua mente permanecia ativa e sua inteligência, aguda. Ela captava intuitivamente o quadro geral, ainda que tivesse um completo domínio dos detalhes. Em 1843 Babbage a sintetizou: "Esqueçam este mundo e todos seus problemas, e se possível sua multidão de charlatães – tudo, em suma, menos a Encantadora de Números." Nunca nada o fez mudar de opinião.

14. As leis do pensamento

GEORGE BOOLE

George Boole
Nascimento: Lincoln, Inglaterra, 2 de novembro de 1815
Morte: Cork, Irlanda, 8 de dezembro de 1864

QUANDO GEORGE BOOLE tinha dezesseis anos, decidiu tornar-se clérigo anglicano, mas a sapataria de seu pai faliu, lançando-o de cabeça na função de provedor da família. A carreira na Igreja já não era razoável, porque o clero inglês era mal pago. Ele estava ficando cada vez mais inseguro acerca da doutrina da Santíssima Trindade, desviando-se fortemente na direção dos pontos de vista mais literalmente monoteístas do unitarismo, seita cuja postura era caracterizada como "crença em no máximo um Deus". Isso lhe impossibilitava assinar os Trinta e Nove Artigos da Igreja da Inglaterra sem ir contra sua consciência.

George Boole

A posição mais adequada – talvez a única, dados seu histórico e suas aptidões – era lecionar, e em 1831 ele assumiu o posto de professor-assistente na Escola de Mr. Heigham, em Doncaster, a cerca de sessenta quilômetros de sua cidade natal, Lincoln. Em meados do século XIX essa era uma boa distância, e Boole tinha saudades de casa; numa carta, diz nostalgicamente que ninguém em Doncaster era capaz de fazer tortas de groselha tão boas quanto as de sua mãe. Isso podia não passar de uma tentativa de elogiá-la, mas ele queixou-se de provação durante boa parte da carreira. Suas tendências unitaristas, combinadas ao hábito de resolver problemas matemáticos na capela aos domingos, insultavam os pais de alguns de seus alunos, que eram ferrenhos metodistas. Eles se queixavam ao diretor, e seus filhos oravam pela alma de Boole nos encontros de orações. Heigham, embora contente com o desempenho de Boole como professor, o demitiu com relutância, substituindo-o por um wesleyano.*

Tortas de groselha e querelas sectárias à parte, Boole começou a mergulhar cada vez mais fundo na matemática, dedicando-se aos estudos sem orientação de qualquer tutor. Primeiro tomou como base um serviço público, a biblioteca circulante, que tinha numerosos livros-texto de nível surpreendentemente avançado, mas a biblioteca foi desmanchada e Boole teve de comprar seus próprios livros de estudo. Livros-texto de matemática ofereciam o máximo estímulo em troca de um desembolso mínimo, e ele adquiriu *Cálculo diferencial e integral,* de Sylvestre Lacroix. Um colega professor escreveu que durante uma hora reservada ao ensino da redação, da qual Boole era dispensado, "o sr. Boole está profundamente feliz; pelo menos durante uma hora ele pode estudar o velho Lacroix sem interrupção".

Mais tarde, Boole convenceu-se de que cometera um erro comprando um texto tão obsoleto como o de Lacroix, mas estudá-lo deu-lhe confiança na sua própria capacidade. Uma das consequências foi uma ideia que lhe ocorreu, de modo breve mas imperioso, no começo de 1833, en-

---

* Partidário da Igreja Metodista Wesleyana, liderada pelo clérigo e teólogo John Wesley (1703-91). (N.T.)

quanto atravessava a pé o campo de um lavrador: a possibilidade de expressar a lógica em forma simbólica. Ele não desenvolveu a ideia até muitos anos depois, publicando seu primeiro livro sobre o tema em 1847: *The Mathematical Analysis of Logic, Being an Essay Towards a Calculus of Deductive Reasoning*. Augustus de Morgan, com quem Boole mantinha correspondência frequente, o incentivou a preparar um livro extensivo, mais bem pensado. Seus interesses e os de Boole se sobrepunham substancialmente. Boole aceitou o conselho, e em 1854 surgiu sua obra-prima: *An Investigation into the Laws of Thought, on Which are Founded the Mathematical Theories of Logic and Probabilities*. No livro ele cria a lógica matemática, estabelecendo o que veio a se tornar a base teórica para a ciência da computação.

O PAI DE BOOLE, John, vinha de uma família de agricultores e mercadores longamente estabelecida em Lincolnshire, "os melhores palheiros de telhado e os homens mais lidos" no minúsculo vilarejo de Broxholme. Ele começou a fazer sapatos e partiu para Londres, na esperança de ficar rico. Trabalhando sozinho num porão escuro, afugentava a depressão estudando francês, ciências e matemática, especialmente projetos de construção de instrumentos ópticos. Conheceu Mary Joyce, que era camareira, e se casou com ela. Depois de seis meses eles se mudaram para Lincoln, onde John abriu uma sapataria. O casal queria um filho, mas demorou dez anos até realizarem esse desejo; eles lhe deram o nome de George. Uma menina e dois meninos se seguiram em pouco tempo.

John estava muito mais interessado em fazer telescópios que sapatos, então o negócio foi tropeçando, e os Boole tiravam sua subsistência do aluguel de quartos para inquilinos. George cresceu numa atmosfera científica e tinha uma mente inquisidora. Seu pai ensinou-lhe inglês e matemática. George adorava matemática e leu um texto de geometria de seis volumes quando tinha onze anos (seu pai anotou isso a lápis dentro do livro). Lia muito e tinha uma memória quase eidética, capaz de lembrar instantaneamente qualquer fato mencionado.

Aos dezesseis anos, Boole tornou-se professor na Escola Heigham. Após duas outras ocupações de ensino montou sua própria escola em Lincoln, aos dezenove anos; depois assumiu a Academia Hall em Waddington. Sua família juntou-se a ele para ajudar a administrar a escola. Boole nunca perdeu de vista a matemática superior, e lia Laplace e Lagrange. Abriu um internato em Lincoln e começou a publicar o recém-fundado *Cambridge Mathematical Journal*.

Em 1842 teve início uma correspondência de vida toda com sua alma fraterna De Morgan. Em 1844 ganhou a Medalha Real da Royal Society, e em 1849, apoiado em sua crescente reputação, foi nomeado primeiro professor de matemática no Queen's College, em Cork, Irlanda. Ali conheceu em 1850 sua futura esposa, Mary Everest (sobrinha de George Everest, que completou o primeiro grande levantamento topográfico da Índia, fazendo com que a montanha mais alta do mundo recebesse seu nome). Eles se casaram em 1855 e tiveram cinco filhas, todas notáveis: Mary, que se casou com o matemático e autor Charles Howard Hinton, um cafajeste brilhante; Margaret, que se casou com o artista Edward Ingram Taylor; Alicia, que foi influenciada por Hinton e fez significativa pesquisa sobre sólidos regulares quadridimensionais; Lucy, a primeira professora universitária de química na Inglaterra; e Ethel, que se casou com o cientista e revolucionário polonês Wilfrid Voynich e escreveu o romance *The Gadfly*.

Em meio ao trabalho inicial de Boole está uma descoberta simples que levou à teoria dos invariantes, área da álgebra que se tornou um tópico realmente quentíssimo. No estudo das equações algébricas, uma fórmula às vezes pode ser simplificada se suas variáveis forem substituídas por expressões convenientes num novo conjunto de variáveis. Resolve-se a equação mais simples para achar os valores das novas variáveis, depois trabalha-se de trás para a frente a fim de deduzir os valores das variáveis originais. Era assim que funcionavam as soluções de equações na Babilônia e durante o Renascimento.

Uma classe de mudanças de variáveis especialmente importante ocorre quando novas variáveis são combinações lineares – expressões como $2x - 3y$, sem envolver potências mais altas ou produtos das antigas variáveis x e y. Uma forma quadrática geral

$$ax^2 + bxy + cy^2$$

em duas variáveis pode ser simplificada dessa maneira. Uma grandeza importante na teoria dessas formas é o "discriminante" $b^2 - 4ac$. Boole descobriu que, após uma mudança linear de variáveis, o discriminante da nova forma quadrática é o da original multiplicado por um fator que depende apenas da mudança de variáveis.

Essa aparente coincidência tem uma explicação geométrica. Realmente é uma coincidência, no sentido de que duas características que geralmente estão separadas coincidem. Se igualarmos a forma quadrática a zero, suas soluções definem duas linhas (possivelmente complexas)... *a não ser que* o discriminante seja zero, e nesse caso obtemos a mesma linha *duas vezes*. A quadrática é então o quadrado $(px + qy)^2$ de uma forma linear. A mudança de coordenadas é uma distorção geométrica e transporta as linhas originais às correspondentes para as novas variáveis. Se as duas linhas coincidem para as variáveis originais, coincidem, portanto, para as novas. Então os discriminantes precisam estar relacionados de tal maneira que se um sumir o outro também some. Invariância é a expressão formal dessa relação.

A observação de Boole sobre o discriminante parecia pouco mais que uma curiosidade, até que alguns matemáticos, sendo os mais proeminentes Arthur Cayley e James Joseph Sylvester, generalizaram o insight para formas de grau mais elevado em duas ou mais incógnitas. Essas expressões também possuem invariantes, que também determinam características geométricas significativas da hipersuperfície associada, definida igualando-se a forma a zero. Toda uma indústria emergiu, na qual matemáticos ganhavam fama calculando invariantes de expressões cada vez mais complicadas. Por fim, Hilbert (Capítulo 19) provou dois teoremas fundamentais que praticamente eliminaram o assunto até ele ser revisto em forma mais

George Boole

genérica. Hoje o tema continua a interessar, com importantes aplicações na física, e ganhou um novo sopro de vida pelo desenvolvimento da álgebra computacional.

A PESQUISA QUE tornou o nome de Boole familiar entre matemáticos e cientistas da computação – e em qualquer contexto em que as buscas no Google levem ao inebriante reino das pesquisas booleanas – vinha ocupando cada vez mais os seus pensamentos. Ele sempre procurou a simplicidade interna que apoia os conceitos matemáticos. Gostava de formular princípios gerais, anotá-los em forma simbólica e deixar os símbolos se encarregarem de pensar. *The Laws of Thought* executava esse programa para as regras da lógica. Sua grande ideia era interpretar essas regras como operações algébricas com símbolos representando enunciados. Como lógica não é a mesma coisa que aritmética, algumas das leis algébricas usuais poderiam não se aplicar; por outro lado, poderia haver leis novas, que não se aplicam à aritmética. O desfecho, conhecido como álgebra booleana, possibilita demonstrar enunciados lógicos executando cálculos algébricos.

O livro começa com um prefácio bastante respeitoso e situa a discussão no contexto da filosofia então vigente. Boole segue adiante até o prato principal, a matemática, com uma discussão sobre o uso de símbolos. Ele dá especial atenção aos símbolos (ele os chama de "signos") que representam enunciados lógicos, focalizando em particular as leis gerais a que eles obedecem. Boole nos diz que vai representar uma classe, ou coleção, de indivíduos, à qual se aplica um nome particular, por uma única letra, tal como x. Se o nome é "carneiro", então x é a classe de todos os carneiros. Uma classe pode ser descrita por um adjetivo, tal como "branco", e nesse caso podemos ter uma classe y de todas as coisas brancas. O produto xy designa, então, a classe de todas as coisas tendo ambas as propriedades, ou seja, todos os carneiros brancos. Como essa classe não depende da ordem em que as propriedades são enunciadas, $xy = yx$. De maneira similar, se z é uma terceira classe (o exemplo de Boole é x = rios, y = estuários, z = navegáveis), então $(xy)z = x(yz)$. Essas são as propriedades, ou leis, comutativa e associativa da álgebra-padrão, interpretadas nesse novo contexto.

Boole observa uma lei, vital para todo o empreendimento, que não é verdadeira na álgebra comum. A classe xx é a classe de todas as coisas que têm a propriedade de definir x e a propriedade de definir x, então deve ser a mesma que x. Portanto $xx = x$. Por exemplo, a classe de coisas que são carneiros e são carneiros é simplesmente a classe de todos os carneiros. Essa lei também pode ser escrita como $x^2 = x$, e representa o primeiro ponto em que as leis do pensamento se afastam das leis da álgebra comum.

Em seguida, Boole passa para signos "pelos quais colecionamos partes num todo ou separamos um todo em suas partes". Por exemplo, suponha que x seja a classe de todos os homens e y a classe de todas as mulheres. Então a classe de todos os adultos – sejam homens ou mulheres – é designada por $x + y$. Mais uma vez, existe uma lei comutativa, que Boole torna explícita, e uma lei associativa, que vem sob o abrangente enunciado de que as "leis são idênticas" às da álgebra. Como, por exemplo, a classe de homens ou mulheres europeus é a mesma de europeus homens ou europeus mulheres, a lei distributiva $z(x + y) = zx + zy$ também continua a valer, com z sendo a classe de todos os europeus.

A subtração pode ser usada para retirar membros de uma classe. Se x representa homens e y representa asiáticos, então $x - y$ representa todos os homens que não são asiáticos, e $z(x - y) = zx - zy$.

Talvez a característica mais impressionante dessa formulação seja que ela não trata abertamente de lógica. Trata da teoria dos conjuntos. Em vez de manipular *enunciados* lógicos, Boole trabalha com as *classes* correspondentes, abrangendo as coisas para as quais o enunciado é verdadeiro. Os matemáticos há muito reconheceram uma dualidade entre esses conceitos: cada classe corresponde ao enunciado "pertence à classe"; cada enunciado corresponde à "classe de coisas para qual o enunciado é verdadeiro". Essa correspondência traduz propriedades de classes nas propriedades dos enunciados associados, e vice-versa.

Boole introduz essa ideia por meio de uma terceira classe de símbolos "pelos quais se expressa relação e formamos proposições". Por exemplo, representemos estrelas por x, sóis por y e planetas por z. Então a afirmação "as estrelas são os sóis e os planetas" pode ser enunciada como $x = y + z$. Então proposições são *igualdades* entre expressões envolvendo classes. É uma dedução fácil que "as estrelas, exceto os planetas, são sóis", ou seja, $x - z = y$. "Isso", diz Boole, "está de acordo com a regra algébrica da transposição." Al-Khwarizmi teria reconhecido essa regra como *al-muqabala* (Capítulo 3).

O resultado de tudo isso é que a álgebra de classes obedece às mesmas leis que a álgebra comum com números, mais a estranha nova lei $x^2 = x$. A essa altura Boole tem uma ideia muito esperta. Os únicos *números* que obedecem a essa lei são $0 = 0^2$ e $1 = 1^2$. Ele escreve:

> Vamos conceber, então, uma álgebra na qual os símbolos x, y, z etc. admitam indiferentemente os valores 0 e 1, e apenas esses valores. As leis, os axiomas e os processos dessa álgebra serão idênticos, em toda a sua extensão, às leis, aos axiomas e aos processos de uma álgebra da lógica. Somente a diferença de interpretação as distinguirá.

A enigmática afirmação pode ser interpretada como referindo-se a funções $f(x, y, z ...)$, definidas em alguma lista de símbolos, que assumam apenas os valores 0 (falso) ou 1 (verdadeiro). Podemos agora chamá-las de funções booleanas. Um teorema delicioso merece menção. Se $f(x)$ é a função de um símbolo lógico, Boole prova que

$$f(x) = f(1)x + f(0)(1 - x)$$

Uma equação mais geral do mesmo tipo é válida para qualquer número de símbolos, levando a métodos sistemáticos para manipular proposições lógicas.

Armado com esse princípio e outros resultados gerais, Boole desenvolve numerosos exemplos, e mostra como seu raciocínio se aplica a tópicos que interessariam aos leitores do seu tempo. Estes incluem *Demonstration of the Being and Attributes of God*, de Samuel Clarke, que consiste numa série de teoremas, provados usando fatos observacionais e vários "princípios hipotéticos, cujas autoridade e universalidade são supostamente reconhecidas a priori", e a *Ética* de Baruch Spinoza. O objetivo de Boole aqui é explicar exatamente quais premissas estão envolvidas nas deduções feitas por esses autores. Suas crenças quase unitaristas também podem ter uma rápida participação.

ANTES DISSO, a análise da lógica sempre fora verbal, com algumas poucas mnemônicas simbólicas. Aristóteles debateu os silogismos – argumentos do tipo:

> Todos os homens são mortais.
> Sócrates é homem.
> Portanto, Sócrates é mortal,

com variações no uso de "todos" e "alguns". Eruditos medievais classificaram silogismos segundo 24 tipos, dando-lhes nomes mnemônicos. Por exemplo, *Bocardo* refere-se a silogismos da forma

> Alguns porcos têm rabos enrolados.
> Todos os porcos são mamíferos.
> Portanto, alguns mamíferos têm rabos enrolados.

Aqui as vogais em "bOcArdO" indicam o formato, onde 0 = "alguns" e A = "todos". A mesma convenção era usada para nomear outros tipos de silogismo. Mas nenhuma *notação* simbólica sistemática para a lógica foi introduzida antes de Boole. Observem que se substituirmos "alguns" por "todos", obtendo

> Todos os porcos têm rabos enrolados.
> Todos os porcos são mamíferos.
> Portanto, todos os mamíferos têm rabos enrolados,

o novo silogismo torna-se ilógico. Por outro lado,

> Todos os porcos são mamíferos.
> Todos os mamíferos têm rabos enrolados.
> Portanto, todos os porcos têm rabos enrolados

George Boole

é uma dedução logicamente correta – mesmo que na realidade a segunda afirmação seja falsa. Então a afirmação conclusiva, pondo ou tirando a raça esquisita especial de porcos, é verdadeira.

Para explicar como seu simbolismo se relaciona com a lógica clássica, Boole reinterpreta Aristóteles, mostrando como a validade (ou não) de cada tipo de silogismo pode ser provada simbolicamente. Por exemplo, seja

p = a classe de todos os porcos
m = a classe de todos os mamíferos
c = a classe de todas as criaturas com rabos enrolados

Então o silogismo final acima é traduzido em simbolismo booleano como $p = pm$ e $m = mc$, portanto $p = pm = p(mc) = (pm)c = pc$.

O resto do livro desenvolve métodos análogos para calcular probabilidades, e termina com uma discussão geral acerca da "natureza da ciência e a constituição do intelecto".

BOOLE NÃO ESTAVA particularmente feliz em Cork. Em 1850, depois de voltar de um delicioso feriado em Yorkshire, perguntou a De Morgan: "Se ouvir falar de alguma posição na Inglaterra que pudesse servir para mim, me avise". E comentou: "Não sinto mais que possa fazer deste lugar o meu lar." Uma fonte de descontentamento era a autoritária e religiosamente ortodoxa administração da universidade, que reprimia quem discordasse dela. O professor de línguas modernas Raymond de Vericour acabara de ser suspenso por causa de comentários anticatólicos num livro que tinha escrito. O conselho da universidade, sob a presidência de Robert Kane, agia com tamanha celeridade que contrariava os próprios estatutos da instituição, e o apelo de Vericour voltou a garantir sua posição. Boole tomou partido de Vericour, mas manteve a cabeça baixa. Em 1856, outras atitudes despóticas de Kane miraram o tio da esposa de Boole, John Ryall, levando Boole a escrever uma contundente carta ao *Cork Daily Reporter*. A resposta de Kane foi longa e bastante defensiva, e Boole replicou ainda com outra carta. Finalmente o governo abriu um inquérito oficial, denunciou Kane por não passar tempo suficiente na universidade e censurou a ambos, ele e Boole, por tornarem pública sua controvérsia. Kane mudou-se com a família para Cork e tudo se resolveu, embora daí por diante os dois mantivessem uma relação apenas friamente polida.

Em 1854 a cabeça de Boole voltou-se para posições que haviam se tornado disponíveis em Melbourne, Austrália, mas no fim de 1855 ele abandonou completamente a ideia quando Mary Everest aceitou sua proposta de casamento. Os Boole alugaram uma casa grande com vista para o mar, perto de uma ferrovia recém-inaugurada, o que facilitou a locomoção de George – embora num certo momento ele tenha pedido à faculdade para atrasar seus relógios em quinze minutos a fim de que ele e os estudantes pudessem pegar o trem mais tarde. A faculdade rejeitou a proposta. Sua excentricidade se mostrou em outras ocasiões: uma vez ele chegou à sala de aula pensando num problema, andou de um lado para outro refletindo sobre o tema, enquanto as fileiras de alunos nos bancos não ousavam interrompê-lo, e então foi embora, queixando-se à esposa de que "uma coisa extraordinária aconteceu hoje. Nenhum dos alunos foi à aula".

No fim de 1864 Boole foi a pé da sua casa à faculdade, numa distância de cerca de quatro a cinco quilômetros, debaixo de um aguaceiro torrencial. Apanhou um grave resfriado, o que afetou seus pulmões. Mary Boole, devota da homeopatia, chamou um homeopata para tratar do marido. Não deu certo, e ele morreu de pleuropneumonia. Ethel Voynitch, sua quinta filha, escreveu:

Pelo menos na opinião de tia Mary [irmã de Boole], a causa da morte prematura de papai foi ... a crença da senhora [Mary Boole] num certo médico delirante que advogava curas de água fria para tudo. ... Os Everest parecem ter sido uma família de delirantes e seguidores de delirantes.

Ironicamente, o próprio Boole considerava a homeopatia ineficaz. Em 1860, De Morgan lhe disse que acreditava que a homeopatia havia curado sua pleurisia, mas Boole foi cético:

Já vi pleurisia e seu modo de tratamento anterior. ... Podia-se dizer de ante-mão que a homeopatia não tinha efeito sobre tal enfermidade. ... A moral é: se você alguma vez for atacado por uma inflamação e a homeopatia não [funcionar], ... não sacrifique sua vida a essa opinião, ... mas chame algum [médico] autorizado.

A ÁREA DA LÓGICA matemática aberta pela álgebra booleana é agora co-nhecida como cálculo proposicional. Ela remonta ao século V a.C., quando Euclides de Megara (que não deve ser confundido com o geômetra Eucli-des de Alexandria) iniciou o que posteriormente veio a se tornar a escola estoica de lógica. Um traço-chave da lógica estoica é o uso do raciocínio condicional, na forma "se A, então B". Diodoro e Filo de Megara discor-dam quanto a uma questão fundamental, que continua a desconcertar os estudantes de matemática até hoje. A questão é: dada a veracidade ou falsidade de A e B, quando a implicação "se A, então B" é verdadeira? Note que o que está em discussão não é a veracidade de A nem de B, mas a da *dedução* de B a partir de A. A resposta de Filo era que a implicação é falsa se A é verdadeiro e B é falso, mas, fora isto, ela é verdadeira. Em particular, é verdadeira sempre que A é falsa. A resposta de Diodoro era diferente: sempre que A não possa levar a uma conclusão falsa. Isso se resume a "tanto A e B são verdadeiras".

Os lógicos matemáticos atuais alinham-se com Filo. O caso contrain-tuitivo é quando A é falso. Se B também é falso, parece razoável aceitar a inferência "se A, então B" como válida. Em particular, "Se A, então A" parece uma inferência razoável, qualquer que seja o valor de verdade que A possa ter. Se B é verdade, ou sua situação corrente é desconhecida, pode parecer não razoável aceitar sua dedução a partir de uma falsidade. Por exemplo, a afirmação

Se $2 + 2 = 5$, então o último teorema de Fermat é verdadeiro

é considerada *verdadeira* – quer o último teorema de Fermat seja verda-deiro, quer seja falso. (Isso não leva a uma prova fácil do último teorema de

Fermat, porque para deduzir a afimação você precisa primeiro provar que 2 + 2 = 5, o que é impossível se a matemática for consistente. É por isso que a convenção de Filo não faz mal nenhum.) Para ilustrar o raciocínio por trás dessa convenção, considere as duas deduções seguintes:

Se 1 = −1, então 2 = 0 [some 1 a cada lado]
Se 1 = −1, então 1 = 1 [eleve cada lado ao quadrado]

Ambas as deduções são logicamente sãs, pelo raciocínio que está entre colchetes. A primeira assume a forma:

Se (afirmação falsa), então (afirmação falsa)

e a segunda assume a forma:

Se (afirmação falsa), então (afirmação verdadeira)

Assim, um raciocínio válido, começando com uma afirmação falsa, pode levar a uma afirmação falsa ou a uma verdadeira.

Outra abordagem que dá o mesmo resultado é perguntar o que é necessário para *refutar* uma implicação "se A, então B". Ou seja, provar que ela é falsa. Por exemplo, para refutar

se porcos tivessem asas voariam

precisamos demonstrar que um porco alado não pode voar. Assim, "se A, então B" é falsa se A é verdadeira e B é falsa, mas em todos os outros casos a implicação é verdadeira, já que não podemos provar que é falsa.

Esse argumento não é uma prova, é motivo para a convenção usada em lógica de predicados. Em lógica modal, as condicionais são tratadas de forma diferente. Por exemplo, a afirmação sobre porcos alados seria considerada verdadeira, sujeita à condição de asas serem funcionais para o voo. Mas a afirmação semelhante

se porcos tivessem asas jogariam pôquer

seria considerada falsa, uma vez que – mesmo hipoteticamente – possuir asas não possibilita à pessoa jogar pôquer. Em contraste, a última afirmação é considerada verdadeira em lógica de predicados, porque porcos não têm asas. O pôquer nem entra em questão. Isso ilustra algumas das dificuldades com que Boole e outros lógicos lidavam, e nos adverte para não assumir que as convenções atuais sejam necessariamente a última palavra.

O uso de álgebra booleana, ou cálculo proposicional, em computação significa representar dados numéricos e outros usando o sistema binário, que requer apenas os dígitos 0 e 1. Em suas manifestações mais simples, esses dígitos correspondem a "sem voltagem elétrica" e "alguma voltagem elétrica" (num nível especificado, digamos, 5 volts). Nos computadores atuais, todos os dados, incluindo os programas, são codificados em binários. Os dados são manipulados por circuitos eletrônicos que, entre outras coisas, implementam as operações do cálculo proposicional – essencialmente álgebra booleana. Cada operação dessas corresponde a uma "porta", e como um sinal ou sinais elétricos passam através da porta, o output depende do(s) input(s) de acordo com a operação lógica envolvida.

Essa ideia foi implantada pioneiramente pelo guru da teoria da informação Claude Shannon. Operações em dados digitais executadas por computadores podem ser implementadas por circuitos eletrônicos adequados, feitos de portas lógicas. Então a álgebra booleana é a linguagem matemática natural para esse aspecto de planejamento computacional. Os primeiros engenheiros eletrônicos implementavam as operações em circuitos de relé, e então circuitos de válvulas. Com a invenção do transístor, as válvulas foram substituídas por circuitos de estado sólido; atualmente usamos arranjos complexos de circuitos incrivelmente minúsculos depositados sobre chips de silício.

A formalização da lógica em termos simbólicos feita por Boole abriu todo um mundo novo, pavimentando o caminho para a era digital, cujos frutos agora apreciamos. E com frequência xingamos, pois ainda não dominamos plenamente a nova tecnologia, apesar de entregar a ela um controle cada vez maior de tudo da nossa vida.

15. O músico dos números primos

BERNHARD RIEMANN

Georg Friedrich Bernhard Riemann
Nascimento: Breselenz, reino de Hanôver, 17 de setembro de 1826
Morte: Selasca, Itália, 20 de julho de 1866

AOS VINTE ANOS Bernhard Riemann já havia demonstrado enorme talento matemático, domínio da técnica e originalidade. Moritz Stern, um de seus tutores, disse mais tarde que "ele já cantava como um canário". Seu outro tutor, Gauss, parecia menos impressionado, mas os cursos que Gauss lecionava eram elementares, provavelmente não exigiam suas verdadeiras habilidades. Mas logo Gauss entendeu que Riemann era extraordinariamente capaz e orientou sua tese de doutorado. O tópico era caro aos sentimentos de Gauss: análise complexa. Este comentou a "originalidade gloriosamente fértil" do trabalho e arranjou um cargo de iniciante para Riemann na Universidade de Göttingen.

Na Alemanha, o passo seguinte ao doutorado era a habilitação, um grau mais elevado, requerendo pesquisa mais profunda e que abria adequadamente a carreira acadêmica, concedendo ao seu detentor a oportunidade de tornar-se *Privatdozent*, apto a dar aulas e cobrar honorários. Riemann passara dois anos e meio estudando a teoria da série de Fourier (Capítulo 9).

Ele se saíra bem na pesquisa, mas agora começava a achar que tivera o olho maior que a barriga.

O problema não era o trabalho na série de Fourier. Este estava pronto e resolvido, e Riemann confiava na sua qualidade e exatidão. Não, o problema era o passo final para qualificar-se para a habilitação. O candidato precisava apresentar uma aula pública. Ele propusera três tópicos: dois sobre a física matemática da eletricidade, assunto que também estudara com Wilhelm Weber, e outro mais ousado, sobre os fundamentos da geometria, em que apresentava algumas ideias interessantes mas mal-costuradas. A escolha entre esses três tópicos cabia a Gauss, que na época estava trabalhando com Weber e profundamente interessado em eletricidade. O que Riemann não levou em conta foi que Gauss também estava profundamente interessado em geometria e queria escutar o que Riemann tinha a dizer a esse respeito.

Então, Riemann teria de dar um duro danado tentando desenvolver suas ideias sobre a geometria em algo que realmente causasse forte impressão no maior matemático da época, numa área sobre a qual o luminar vinha pensando durante grande parte de sua vida. Seu ponto de partida foi um resultado do qual Gauss tinha especial orgulho, seu teorema egrégio (Capítulo 10). Esse teorema especifica o formato de uma superfície sem referência a nenhum espaço circundante e inaugurou o tema da geometria diferencial. Foi o teorema que levou Gauss a estudar geodésicas – o caminho mais curto entre dois pontos – e curvatura, que diz quanto a superfície se curva em comparação com o plano euclidiano comum.

Riemann planejava generalizar a teoria inteira de Gauss numa direção radical: espaços de qualquer dimensão. Matemáticos e físicos começavam a apreciar o poder e a clareza do pensamento geométrico em "espaços" com mais que as duas ou três dimensões habituais. Subjacente a esse ponto de vista contrafactual estava algo inteiramente razoável, a matemática de equações com muitas variáveis. As variáveis desempenham o papel de coordenadas, então, quanto mais variáveis existem, maior a dimensão desse espaço conceitual.

Os esforços de Riemann para desenvolver essa noção o levaram à beira de um colapso nervoso. Para piorar as coisas, ele ao mesmo tempo ajudava Weber a compreender a eletricidade. Felizmente, a interação entre forças elétricas e magnéticas conduziu Riemann a um novo conceito de "força", baseado na geometria, a mesma sacação que levou Einstein à relatividade geral décadas depois. As forças podem ser substituídas pela curvatura do espaço. Agora Riemann tinha a visão nova de que necessitava para desenvolver sua aula.

Num surto um tanto desesperado de atividade, deduziu os alicerces da moderna geometria diferencial, começando com o conceito de variedade multidimensional e a noção de distância definida por uma métrica. Essa é uma fórmula para a distância entre dois pontos quaisquer que estejam muito próximos. Riemann definiu grandezas mais elaboradas hoje chamadas tensores, deu uma fórmula geral para a curvatura expressa como um tipo especial de tensor e escreveu equações diferenciais que determinam geodésicas. Mas também foi mais longe, provavelmente tirando a inspiração do trabalho que fizera com Weber, e especulou acerca de possíveis relações entre a geometria diferencial e o mundo físico:

> As noções empíricas sobre as quais se fundamentam as determinações métricas do espaço, a noção de um corpo sólido e de um raio de luz, deixam de ser válidas para o infinitamente pequeno. Temos, portanto, bastante liberdade para supor que as relações métricas do espaço no infinitamente pequeno não são conformes às hipóteses da geometria; e na realidade devemos supor isso, se assim obtivermos uma explicação simples dos fenômenos.

A aula foi um triunfo, embora a única pessoa presente capaz de entendê-la totalmente fosse Gauss. A originalidade de Riemann causou forte impressão em Gauss, que disse a Weber o quanto estava surpreso com aquele nível de profundidade. A impulsiva jogada tinha valido a pena.

As sacadas de Riemann foram desenvolvidas por Eugenio Beltrami, Elwin Bruno Christoffel e a escola italiana sob a liderança de Gregorio Ricci e Tullio Levi-Civita. Mais tarde, seu trabalho acabou se revelando

Bernhard Riemann · 173

exatamente aquilo de que Einstein precisava para elaborar a relatividade geral. Einstein estava interessado em regiões muito grandes do espaço, ao passo que a visão de Riemann para a física residia no muito pequeno. Mesmo assim, tudo acaba remontando à aula de Riemann.

O PAI DE RIEMANN, Friedrich, era pastor luterano e veterano das Guerras Napoleônicas. A família era pobre. Sua mãe, Charlotte (nascida Ebell), morreu quando Riemann era muito jovem. Ele tinha um irmão e quatro irmãs. Seu pai o educou até os dez anos. Em 1840 Bernhard começou a frequentar a escola local em Hanôver, entrando direto no terceiro ano. Era muito tímido, mas seus dotes matemáticos ficaram imediatamente visíveis. O diretor da escola permitiu que ele lesse livros de matemática de sua coleção. Quando lhe emprestou o texto de novecentas páginas de Legendre sobre teoria dos números, o garoto o devorou em uma semana.

Em 1846 Riemann foi para a Universidade de Göttingen, inicialmente para estudar teologia, mas Gauss reconheceu de imediato seu pendor matemático e o aconselhou a mudar de disciplina, o que ele fez (com a aprovação dos pais). Göttingen acabou se tornando um dos melhores lugares do mundo para estudar matemática, mas naquele tempo, apesar da presença de Gauss, a instrução matemática de Riemann foi bastante elementar. Então ele levantou acampamento e foi para Berlim, onde trabalhou com o geômetra Jakob Steiner, com o algebrista e teórico dos números Johann Dirichlet e com o teórico dos números e analista complexo Gotthold Eisenstein. Ali aprendeu análise complexa e funções elípticas.

Cauchy estendeu o cálculo dos números reais aos números complexos. A análise complexa surgiu quando as objeções de George Berkeley às fluxões de Newton acabaram por ser contraditadas por Karl Weierstrass, que formulou uma definição rigorosa de "passar para o limite". Um dos tópicos quentes na análise complexa de meados dos anos 1800 era o estudo de funções elípticas, que, entre outras coisas, especificam o comprimento de um arco de elipse. Elas são uma generalização profunda das funções trigonométricas. Fourier explorou uma propriedade básica delas –

que são periódicas, repetindo o mesmo valor quando se acrescenta 2π à variável. Funções elípticas têm dois períodos complexos independentes e repetem os mesmos valores numa grade de paralelogramos no plano complexo. Exibem uma bela conexão entre análise complexa e grupos de simetria (traduções da grade). A prova de Wiles do último teorema de Fermat utiliza essa ideia. Funções elípticas também aparecem em mecânica, por exemplo, dando uma fórmula exata para o período de um pêndulo. A fórmula mais simples deduzida em física escolar é uma aproximação para uma oscilação percorrendo um ângulo muito pequeno.

A abordagem de Dirichlet à matemática atraiu Riemann, sendo muito semelhante à sua própria. Em vez de um desenvolvimento lógico sistemático, ambos preferiam começar com uma apreensão intuitiva do problema, e então definir os conceitos e relações centrais, para finalmente preencher as lacunas lógicas ao mesmo tempo que evitavam ao máximo os cálculos extensos. Muitos dos mais bem-sucedidos e originais matemáticos de hoje fazem o mesmo. Provas são vitais para a matemática, e sua lógica deve ser impecável – mas provas muitas vezes vêm *depois* da compreensão. Rigor excessivo cedo demais pode sufocar uma boa ideia. Riemann adotou essa abordagem ao longo de toda a sua carreira. Ela apresentava uma grande vantagem: as pessoas podiam acompanhar a linha de raciocínio sem passar semanas conferindo cálculos complicados. Sua desvantagem, pelo menos para alguns, era a necessidade de pensar conceitualmente, em vez de apenas fazer as ligações por meio de cálculos.

Para seu doutorado, Riemann reescreveu o livro sobre análise complexa introduzindo métodos topológicos. Foi levado a essa reformulação por um aspecto com que todo estudante precisa lidar: a tendência das funções complexas a assumir *múltiplos valores*. Há indícios desse fenômeno em análise de números reais. Por exemplo, todo número real positivo diferente de zero tem *duas* raízes quadradas: uma positiva e outra negativa. Essa possibilidade deve estar presente quando se resolvem equações algébricas, mas pode ser manipulada com bastante facilidade dividindo a função raiz quadrada em duas partes separadas: a raiz quadrada positiva e a raiz quadrada negativa.

A mesma ambiguidade está na raiz quadrada de um número complexo, mas não é mais inteiramente satisfatório dividi-la em duas funções distintas. As noções "positivo" e "negativo" não têm significado útil para números complexos, assim, não existe maneira natural de dividir a função e separar os dois valores. Mas há uma questão mais profunda. No caso real, se variarmos continuamente um número positivo, sua raiz quadrada positiva também varia continuamente, e o mesmo ocorre com a raiz negativa. Mais ainda: as duas continuam distintas. Mas, no caso complexo, variações contínuas do número original podem transformar uma de suas raízes quadradas na outra, enquanto o movimento for sempre contínuo.

A maneira tradicional de resolver isso era admitir funções descontínuas, mas então é preciso ficar verificando se você está se aproximando de uma descontinuidade. Riemann teve uma ideia melhor: modificar o plano complexo usual para fazer com que a função raiz quadrada tenha um valor único. Isso é feito pegando duas cópias do plano, uma acima da outra, cortando cada uma ao longo do eixo positivo real e então juntando os cortes de modo que o plano superior se junte ao inferior quando se cruza o corte. A raiz quadrada adquire um valor único quando interpretada usando-se essa "superfície de Riemann". A abordagem é radical. A ideia é parar de se preocupar com qual dos muitos valores possíveis se está lidando e deixar a geometria da superfície de Riemann cuidar de tudo. Essa não foi a única inovação na tese. Outra foi usar uma ideia da física matemática, o princípio de Dirichlet, para provar a existência de certas funções. Esse princípio afirma que uma função que minimize energia é solução para uma equação diferencial parcial, a equação de Poisson, que governa os campos gravitacional e elétrico. Gauss e Cauchy já tinham descoberto que a mesma equação surge naturalmente em análise complexa em conexão com o cálculo diferencial.

RIEMANN ESTABELECEU-SE na vida acadêmica. Sua timidez natural tornava a tarefa do ensino uma espécie de provação, mas ele lentamente se adaptou e começou a compreender como se relacionar com a audiência. Em 1857 foi nomeado professor pleno. No mesmo ano publicou outro trabalho importante sobre a teoria das integrais abelianas, uma generalização ampla das funções elípticas que proporcionava solo fértil para seus métodos topológicos. Weierstrass submetera um artigo à Academia de Berlim sobre o mesmo tópico, mas, quando o artigo de Riemann apareceu, Weierstrass ficou tão dominado pela novidade e percepção que retirou seu trabalho e nunca mais publicou nessa área. Isso não o impediu, veja só, de apontar um erro sutil no uso feito por Riemann do princípio de Dirichlet. Riemann lançou mão intensivamente de uma função que tornava uma grandeza relacionada tão pequena quanto possível. Isso levava a resultados importantes, mas ele não dera uma prova rigorosa de que tal função realmente existisse. (Acreditava, com fundamentos físicos, que ela devia existir, mas esse tipo de raciocínio carece de rigor e pode dar errado.) Nesse estágio, os matemáticos se dividiam entre aqueles que buscavam o rigor lógico, e portanto consideravam a lacuna séria, e aqueles que eram convencidos pelas analogias físicas, e estavam mais interessados em forçar um pouco adiante os resultados. Riemann, no segundo grupo, disse que, conquanto houvesse uma falha na lógica, o princípio de Dirichlet era simplesmente a forma mais convincente de ver o que estava se passando, e que seus resultados estavam corretos.

Essa era, de certa forma, uma discordância bastante comum entre matemáticos puros e físicos matemáticos, e o mesmo jogo acontece regularmente hoje, seja na função delta de Paul Dirac, seja nos diagramas de Richard Feynman. Ambos os lados estavam certos, segundo seus próprios padrões. Faz pouco sentido deter o progresso da física só porque alguma técnica plausível e efetiva não pode ser justificada com completo rigor lógico. Do mesmo modo, a ausência de justificativa é uma arma fumegante para os matemáticos, dando indícios de que algo vital está faltando na nossa compreensão. Hermann Schwarz, aluno de Weierstrass, satisfez os matemáticos achando uma prova diferente para os resultados de Riemann, mas os físicos ainda continuaram a preferir algo mais intuitivo. Por fim, Hilbert acabou resolvendo o problema ao provar uma versão do princípio de Dirichlet que era rigorosa e servia para os métodos de Riemann. Nesse ínterim, os físicos fizeram um progresso que não teria acontecido se tivessem dado

Bernhard Riemann 177

atenção às objeções dos matemáticos, e os esforços dos matemáticos para justificar a intuição de Riemann levaram a uma multidão de resultados e conceitos importantes, que não teriam sido descobertos se ele tivesse se colocado do lado dos físicos. Todo mundo saiu ganhando.

VARIEDADES E CURVATURA haviam deixado Gauss cônscio do potencial e da proeminência de Riemann, mas o resto da comunidade matemática só recebeu o recado depois que ele publicou sua pesquisa sobre integrais abelianas. Ernst Kummer, Karl Borchardt e Karl Weierstrass a mencionaram quando o indicaram para ingressar na Academia de Berlim, em 1859. Uma das tarefas enfrentadas pelos membros novos era apresentar um relatório de seu trabalho corrente, e Riemann não decepcionou. Ele havia mudado de objetivo novamente, e o relatório intitulava-se "Sobre o número de primos menores que uma magnitude dada". Nesse trabalho, ele apresentava a hipótese de Riemann, uma conjectura em análise complexa relacionada com a distribuição estatística de primos. Esse é atualmente o mais famoso problema não resolvido em toda a matemática.

Números primos são centrais para a matemática, mas sob muitos aspectos eles são irritantes. Têm propriedades imensamente importantes, mas exibem uma notável ausência de padrão. Olhando a lista de números primos, em sequência, é difícil prever o próximo (exceto o fato de que todos depois do 2 são ímpares e cortam os múltiplos de primos pequenos como 3, 5, 7). Os primos são definidos de forma exclusiva e sem ambiguidade, contudo, sob alguns aspectos, parecem aleatórios. No entanto, existem padrões estatísticos. Por volta de 1793 Gauss notou empiricamente que a quantidade de primos menores que um número dado x é aproximadamente $x/\ln x$. Não conseguiu achar uma prova, mas a conjectura passou a ser conhecida como teorema dos números primos porque naquele tempo "teorema" era o termo-padrão para afirmações não comprovadas. Basta compará-lo ao último teorema de Fermat. Quando uma prova finalmente surgiu, veio de uma direção totalmente inesperada. Primos são objetos discretos, surgindo na teoria dos números. Na extremidade oposta do espectro matemático está a análise complexa, acerca de objetos contínuos e empregando métodos totalmente diferentes (geométricos, analíticos, topológicos). Parecia pouquíssimo provável que houvesse alguma ligação – mas havia, e a matemática nunca mais foi a mesma desde a sua descoberta.

O elo remonta a Euler, que em 1737, no estilo "Homem das Fórmulas", observou que, para qualquer número s, a série infinita

$$1 + 2^{-s} + 3^{-s} + 4^{-s} + \cdots$$

é igual ao produto, para todos os primos p, da série

$$1 + p^{-s} + p^{-2s} + p^{-3s} + \cdots = \frac{1}{(1 - p^{-s})}$$

A prova é simples, pouco mais que uma tradução direta, para a linguagem das séries de potências, da singularidade da fatoração de números primos. Euler estava pensando nessa série para números reais s, na verdade, principalmente para inteiros s. Mas faz sentido se s for um número complexo, sujeito a algumas questões técnicas sobre convergência, e um artifício para estender a gama de números para os quais ela é definida. Nesse contexto ela é chamada de função zeta, e escreve-se $\zeta(z)$. Quando o poder da análise complexa começou a se manifestar, tornou-se natural estudar esse tipo de série usando as novas ferramentas, na esperança de que daí emergisse uma prova do teorema dos números primos. Riemann, perito em análise complexa, tinha tudo para se envolver na questão.

A promessa dessa abordagem tornou-se visível inicialmente em 1848, quando Pafnuty Chebyshev fez progressos na direção de uma prova do teorema dos números primos usando a função zeta (embora o nome tenha surgido mais tarde). Riemann deixou claro o papel dessa função no seu conciso, mas penetrante, artigo de 1859. Mostrou que as propriedades estatísticas dos primos estão claramente relacionadas aos zeros da função zeta, ou seja, as soluções z da equação $\zeta(z) = 0$. Um ponto alto do artigo era uma fórmula dando o número exato de primos menores que um determinado valor x como uma série infinita, sintetizados pelos zeros da função zeta. Quase como um aparte, Riemann conjecturou que todos os zeros, além

Bernhard Riemann 179

dos zeros óbvios correspondentes a inteiros pares negativos, jazem sobre a reta crítica $z = \frac{1}{2} + it$.

Se isso fosse verdade, teria implicações importantes; em particular, significa que várias fórmulas aproximadas envolvendo primos são mais acuradas do que se pode agora provar. Na verdade, as ramificações de uma prova da hipótese de Riemann são imensas. No entanto, não se conhece nenhuma prova ou refutação. Existe alguma evidência "experimental": em 1914, Godfrey Harold Hardy provou que uma quantidade infinita de zeros está sobre a reta crítica. Entre 2001 e 2005 o programa de Sebastian Wedeniwski chamado ZetaGrid verificou que os primeiros 100 bilhões de zeros se encontram sobre a reta crítica. Mas, nessa área da teoria dos números, esse tipo de resultado não é inteiramente convincente, porque muitas conjecturas plausíveis, mas falsas, começam a falhar para números absolutamente gigantescos. A hipótese de Riemann é parte do Problema 8 na famosa lista de Hilbert com os 23 grandes problemas matemáticos não solucionados (Capítulo 19). E é um dos problemas do Prêmio do Milênio selecionados pelo Instituto Clay de Matemática em 2000, para os quais se destina a quantia de US\$1 milhão a quem achar a solução correta. Ele é um forte concorrente ao título de maior problema não resolvido de toda a matemática.

Riemann provou sua fórmula exata para primos usando, entre outras coisas, a análise de Fourier. Pode-se pensar que a fórmula nos diz que a transformada de Fourier dos zeros da função zeta é um conjunto de potências primas, mais alguns fatores elementares. Isto é, os zeros da função zeta controlam as irregularidades dos primos. Em *A música dos números primos*, o título de Marcus du Sautoy é inspirado em uma surpreendente analogia. A análise de Fourier decompõe uma onda sonora complexa em suas componentes senoidais básicas. Da mesma forma, a gloriosa sinfonia dos números primos se decompõe em "notas" individuais tocadas por cada zero da função zeta. O volume de cada nota é determinado pelo tamanho da parte real do zero correspondente. Assim, a hipótese de Riemann nos diz que todos os zeros têm o mesmo volume.

As sacações de Riemann em relação à função zeta lhe dão o direito de ser considerado o músico dos números primos.

16. O cardeal do continuum

GEORG CANTOR

Georg Ferdinand Ludwig Philipp Cantor
Nascimento: São Petersburgo, Rússia, 3 de março de 1845
Morte: Halle, Alemanha, 6 de janeiro de 1918

O CONCEITO DE INFINITO, de coisas que continuam para sempre, sem nunca cessar, intrigou os seres humanos ao longo de milênios. Os filósofos têm se divertido com o assunto. Durante os últimos séculos, os matemáticos em particular vêm fazendo uso extensivo do infinito; mais precisamente, de uma variedade de interpretações do infinito em muitos contextos diferentes. Infinito não é só um número muito grande. Na realidade, nem sequer é um número, porque é maior que qualquer número específico. Se fosse um número, teria de ser maior que ele mesmo. Aristóteles via o infinito como um processo de continuação indefinida: qualquer que fosse o número a que se tenha chegado, sempre se pode encontrar outro maior. Os filósofos chamam isso de infinito potencial.

Georg Cantor

Várias religiões indianas têm fascinação por números muito grandes. Entre elas, o jainismo. Segundo o texto matemático jain *Surya Prajnapti*, algum matemático indiano visionário declarou, por volta de 400 a.C., que existem muitos tamanhos diferentes de infinito. Isso parece um absurdo místico. Se o infinito é a maior coisa que pode existir, como um infinito pode ser maior que outro? No entanto, perto do fim do século XIX, o matemático alemão Georg Cantor desenvolveu a *Mengenlehre* – teoria dos conjuntos – e a usou para argumentar que o infinito pode se manifestar em ato, em existência, não é somente um processo aristotélico de potencialidade, e que, em consequência, alguns infinitos são maiores que outros.

Na época, muitos matemáticos consideraram a ideia um absurdo místico. Cantor teve de travar contínuas batalhas com seus críticos, muitos dos quais utilizam uma linguagem que no mundo atual provavelmente resultaria em processos na Justiça. Ele sofria de depressão, talvez exacerbada pelo escárnio de que era vítima. Mas a maioria dos matemáticos agora aceita que Cantor estava certo. De fato, a distinção entre o menor infinito e qualquer infinito maior é básica para muitas áreas da matemática aplicada, em particular a teoria da probabilidade. E a teoria dos conjuntos se tornou a fundação lógica de toda a matemática. Hilbert, um dos maiores nomes a logo perceber que as ideias de Cantor eram sólidas, disse: "Ninguém nos expulsará do paraíso que Cantor criou."

A MÃE DE CANTOR (Maria Anna, nascida Böhm) era musicista talentosa, e seu avô, Franz Böhm, fora solista na Orquestra Imperial Russa. O jovem Georg cresceu numa família musical e se tornou um excelente violinista. Seu pai, também chamado Georg, era agente atacadista em São Petersburgo e mais tarde entrou para a bolsa de valores. Sua mãe era católica, mas o pai era protestante, e Georg foi educado nessa fé. Inicialmente estudando com um tutor particular, transferiu-se para a escola primária local, mas os frios invernos de São Petersburgo eram ruins para a saúde de seu pai, e a família mudou-se para Wiesbaden, na Alemanha, em 1856, e depois para Frankfurt. Embora Cantor tivesse passado o resto da vida na Alemanha, mais tarde escreveu que "nunca se sentiu à vontade" ali, tinha saudades da Rússia de sua juventude.

Em Frankfurt, Cantor foi aluno interno na Escola Real, em Darmstadt. Em 1860 graduou-se, sendo descrito como um estudante extraordinariamente capaz, com menção particular à elevada habilidade em matemática, em especial a trigonometria. O pai queria que Cantor se tornasse engenheiro, e o mandou para a Höhere Gewerbeschule, também em Darmstadt. Mas Cantor queria estudar matemática, e atormentou o pai até que este se rendeu. Em 1862 o rapaz começou a estudar matemática na Politécnica de Zurique. Cantor mudou-se para a Universidade de Berlim quando seu pai morreu, em 1863, deixando-lhe uma substancial herança. Ali ele assistiu às aulas de Leopold Kronecker, Kummer e Weierstrass. Depois de um verão em Göttingen, em 1866, apresentou em 1867 sua dissertação "Sobre equações indeterminadas de segundo grau", um tópico da teoria dos números.

Cantor assumiu então o posto de professor numa escola para moças, mas enquanto isso trabalhava no texto para sua habilitação. Após ser indicado para a Universidade de Halle, submeteu uma tese em teoria dos números, e a habilitação lhe foi concedida. Eduard Heine, proeminente matemático de Halle, sugeriu que Cantor mudasse de campo e enfrentasse um famoso problema não resolvido sobre as séries de Fourier: provar que a representação de uma função nessa forma é única. Dirichlet, Rudolf Lipschitz, Riemann e o próprio Heine tinham tentado demonstrar esse resultado, mas fracassaram. Cantor o solucionou em menos de um ano. Por algum tempo ele continuou trabalhando em séries trigonométricas, e suas pesquisas o levaram a áreas que agora reconhecemos como o protótipo da teoria dos conjuntos. A razão é que muitas propriedades das séries de Fourier residem em características delicadas da função representada, tais como a estrutura do conjunto de pontos na qual ela é descontínua. Cantor não conseguiu fazer progresso sem encarar complicadas questões sobre conjuntos infinitos de números reais.

As pesquisas sobre as fundações da matemática estavam em alta, e depois de séculos de tratamento informal dos números "reais" como decimais infinitos, os matemáticos começavam a se perguntar o que significava tudo aquilo. Por exemplo, não há maneira de escrever a expansão decimal infinita de π. O máximo que podemos fazer é dar regras para achar o número. Em 1872, um dos artigos de Cantor sobre séries trigonométricas introduziu um método novo para definir um número real como o limite de uma sequência convergente de números racionais. No mesmo ano Richard Dedekind publicou um famoso artigo no qual definia um número real em termos de uma "seção" dividindo os números racionais em dois subconjuntos separados, de modo que os elementos de um subconjunto fossem todos menores que qualquer elemento do outro. Nele citava o artigo de Cantor. Essas duas abordagens – sequências convergentes de racionais ou seções de Dedekind – são padrões em cursos sobre fundamentos da matemática e a construção do conjunto de números reais a partir dos racionais.

Em 1873 Cantor já havia embarcado na pesquisa que o qualifica como figura significante da mais alta ordem: teoria dos conjuntos e números transfinitos (seu termo para infinitos). A teoria dos conjuntos desde então tornou-se parte essencial de qualquer curso de matemática, porque fornece uma linguagem conveniente e versátil para descrever o tema. Informalmente, um conjunto é uma coleção de objetos; eles podem ser números, triângulos, superfícies de Riemann, permutações, seja lá o que for. Os conjuntos podem ser combinados de diversas maneiras. Por exemplo, a união de dois conjuntos é o que se obtém combinando-os em um único conjunto, e a interseção é o que eles têm em comum. Usando conjuntos, podemos definir conceitos básicos como funções e relações. É possível construir sistemas de números tais como inteiros, racionais, reais e complexos, a partir de componentes mais simples, lançando mão do conjunto vazio, que não tem elementos.

Números transfinitos são uma forma de estender a noção de "Quantos elementos?" para conjuntos infinitos. Cantor tropeçou com essa ideia em 1873, quando provou que os números racionais são contáveis, isto é, podem ser colocados numa correspondência de um para um com os números naturais 1, 2, 3, ... (Explicarei em breve as ideias e a terminologia.) Se existir apenas um tamanho de infinito, esse resultado seria óbvio; mas ele logo descobriu uma prova de que os números reais *não são* contáveis. A prova foi publicada em 1874, ano de grande importância pessoal para Cantor porque ele se casou com Vally Guttmann – um casamento que geraria seis filhos.

Buscando um infinito ainda maior que os reais, Cantor pensou no conjunto de todos os pontos no quadrado unitário. Seguramente o quadrado, com suas duas dimensões, tem mais pontos que a reta dos reais, não? Escrevendo para Dedekind, Cantor manifestou sua opinião:

> Pode uma superfície (digamos, um quadrado que inclua seu contorno) estar relacionada de forma única com uma linha (digamos, um segmento de reta que inclua as extremidades) de modo que para todo ponto da superfície haja um ponto correspondente na linha e, inversamente, para todo ponto da linha haja um ponto correspondente na superfície? Acho que responder a esta pergunta não seria tarefa fácil, embora a resposta dê a impressão de ser tão claramente "não" que a prova parece quase desnecessária.

Logo, porém, Cantor descobriu que a resposta não era tão óbvia quanto parecia. ("A prova parece quase desnecessária" para o matemático é como um pano vermelho para o touro, e ele devia ter visto no que ia dar.) Em 1877 ele provou que tal correspondência na verdade existe. "Eu vejo, mas não acredito!", escreveu. Mas quando submeteu seu artigo à prestigiosa revista *Journal für die reine und angewandte Mathematik*, Leopold Kronecker – matemático brilhante e luminar da época, mas ultraconservador – não ficou convencido, e apenas a intervenção de Dedekind levou à aceitação e publicação do trabalho. Cantor, com alguma razão, nunca mais submeteu outro artigo a essa revista. Em vez disso, entre 1879 e 1884, mandou a maior parte do que desenvolveu sobre a teoria dos conjuntos e os números transfinitos para *Mathematische Annalen*, provavelmente apresentado por Felix Klein.

Georg Cantor

ANTES DE CONTINUAR a história de Cantor, precisamos entender a natureza revolucionária de suas ideias, e a que elas se referiam. Seria confuso demais apresentá-las na terminologia da época, então aplicarei retroativamente certos conceitos modernos para chegar a algumas ideias básicas.

Em *Diálogos sobre duas novas ciências*, de 1638, Galileu sugeriu uma questão básica – um tanto paradoxal – sobre o infinito. O livro é apresentado como um debate entre Salviati, Simplício e Sagredo. Salviati sempre vence, Simplício não tem nenhuma chance, enquanto a tarefa de Sagredo é manter a discussão em andamento. Salviati observa que é possível associar números de contagem a quadrados, de modo que cada número corresponda a um único quadrado e cada quadrado corresponda a um único número. Basta associar cada número a um quadrado:

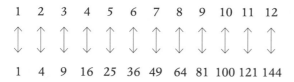

Com números finitos, se dois conjuntos de objetos podem ser associados dessa maneira, eles devem conter a mesma quantidade de elementos. Se todo mundo sentado a uma mesa tiver sua faca e seu garfo, e apenas um de cada, então a quantidade de facas é igual à de garfos, e ambas são iguais ao número de pessoas. Assim, mesmo que os quadrados formem um subconjunto bastante "estreito" de todos os números, parece haver exatamente tantos quadrados quanto números. Salviati conclui: "Podemos apenas inferir que a totalidade de todos os números é infinita, e os atributos 'igual', 'maior' e 'menor' não são aplicáveis a quantidades infinitas, mas somente a finitas."

Cantor percebeu que a situação não era assim tão sombria. Ele usou esse tipo de associação (que chamou de correspondência um para um, ou biunívoca) a fim de definir "mesmo número de elementos" para conjuntos, sejam eles finitos, sejam eles infinitos. O interessante é que isso pode ser feito sem saber qual é realmente o número. De fato, acabamos de fazê-lo para as facas e os garfos. Então, logicamente, "mesmo número" é anterior a "número". Não há nada de estranho nisso: podemos ver, por exemplo, quando duas pessoas têm a mesma altura sem saber exatamente qual é essa medida.

A forma de introduzir números de verdade é especificar um conjunto-padrão e dizer que qualquer coisa passível de ser combinada com ele tem esse conjunto como cardinal – uma palavra enfeitada para "número de elementos". A escolha óbvia para um conjunto infinito é o conjunto dos números naturais, que define um cardinal transfinito que Cantor batizou de "alef-nulo". Aqui alef é a primeira letra do alfabeto hebraico, e nulo é o termo que ele utilizou para "zero". Em símbolos, a aparência é a seguinte: $\aleph_0$. Por definição, qualquer conjunto que combine com os números naturais tem cardinal $\aleph_0$. Salviati provou que o conjunto dos quadrados também tem número cardinal $\aleph_0$.

Isso parece paradoxal porque há claramente números que não são quadrados – de fato, "a maioria" dos números não é quadrado. Podemos resolver o paradoxo aceitando que retirar alguns elementos de um conjunto infinito não torna o seu cardinal menor. O todo não precisa ser maior que a parte, no que concerne aos cardinais. No entanto, não precisamos seguir Salviati e rejeitar toda ideia de comparação: obtemos resultados razoáveis quando assumimos que o todo é maior *ou igual* à parte. Afinal, toda a questão relativa ao infinito como conceito é que ele nem sempre se comporta como números finitos. O grande problema é até onde podemos chegar e o que podemos preservar.

A grande descoberta seguinte de Cantor foi que os números racionais (por simplicidade, vamos trabalhar com os positivos) também têm número cardinal $\aleph_0$. Eles podem ser associados aos números naturais da seguinte maneira:

$$\frac{1}{1} \quad \frac{1}{2} \quad \frac{2}{1} \quad \frac{1}{3} \quad \frac{3}{1} \quad \frac{1}{4} \quad \frac{2}{3} \quad \frac{3}{2} \quad \frac{4}{1} \quad \frac{1}{5} \quad \frac{5}{1}$$

$$\updownarrow \quad \updownarrow \quad \updownarrow \quad \updownarrow \quad \updownarrow \quad \updownarrow \quad \updownarrow \quad \updownarrow \quad \updownarrow \quad \updownarrow \quad \updownarrow$$

$$1 \quad 2 \quad 3 \quad 4 \quad 5 \quad 6 \quad 7 \quad 8 \quad 9 \quad 10 \quad 11$$

Para obter a linha superior, ordenamos os racionais de forma diferente da sua ordem numérica. Definimos a complexidade de um número racional como a soma do numerador com o denominador. Consideramos apenas os racionais em que estes tenham um fator comum, para evitar incluir o mesmo número duas vezes. Por exemplo, ⅔ e ⁴⁄₆ são o mesmo racional; escolhemos apenas a primeira forma. Primeiro, dividimos os racionais em classes, ordenadas por complexidade. Cada uma dessas classes é finita. Então, dentro de cada classe, ordenamos as frações segundo seus numeradores. Assim, a classe com complexidade 5 é ordenada da seguinte maneira:

$$\frac{1}{4} \quad \frac{2}{3} \quad \frac{3}{2} \quad \frac{4}{1}$$

É fácil provar que todo racional positivo ocorre uma vez e somente uma. O número natural associado a ele é sua posição na resultante lista ordenada.

ATÉ ESTE PONTO, talvez $\aleph_0$ fosse apenas um símbolo rebuscado para infinito, e todos os infinitos são iguais. A descoberta seguinte detona essa possibilidade. O conjunto de números reais não pode ser associado aos números naturais dessa maneira.

A primeira prova de Cantor, de 1874, tinha como alvo um problema em teoria dos números, a existência de números transcendentais. O número algébrico é aquele que satisfaz alguma equação polinomial com coeficientes inteiros, como, por exemplo, que satisfaz $x^2 - 2 = 0$. Se um número não é algébrico, ele é chamado transcendental. Nenhuma equação dessas era conhecida para e ou π, e acreditava-se que estes fossem transcendentais, conjectura que acabou se revelando correta. Liouville provou a existência de um número transcendental em 1844, mas seu exemplo era muito artificial. Cantor provou que a "maioria" dos números reais é transcendental, mostrando que o conjunto de números algébricos tem cardinal $\aleph_0$, mas o conjunto de números reais tem cardinalidade maior. Sua prova envolve assumir que os reais são contáveis e construir uma sequência de intervalos aninhados que omitem um número real de cada vez. A interseção desses intervalos (que pode ser provada como não vazia) deve conter um número real, porém, qualquer que seja ele, já foi excluído.

Em 1891 Cantor encontrou uma prova mais elementar, o famoso argumento diagonal. Admita (para contradição) que os números reais (digamos entre 0 e 1 para simplificar) sejam contáveis. Então os números da contagem podem ser associados a esses reais. Em notação decimal, qualquer associação desse tipo assume a forma

1    $0, a_1 a_2 a_3 a_4 \ldots$
2    $0, b_1 b_2 b_3 b_4 \ldots$
3    $0, c_1 c_2 c_3 c_4 \ldots$
4    $0, d_1 d_2 d_3 d_4 \ldots$
...   ...

Por premissa, todo número real ocorre em algum lugar da lista. Agora construímos uma lista onde isso não acontece. Definimos sucessivas casas decimais $x_1, x_2, x_3 \ldots$ de um número real x conforme se segue:

Se $a_1 = 0$ seja $x_1 = 1$, se $a_1 \neq 0$ seja $x_1 = 0$.

Se $b_2 = 0$ seja $x_2 = 1$, se $b_2 \neq 0$ seja $x_2 = 0$.

Se $c_3 = 0$ seja $x_3 = 1$, se $c_3 \neq 0$ seja $x_3 = 0$.

Se $d_4 = 0$ seja $x_4 = 1$, se $d_4 \neq 0$ seja $x_4 = 0$.

Continuamos o processo indefinidamente, fazendo x_n ou 0 ou 1, de modo que ele difira do enésimo dígito decimal do número real correspondente a n.

Por construção, x difere de todo outro número da lista. Difere do primeiro número no primeiro dígito, do segundo número no segundo dígito, em geral difere do enésimo número no enésimo dígito, então, é diferente do enésimo número não importa qual seja o valor de n. Entretanto, assumimos que a lista existe, e todo número real aparece nela. Essa é uma contradição, e o que se contradiz é a premissa de que a lista existe. Portanto, a lista não existe, e o conjunto dos números inteiros é incontável.

Ideia semelhante sustenta a descoberta de Cantor, a que ele julgou difícil de acreditar, de que o plano tem a mesma cardinalidade que a reta dos reais. Um ponto no plano tem coordenadas (x, y) onde x e y são números reais. Por simplicidade, restringimos ao quadrado unitário; então x e y têm expansões decimais

$$x = 0, x_1 x_2 x_3 x_4 \ldots$$

$$y = 0, y_1 y_2 y_3 y_4 \ldots$$

Associemos esse par a um ponto sobre a reta cuja coordenada é o entrelaçamento de x e y, assim:

$$0, x_1 y_1 x_2 y_2 x_3 y_3 \ldots$$

Como podemos recuperar x e y selecionando apenas dígitos sucessivos em localizações de numeração par ou ímpar, isso define uma correspondência de um para um entre o quadrado unitário e o intervalo unitário sobre a reta. É fácil transportar isso para o plano inteiro e a reta inteira. (Algumas tecnicalidades precisam ser objeto de cuidado, o que eu suprimi, e têm a ver com a falta de exclusividade da representação decimal de um número.)

Havia uma questão que Cantor foi incapaz de decidir, de uma ou de outra maneira. Existe um cardinal transfinito estritamente entre $\aleph_0$ e o cardinal dos números reais? Cantor achava que não, porque não conseguiu encontrá-lo, embora tivesse tentado uma porção de candidatos plausíveis. Essa conjectura acabou ficando conhecida como hipótese do continuum. No Capítulo 22 veremos como ela se desenrolou.

Por uma década a partir de 1874, Cantor colocou todos os seus esforços na teoria dos conjuntos, descobriu a importância das correspondências biunívocas nas fundações do sistema numérico e concebeu a extensão dos princípios de contagem para números transfinitos. Seu trabalho era tão original que muitos de seus contemporâneos foram incapazes de aceitá-lo ou acreditar que ele tivesse valor. A carreira de Cantor na matemática foi arruinada por Leopold Kronecker, que achava suas revolucionárias ideias filosoficamente desagradáveis. "Deus fez os inteiros, todo o resto é obra do homem", dizia Kronecker.

Cantor, por sua vez, exibiu-se como alvo filosófico ao afirmar inequivocamente que a teoria dos conjuntos tratava do infinito como ato, e não do infinito potencial aristotélico. Isso era um leve exagero, porque o infinito é "atual" (no sentido aristotélico) somente num sentido conceitual. Em matemática, geralmente é possível passar de uma descrição que pareça envolver infinito atual para outra que pareça puramente potencial. No entanto, esse processo de tradução com frequência parece forjado: Cantor estava correto ao afirmar que o modo natural de pensar sobre seu trabalho é enxergar o infinito como um todo completo, não como um processo que, na condição de finito em qualquer estágio, pode ser continuado indefinidamente. O filósofo Ludwig Wittgenstein foi um sonoro crítico da ideia. Era especialmente contundente em relação ao argumento diagonal, e mesmo depois de Cantor ter morrido ainda se queixava das "perniciosas expressões da teoria dos conjuntos". Mas a principal razão de ele continuar reclamando era que os matemáticos foram tomando mais e mais o partido de Cantor, e nenhum deles prestava muita atenção a Wittgenstein. Isso deve ter sido especialmente irritante, pois ele era interessado sobretudo na filosofia da matemática. Contudo, os matemáticos, por sua vez, não veem com bons olhos os filósofos que insistem em que eles, matemáticos, estão fazendo tudo errado. A teoria dos conjuntos *funcionava*, e a maioria dos matemáticos é pragmática, mesmo em relação a questões fundacionais.

Cantor era religioso e lutou para conciliar a matemática com suas crenças. A natureza do infinito ainda estava intensamente vinculada à religião, porque o Deus cristão era tido e afirmado como o único infinito de fato. O comentário de Kronecker sobre os inteiros não era uma metáfora. E aí de repente vem Cantor, alegando infinitos de fato na matemática... Bem, dava para prever o que aconteceria. Cantor revidou, porém, dizendo: "As espécies transfinitas estão igualmente à disposição das intenções do Criador, ... da mesma maneira que os números finitos." Esse era um argumento inteligente, porque negá-lo seria alegar que Deus tinha limitações, o que

Georg Cantor   191

era heresia. Cantor chegou a escrever ao papa Leão XIII sobre tudo isso, e lhe enviou alguns artigos matemáticos. Sabe Deus o que o papa achou.

OUTRAS PESSOAS compreenderam o que Cantor estava fazendo. Hilbert reconheceu a importância do trabalho e o elogiou. Mas à medida que foi envelhecendo, Cantor sentiu que a teoria dos conjuntos não tivera o impacto que ele esperava. Em 1899 teve uma crise de depressão. Logo se recuperou, mas perdeu a confiança, dizendo a Gösta Mittag-Leffler: "Não sei quando voltarei ao meu trabalho científico. No momento não posso fazer absolutamente nada com ele." Para combater a depressão foi passar umas férias nas montanhas do Harz e tentou uma reconciliação com seu inimigo acadêmico, Kronecker. Este respondeu positivamente, mas a atmosfera entre ambos continuou tensa.

A matemática de Cantor também era uma preocupação para ele: estava infeliz por não conseguir provar sua hipótese do continuum; achou ter provado que ela era falsa, mas logo encontrou um erro; depois, pensou ter provado que era verdadeira, mas novamente encontrou um erro. A essa altura Mittag-Leffler pediu a Cantor para retirar um artigo da *Acta Mathematica*, mesmo que a revista já estivesse na fase de provas – não porque estivesse errado, mas porque estava "cem anos à frente". Cantor fez piada com isso, porém ficou muito magoado. Parou de escrever para Mittag-Leffler, não se interessou mais pela revista e de certa forma desistiu da teoria dos conjuntos.

A depressão de Cantor tendia a se manifestar de duas maneiras. Uma era o aumento de interesse nas implicações filosóficas da teoria dos conjuntos. A outra era uma convicção de que as obras de Shakespeare foram, na verdade, escritas por Francis Bacon. Essa fixação o levou a fazer um estudo sério da literatura elisabetana, e em 1896 publicou panfletos a respeito dessa teoria. Então, em rápida sucessão, a mãe, o irmão mais novo e o filho caçula morreram. Cantor mostrava crescentes sinais de instabilidade mental, e em 1911, quando a Universidade de St. Andrews, na Escócia, o convidou como distinto convidado para as celebrações do quingentésimo aniversário da instituição, passou grande parte do tempo falando sobre Bacon e Shakespeare. A depressão tornou-se uma companheira constante. Ele passou algum tempo no hospital para se tratar e em 1918 morreu num sanatório, de ataque cardíaco.

A IRONIA É QUE Mittag-Leffler estava essencialmente certo quando disse que Cantor se encontrava um século à frente do seu tempo, ainda que talvez não no sentido por ele pretendido. Embora as ideias de Cantor fossem ganhando terreno lentamente, o impacto mais significativo da teoria dos conjuntos sobre a matemática precisou esperar até as décadas de 1950 e 1960, quando a abordagem abstrata à matemática promovida pelo grupo que se autodenominava Nicolas Bourbaki chegou à plena floração. A influência do grupo Bourbaki na educação matemática (felizmente) já diminuiu, mas sua insistência em que os conceitos matemáticos devem ser definidos precisamente, na máxima generalidade possível, ainda conserva forte influência. E a base para precisão e generalidade é o ponto de vista proporcionado pelos amados conjuntos de Cantor. Hoje, toda área da matemática, pura e aplicada, está firmemente baseada no formalismo da teoria dos conjuntos. Não só filosoficamente, mas na prática. Sem a linguagem dos conjuntos, os matemáticos acham impossível até especificar o assunto de que estão falando.

O veredicto da posteridade é que, sim, há problemas filosóficos na teoria dos conjuntos e nos números transfinitos, mas esses problemas não são piores que questões filosóficas muito parecidas com os amados inteiros de Kronecker. Estes também são obra do homem, e a obra do homem em geral é falha. Ironicamente, agora definimos esses números usando... teoria dos conjuntos. E vemos Cantor como um dos verdadeiros pensadores originais da matemática. Se ele não tivesse inventado a teoria dos conjuntos, alguém eventualmente acabaria por fazê-lo, mas poderia ter levado décadas até que outra pessoa surgisse com essa combinação única de poder, profundidade e percepção.

17. A primeira grande dama

SOFIA KOVALEVSKAIA

Sofia Vasilyevna Kovalevskaia (nascida
Korvin-Krukovskaya) ou Sophie/Sonya Kowalevski
Nascimento: Moscou, Rússia, 15 de janeiro de 1850
Morte: Estocolmo, Suécia, 10 de fevereiro de 1891

DESDE A MAIS TENRA infância, a jovem Sofa, como a família afetuosamente a chamava, tinha um ardente desejo de compreender qualquer coisa que lhe atraísse a atenção. Seu interesse pela matemática surgiu aos onze anos; o extraordinário é que a causa do interesse foi o papel de parede do quarto das crianças. Seu pai, Vasily Korvin-Krukovsky, era tenente-general de artilharia no Exército Imperial Russo e sua mãe, Yelizaveta (nascida Shubert), era de uma família de posição elevada na nobreza russa. O papel de parede entra na história porque a família possuía uma propriedade no campo em Palabino, perto de São Petersburgo. Ao mudar-se para Palabino, a mãe mandou redecorar toda a casa, mas o papel de parede não foi suficiente para forrar o quarto das crianças. A fim de remediar a situação, usaram-se páginas de um velho livro-texto, que por acaso era o curso das aulas de Mikhail Ostrogradsky sobre cálculo diferencial e integral. Em sua autobiografia, *Memórias de infância*, Sofia recordava ter passado horas fitando as paredes, tentando desvendar o significado dos misteriosos símbolos que as cobriam. Ela memorizou rapidamente as fórmulas, porém mais tarde lembrou que "na época em que eu era estudante, não conseguia entender nada daquilo".

Sofia já tinha se habituado a esse tipo de autoeducação. A moda naquele tempo era não ensinar leitura para crianças pequenas, mas Sofia estava desesperada para ler. Aos seis anos aprendeu sozinha, memorizando o formato das letras em jornais e então atormentando algum adulto para que lhe dissesse o que significavam. Ela exibiu sua nova habilidade ao pai, que, inicialmente incrédulo – achou que ela havia simplesmente decorado algumas sentenças –, logo se convenceu, ficando imensamente orgulhoso da iniciativa e inteligência da filha.

Quando o papel de parede do quarto de Sofia deflagrou um interesse igualmente autopropulsor pela matemática, sua família, de mentalidade notavelmente avançada para a época, nada fez para desencorajá-la, ainda que muitos de seu círculo social não considerassem a matemática tema adequado para uma jovem dama. As circunstâncias conspiraram para permitir-lhe seguir sua paixão. A matemática tinha sido uma das matérias favoritas de seu pai, e Sofia era sua filha predileta. Seu avô materno, Fiódor Fedorovich Shubert, fora topógrafo militar, e o pai *dele*, Fiódor Ivanovich Shubert, proeminente astrônomo e membro da Academia de Ciências. Então o sangue matemático (para usar a imagem de hereditariedade típica do período) corria nas veias de Sofia. Além disso, sua família estava havia muito imersa na subcultura matemática, o que pode ter sido uma influência mais importante.

Começando pelo básico, o general fez questão de assegurar que os tutores de Sofia a instruíssem em aritmética. Mas quando ele, ansioso, perguntou à filha se estava gostando, a resposta inicial foi nitidamente morna: não era cálculo. A visão da menina mudou quando enfim percebeu que sem o básico ela jamais progrediria rumo àquelas fascinantes equações do papel de parede. Ela não só avançou para dominar o cálculo;

Sofia Kovalevskaia

progrediu até as fronteiras da pesquisa matemática, fazendo descobertas que assombraram os mais importantes matemáticos da época. Trabalhou em equações diferenciais, mecânica e difração da luz por cristais. Suas publicações matemáticas são apenas dez, e uma delas é a tradução para o sueco de uma das outras, mas a qualidade dos textos é extraordinária. Ela era penetrante, original e tecnicamente preparada. O famoso matemático americano Mark Kac a descreveu como a "primeira grande dama da matemática". Sofia foi indiscutivelmente a maior cientista mulher do seu tempo, eclipsada apenas por Marie Curie, algumas décadas depois.

SOFIA NASCEU EM Moscou, em 1850. Tinha uma irmã mais velha, Anna, conhecida pela família como Aniuta, que Sofia adorava; depois foi abençoada com um irmão mais novo, Fiódor. Seu tio Fíodor Vasilievich Krukovsky tinha forte interesse por matemática e com frequência conversava com ela sobre o assunto, muito antes de Sofia ter a possibilidade de entender o que ele estava dizendo.

Em 1853, quando Sofia tinha três anos, a Rússia se enredou na Guerra da Crimeia. Ostensivamente, o conflito girava em torno dos direitos das minorias cristãs na Terra Santa, mas a França e o Reino Unido estavam determinados a impedir a Rússia de se apropriar de áreas do decadente Império Otomano. Em 1856, uma aliança entre a França, o Reino Unido, a Sardenha e os otomanos havia derrotado a Rússia após o cerco de Sebastopol. Essa humilhação gerou um enorme descontentamento público no Império Russo. Camponeses e liberais revoltaram-se contra um sistema opressivo, que eles viam cada vez mais como corrupto e incompetente. O governo revidou com censura e repressão por parte da polícia secreta czarista. Muitos nobres possuíam vastas propriedades rurais, mas raramente passavam algum tempo nelas, preferindo a importância política e as delícias sociais de São Petersburgo. A prudência agora ditava que até aqueles com inclinações liberais deviam passar mais tempo no campo e prestar mais atenção às queixas da força de trabalho. Assim, em 1858 o general Korvin-Krukovsky disse à esposa que se tornara um dever mudar-se para sua propriedade no campo.

No começo Sofia e Aniuta ficaram entregues a si mesmas, explorando a área campestre e em geral se metendo em enrascadas. Mas depois que tentaram comer algumas frutinhas silvestres impróprias e adoeceram durante dias, o pai contratou um tutor polonês, Iosif Malevich, e uma severa governanta inglesa, Margarita Smith, que as meninas detestavam intensamente. Malevich ensinou a Sofia o básico da educação feminina, incluindo aritmética, mas o tio Pyotr a introduziu em alguns dos mistérios da matemática mais avançada – tópicos como a quadratura do círculo (construir um quadrado de área igual à de um círculo dado, o que é na realidade impossível com os instrumentos geométricos tradicionais, régua e compasso) e assíntotas (retas das quais uma curva se aproxima indefinidamente sem jamais alcançá-las). Esses conceitos incendiaram a imaginação da menina e a deixaram querendo mais.

Miss Smith acabou por renunciar, e a paz reinou no lar dos Korvin-Krukovsky. Em 1864 Aniuta enviou duas histórias que tinha escrito para Fiódor e Mikhail Dostoiévski, que foram publicadas na revista dos irmãos, *Epokha*. Aniuta começou a se corresponder secretamente com Fiódor, e depois de seu pai objetar e então ceder, Fiódor Dostoiévski tornou-se parte do círculo familiar. Sofia aderiu ao turbilhão social, conhecendo também outras figuras proeminentes. Por algum tempo cultivou uma queda juvenil por Dostoiévski. Quando este propôs casamento a Aniuta, Sofia ficou ultrajada, ainda mais porque a irmã o rejeitou.

Mais ou menos nessa época ela passou a ficar absorta nos mistérios matemáticos do papel de parede de seu quarto, e ali estabeleceu-se um lado da sua vida futura. Um vizinho, Nikolai Tyrtov, era professor de física na Academia Naval de Petersburgo e levou-lhe um exemplar do seu livro-texto introdutório de física. Sem saber nada de trigonometria, Sofia pelejou até descobrir uma aproximação geométrica mais intuitiva – essencialmente o uso clássico de uma corda de círculo. Tyrtov, empolgado por essa demonstração, instou o general a deixá-la estudar matemática superior.

Sofia Kovalevskaia

NAQUELA ÉPOCA, as mulheres russas não tinham permissão para frequentar a universidade, mas podiam estudar no exterior com autorização escrita do pai ou do marido. Então Sofia contraiu um "casamento fictício" com Vladimir Kovalevskii, jovem estudante de paleontologia. O estratagema, um casamento de conveniência sem qualquer relacionamento genuíno, era bastante comum entre jovens mulheres russas cultas, como forma de obter alguma liberdade. Para desgosto de Sofia, o pai lhe sugeriu um adiamento. Com sua típica obstinação, ela aguardou um momento em que a casa estivesse cheia de convidados distintos para jantar; então esgueirou-se para fora, deixando um bilhete dizendo que tinha ido para os alojamentos de Vladimir desacompanhada e ali ficaria até que tivessem permissão para se casar. A fim de evitar o escândalo social, o general apresentou devidamente sua filha e o noivo aos convidados. O plano de Sofia era casar-se, depois dar um chute em Vladimir e seguir seu próprio caminho, mas o rapaz acabou enfeitiçado pela futura esposa e seu círculo social, e não tinha nenhum desejo de se separar. Eles casaram-se em 1868, quando Sofia tinha dezoito anos, e ela se tornou Sofia Kovalevskaia.

Como muitos jovens russos da época, as opiniões políticas de Kovalevskaia eram niilistas. Ela rejeitava qualquer convenção que carecesse de apoio racional, tais como o governo e a lei. Lênin, citando o autor radical Dmitry Pisarev, captou essa atitude, uma forma extrema de darwinismo social atirada na cara dos ricos e poderosos que frequentemente justificavam seus privilégios, mais ou menos da mesma maneira: "Quebrem, arrebentem tudo, batam e destruam! Tudo que está sendo quebrado é lixo e não tem direito à vida! O que sobreviver é bom." Quando os recém-casados chegaram a São Petersburgo, o apartamento deles logo se tornou um reduto social para niilistas de mentalidade semelhante.

Em 1869 o casal deixou a Rússia, estabelecendo-se inicialmente em Viena. O negócio editorial de Vladimir havia desmoronado, e ele fugia dos credores; ambos também buscavam uma atmosfera mais intelectual. Vladimir concentrou-se em geologia e paleontologia. Kovalevskaia – para sua surpresa – teve permissão de frequentar aulas de física na universidade, mas, na ausência de quaisquer outros matemáticos igualmente obsequiosos, o casal mudou-se para Heidelberg. No começo as autoridades universitárias deram a habitual canseira em Sofia, com a impressão de que ela era viúva, e ficaram surpresos quando se declarou casada; mas acabaram por chegar a um acordo: ela estava livre para assistir às aulas, contanto que o professor não fizesse objeção. Logo Sofia passava vinte horas por semana em aulas de matemáticos como Leo Königsberger e Paul du Bois-Reymond, do físico-químico Gustav Kirchhoff e do fisiologista Hermann Helmholtz.

Ela também atormentou a vida do químico misógino Wilhelm Bunsen para que lhe permitisse, e à amiga Iulia Lermontova, trabalhar em seu laboratório, onde ele jurara que jamais uma mulher – especialmente uma russa – poria os pés. "Agora *aquela mulher* me fez engolir as minhas palavras", queixou-se ele a Weierstrass, e como vingança espalhou boatos escandalosos. Seus colegas, em contraste, estavam entusiasmados com a talentosa aluna, e os jornais traziam ocasionalmente artigos sobre ela. Kovalevskaia não deixou que essa atenção subisse à sua cabeça e concentrou-se nos estudos.

Os Kovalevskii viajaram para a Inglaterra, França, Alemanha e Itália. Vladimir encontrou-se com Charles Darwin e Thomas Huxley, de quem já era conhecido. Por meio desses contatos, Kovalevskaia pôde conhecer socialmente a romancista George Eliot (pseudônimo de Mary Ann Evans). Em seu diário, em 5 de outubro de 1869, Eliot escreveu: "No domingo um interessante casal russo veio nos visitar – o sr. e a sra. Kovalevskii: ela, uma bela criatura, com encantadora voz e fala recatada, que está estudando matemática … em Heidelberg; ele, amigável e inteligente, estudando aparentemente ciências concretas – especialmente geologia." O filósofo e darwinista social Herbert Spencer também estava presente, e grosseiramente proclamou a inferioridade intelectual das mulheres. Kovalevskaia discutiu com ele por três horas, e Eliot escreveu que ela "defendeu nossa causa comum bem e bravamente".

Em 1870 Kovalevskaia mudou-se para Berlim, na esperança de estudar sob a orientação de Weierstrass. Ouvindo rumores de que ele desaprovava

Sofia Kovalevskaia

a educação para mulheres, ela usava uma boina mais apropriada às senhoras, ocultando o rosto. Weierstrass ficou surpreso quando ela pediu para estudar com ele, mas respondeu polidamente, dando-lhe alguns problemas para resolver. Uma semana depois ela voltou, tendo solucionado todos, muitas vezes empregando métodos originais. Weierstrass disse mais tarde que ela possuía "o dom do gênio intuitivo". O decanato da universidade recusou-lhe permissão para estudar oficialmente, então Weierstrass ofereceu-lhe aulas particulares. Começaram então a trocar correspondência, o que continuou até a morte dela.

A essa altura, Aniuta morava em Paris, com Victor Jaclard, um jovem marxista. Em 1871 a Guarda Nacional declarou a Comuna de Paris, governo socialista radical que dominou brevemente a cidade. Lênin disse que foi "a primeira tentativa da revolução proletária de esmagar a máquina estatal burguesa". A máquina estatal não tinha o menor desejo de ser esmagada. Sofia soube que Jaclard podia ser preso pelas atividades políticas, e os Kovalevskii foram a Paris. Quando o governo de Versalhes começou a bombardear a Comuna, Sofia e Aniuta serviram de enfermeiras para os feridos. Os Kovalevskii regressaram a Berlim, mas quando Paris caiu e Jaclard foi preso voltaram para ajudar Aniuta, levando-a em segurança para Londres. Ali, Karl Marx forneceu mais ajuda. O general Korvin-Krukovsky e sua esposa foram a Paris com intenção de libertar Jaclard. Não conseguiram a soltura oficial, mas casualmente mencionou-se que Jaclard estava sendo transferido para outra prisão. Enquanto os prisioneiros eram conduzidos no meio da multidão, uma mulher agarrou Jaclard pelo braço e o arrastou para longe. Alguns acreditam que tenha sido Aniuta (só que na época ela estava em Londres), outros, que era Kovalevskaia, e outros, ainda, a irmã de Jaclard; alguns acham que foi Vladimir disfarçado. Jaclard escapou, Vladimir deu-lhe seu passaporte e ele fugiu para a Suíça. Daí em diante, mesmo quando imersa na matemática, Kovalevskaia envolveu-se em movimentos políticos e sociais.

De volta a Berlim, ela mergulhou nos estudos com entusiasmo. Sua pesquisa ia bem, mas o casamento não. O casal brigava sem parar, e Vladimir falava sombriamente em divórcio. Em 1874 Kovalevskaia havia escrito três artigos de pesquisa, todos com qualidade de doutorado. O mais importante foi o primeiro; Charles Hermite o chamou de "o primeiro resultado significativo na teoria geral das equações diferenciais parciais". O segundo era sobre a dinâmica dos anéis de Saturno e o terceiro era um artigo técnico sobre a simplificação de integrais.

Uma equação diferencial parcial relaciona as taxas de variação de alguma grandeza em conexão com diversas variáveis distintas. Por exemplo, a equação do calor de Fourier relaciona variações de temperatura em referência ao espaço – ao longo da haste – a como seu valor em cada local específico varia em relação ao tempo. Seu artifício para resolver a equação usando séries trigonométricas se apoia numa característica especial: a equação é linear, então, as soluções podem ser somadas umas às outras, produzindo soluções adicionais. O artigo de Kovalevskaia de 1875 prova a existência de soluções para equações diferenciais parciais *não lineares*, contanto que elas satisfaçam a algumas condições técnicas. Ela estendia os resultados de Cauchy de 1842, e uma versão combinada é agora chamada teorema de Cauchy-Kovalevskaia.

O artigo de Kovalevskaia sobre os anéis de Saturno foi escrito enquanto ela trabalhava com Weierstrass, mas o tópico não o interessava, e ela fez a pesquisa sozinha. Estudou a dinâmica do modelo de anéis giratórios de líquido, proposto por Laplace como modelo para os anéis de Saturno. Analisou a estabilidade dos anéis nesse modelo, mostrando que não podiam ser elipses, conforme Laplace pensara, mas tinham a forma de ovo, largos em uma das extremidades e mais estreitos na outra. O artigo é interessante pelos seus métodos, e seria ainda mais se contivesse as provas necessárias, mas logo descobriu-se que os anéis eram feitos de inúmeras partículas discretas, então o modelo de fluidos subjacente era questionável. Como escreveu Kovalevskaia: "Pela pesquisa de Maxwell, passou a se duvidar se a visão de Laplace sobre a estrutura dos anéis de Saturno é aceitável."

Agora chega-se ao perene problema da política acadêmica. Os artigos tinham de ser apresentados a uma universidade para o doutorado, e precisava ser uma das raras instituições dispostas a conceder o título a uma mulher.

Sofia Kovalevskaia

Weierstrass abordou a Universidade de Göttingen, que às vezes concedia doutorado a estrangeiros sem fazê-los passar pelo costumeiro exame oral, que seria realizado em alemão. Kovalevskaia obteve o grau de doutora em matemática *summa cum laude* (com distinção), tornando-se a primeira mulher após Maria Agnesi, na Itália renascentista, a ter doutorado nessa disciplina e uma das poucas a chegar até aí na área científica.

Kovalevskaia era agora uma matemática plenamente qualificada.

EM 1874 OS KOVALEVSKII voltaram à Rússia, primeiro para a casa da família em Palabino, e daí para São Petersburgo, em busca de cargos acadêmicos, mas fracassaram nesse intento. O diploma alemão de Kovalevskaia não valia nada: ela precisaria de um diploma russo. No entanto, como mulher, não tinha permissão de fazer o exame. Frustrado, o casal resolveu abrir negócios para fazer algum dinheiro, decisão que rapidamente se mostrou desastrosa. O pai de Kovalevskaia morreu em 1875, deixando-lhe uma herança de 30 mil rublos, o que lhes garantiria uma vida frugal, se o dinheiro fosse investido sensatamente. Em vez disso, o casal o aplicou num projeto de propriedade. De início a coisa parecia um sucesso, e os Kovalevskii mudaram-se para uma casa nova, com jardim, pomar e uma vaca. (Ter uma vaca própria era *de rigueur* entre os russos da classe média abastada.) Eles tiveram uma filha, também chamada Sofia. Vladimir pôs mais dinheiro num jornal radical, acabando por perder 20 mil rublos quando o periódico faliu. Meses depois o projeto da propriedade desabou. Vladimir tinha usado lucros futuros especulativos para comprar a terra, e quando seus credores cobraram as dívidas, o império rural acabou se revelando uma fantasia.

Em 1878 Kovalevskaia renovou o contato com Weierstrass e seguiu seu conselho de estudar a refração da luz por um cristal. Em 1879 palestrou no VI Congresso de Cientistas Naturais sobre sua pesquisa a respeito de integrais abelianas. Em 1881 ela e sua filha chegaram a Berlim, onde Weierstrass encontrou-lhes um apartamento. As finanças de Vladimir iam de mal a pior, e as propriedades do casal foram vendidas para pagar as dívidas.

Em 1883, sofrendo de súbitas alterações de humor e passível de enfrentar um processo pelo seu papel numa vigarice financeira, ele cometeu suicídio bebendo um frasco de clorofórmio. Uma Kovalevskaia tomada pela culpa deixou de comer por cinco dias, e então desmaiou. Alimentada à força pelo médico, recobrou a consciência e se atirou no trabalho, completando sua teoria da refração num cristal. Voltou a Moscou para deixar as coisas de Vladimir em ordem e apresentou sua pesquisa sobre a refração no VII Congresso de Cientistas Naturais.

A morte do marido retirou o obstáculo fundamental entre Kovalevskaia e um posto acadêmico, porque a viúva era mais aceitável que a mulher independente ou casada. Antes ela conhecera o proeminente matemático sueco Gösta Mittag-Leffler por intermédio da irmã dele, Anna Carlotta Edgren-Leffler, revolucionária, atriz, romancista e dramaturga. A amizade durou até a morte de Kovalevskaia. Mittag-Leffler, impressionado pela pesquisa sobre integrais abelianas, garantiu-lhe uma posição na Universidade de Estocolmo – temporária e provisória, mas mesmo assim um verdadeiro posto acadêmico. Kovalevskaia tornou-se a única mulher em toda a Europa a obter essa posição. Ela chegou a Estocolmo no fim de 1883. Sabia que o trabalho seria desafiador e que teria de batalhar contra o preconceito, mas um jornal progressista a descreveu como "princesa da ciência", o que foi encorajador – embora tenha comentado que um aumento de salário seria ainda melhor.

As ambições literárias de Kovalevskaia floresceram, e ela e Edgren-Leffler foram coautoras de duas peças: *A luta pela felicidade* e *Como poderia ter sido*. Também atacou um importante problema clássico em mecânica: a rotação de um corpo rígido em torno de um ponto fixo. Aqui ela fez uma descoberta totalmente inesperada – um novo tipo de solução agora chamada pião de Kovalevskaia. Algumas permutas político-acadêmicas converteram sua posição não remunerada num professorado extraordinário, que poderia vir a se tornar permanente após cinco anos. Agora Sofia tinha o bastante para viver – modestamente –, e começou a pagar as dívidas do marido. Ela se tornou uma espécie de celebridade local, e obteve a permissão para lecionar em qualquer universidade prussiana. Viajou de

Sofia Kovalevskaia

volta para a Rússia, depois para Berlim e de volta à Suécia. Entrou para o corpo editorial da revista *Acta Mathematica*, do qual também foi a primeira integrante mulher.

As rodas se movimentavam; Hermite persuadira o Prêmio Bordin da Academia de Paris a apresentar um problema sob medida para os interesses de Kovalevskaia, e não havia muita dúvida entre o círculo interno de que ela o receberia. Em 1888 ganhou o prêmio pelo seu trabalho sobre a rotação de um corpo sólido. À medida que crescia sua reputação como importante pesquisadora matemática, as velhas barreiras começavam a cair. Em 1889 Kovalevskaia foi nomeada professora na Universidade de Estocolmo, num posto estável e vitalício. Foi a primeira mulher a conquistar esse cargo numa universidade da Europa setentrional. Após muita pressão a seu favor, foi-lhe concedida uma cadeira na Academia de Ciências da Rússia. Primeiro o comitê votou por mudar as regras a fim de permitir que mulheres fossem admitidas; três dias depois a elegeram.

Kovalevskaia escreveu diversas obras não matemáticas, incluindo *Uma infância russa*, suas peças com Anna Carlotta e um romance parcialmente autobiográfico, *Garota niilista* (1890). Morreu de influenza em 1891.

A DESCOBERTA INESPERADA de Kovalevskaia, de nova solução para o problema de um corpo rígido em rotação, foi uma contribuição fundamental para a mecânica, que analisa como partículas e corpos se movem sob a ação de forças. Exemplos típicos são a oscilação do pêndulo, o giro do pião e o movimento orbital de um planeta ao redor do Sol. Como vimos no Capítulo 7, a mecânica realmente decolou em 1687, quando Newton publicou suas leis do movimento. A segunda lei é especialmente importante, porque nos diz como um corpo se move sob a influência de forças conhecidas; massa vezes aceleração é igual a força. Essa lei especifica indiretamente a posição do corpo em termos da *taxa de variação da taxa de variação* da posição, tornando-a uma equação diferencial de "segunda ordem".

Se tivermos sorte, poderemos resolver a equação, obtendo uma fórmula para a posição do corpo em qualquer instante dado. Se assim for, a equação é integrável. Um trabalho muito anterior em mecânica se reduz a encontrar sistemas modelados por equações integráveis. Porém, até para sistemas muito simples, isso pode ser difícil. O pêndulo é um dos sistemas mecânicos mais simples que existem, e ele pode ser integrável; mesmo assim, uma fórmula exata envolve funções elípticas.

Para começar, casos integráveis foram descobertos por tentativas e erros inteligentes. À medida que os matemáticos ganharam experiência, começaram a fixar alguns princípios gerais. Entre eles, os mais importantes são conhecidos como leis de conservação, porque especificam grandezas que são conservadas – não variam – durante o movimento. A mais familiar delas é a energia. Na ausência de atrito, a energia total de um sistema mecânico é sempre a mesma. E também a quantidade de movimento, conhecida como momento linear, e o momento angular. Se houver grandezas conservadas suficientes, elas podem ser usadas para deduzir a solução, e o sistema é integrável. Por razões históricas, os casos integráveis para o movimento de um corpo rígido são conhecidos como "piões".

Antes de Kovalevskaia, eram conhecidos dois piões integráveis. Um é o pião de Euler, um corpo rígido não sujeito a forças de torção externas (torques). O outro é o pião de Lagrange, que gira em torno de seu eixo numa superfície plana horizontal com a gravidade atuando verticalmente. Lagrange descobriu que esse sistema é integrável se o pião tiver simetria rotacional. A chave em ambos os casos é considerar os momentos de inércia do pião, que nos dizem quanto torque (força de torção) é necessário para acelerar seu movimento angular em torno de um eixo dado em um certo valor. O corpo rígido de Euler tem três momentos de inércia especiais, chamados principais. Todo matemático versado em mecânica conhecia os piões de Euler e de Lagrange. Também sabiam – ou achavam que sabiam – que esses eram os únicos casos integráveis. A descoberta de Kovalevskaia, de um terceiro caso, foi, para dizer o mínimo, um choque. Além disso, ele não se apoia na simetria, à qual os matemáticos começavam a se acostumar, percebendo que isso ajudava a resolver equações; em vez disso, a nova solução explorava características misteriosas de um pião com um momento de inércia principal com metade do tamanho dos outros dois. Agora sabemos que não há outros casos integráveis.

Sistemas não integráveis podem ser estudados por outros meios, como as aproximações numéricas. Muitas vezes eles exibem caos determinista, o comportamento irregular resultante de leis não aleatórias. Mas mesmo hoje físicos, engenheiros e matemáticos têm sério interesse nos sistemas integráveis: eles são mais fáceis de compreender, fornecendo raras ilhas de regularidade num oceano de caos, e sua natureza excepcional os torna especiais, portanto, dignos de estudo detalhado. O pião de Kovalevskaia tornou-se um clássico da física matemática.

18. Ideias surgiam aos borbotões

HENRI POINCARÉ

Jules Henri Poincaré
Nascimento: Nancy, Lorena, França, 29 de abril de 1854
Morte: Paris, França, 17 de julho de 1912

ARQUIMEDES TINHA IDEIAS no banho. Henri Poincaré tinha ideias ao subir no ônibus.

Poincaré foi um dos mais inventivos e originais matemáticos do seu tempo. Também escreveu diversos livros best-sellers de ciência popular baseados em palestras dadas na Sociedade de Psicologia de Paris. Ele se interessava pelos processos de pensamento dos matemáticos, com particular ênfase no subconsciente. Em *Science et méthode* ele relata um exemplo da sua própria experiência:

> Durante quinze dias lutei para provar que não podia haver nenhuma função como aquelas que desde então chamei de funções fuchsianas. Na ocasião eu era ignorante; todo dia me sentava à minha mesa, ali ficava uma ou duas horas, tentava um grande número de combinações e não chegava a resultado algum. Uma noite, contrariando meu costume, tomei café preto e não con-

segui dormir. As ideias surgiam aos borbotões; eu as sentia colidir até que pares se interligassem, por assim dizer, formando uma combinação estável. Na manhã seguinte eu tinha estabelecido a existência de uma classe de funções fuchsianas, aquelas que provêm das séries hipergeométricas; precisei apenas anotar os resultados, o que levou poucas horas.

Ele então entra em alguns detalhes sobre suas próprias experiências, primeiro ao ressaltar que, parafraseando, você não precisa saber o que significam os termos técnicos na história. Basta considerá-los marcadores significativos em algum tópico matemático avançado.

Eu queria representar essas funções por um quociente de duas séries; esta era uma ideia perfeitamente consciente e deliberada, a analogia com as funções elípticas me guiava. Perguntei a mim mesmo que propriedades essas séries deveriam ter, caso existissem, e sem dificuldade obtive êxito em formar as séries que chamei de tetafuchsianas. Justamente nessa época deixei Caen, onde então morava, para participar de uma excursão geológica sob os auspícios da École de Mines. As mudanças de viagem me fizeram esquecer o trabalho matemático. Tendo chegado a Coutances, entramos num ônibus para ir a um ou outro lugar. No momento em que pus o pé no degrau, veio-me a ideia, sem que nada nos meus pensamentos anteriores parecesse ter pavimentado o caminho até ela, de que as transformações que eu havia usado para definir funções fuchsianas eram idênticas àquelas da geometria não euclidiana. Não verifiquei a ideia; não devo ter tido tempo, pois, ao tomar assento no ônibus, voltei a uma conversa já começada, mas senti uma certeza perfeita. No regresso a Caen, por desencargo de consciência, verifiquei o resultado, para meu prazer.

A história continua com mais dois momentos de iluminação súbita.

Refletindo sobre essa e outras descobertas, Poincaré distinguiu três fases da descoberta matemática: preparação, incubação e iluminação. Isto é: faça trabalho consciente o bastante para mergulhar no problema e encalhar; espere até o subconsciente ruminar o problema; então a lampadazinha de repente acende em sua cabeça, é o celebrado momento "Eureca!".

Essa ainda é uma das melhores sacações que temos sobre o funcionamento de uma grande inteligência matemática.

Henri Poincaré nasceu em Nancy, França. Seu pai, Léon, era professor de medicina na Universidade de Nancy, e sua mãe chamava-se Eugénie (nascida Launois). Seu primo Raymond Poincaré tornou-se primeiro-ministro e foi presidente da República francesa durante a Primeira Guerra Mundial. Henri sofreu de difteria quando muito novo, e a mãe propiciou-lhe ensino especial em casa até ele se recuperar. O menino frequentou o liceu em Nancy, passando ali onze anos. Foi excepcional em todas as matérias e absolutamente formidável em matemática. Seu professor o chamou de "monstro da matemática", e ele ganhou prêmios nacionais. Tinha uma memória excelente e era capaz de visualizar formas complicadas em três dimensões, o que o ajudou a compensar uma visão tão fraca que ele mal podia enxergar o quadro-negro, muito menos o que estava escrito nele.

Em 1870 a Guerra Franco-Prussiana estava em pleno vigor, e Poincaré serviu no corpo de ambulâncias com o pai. A guerra terminou em 1871, e em 1873 ele passou a frequentar a École Polytechnique em Paris, graduando-se em 1875. Mudou então para a École de Mines, estudando engenharia de mineração e ainda mais matemática. Graduou-se em engenharia de mineração em 1879. Aquele foi um ano movimentado. Henri tornou-se inspetor de minas no Corps de Mines, na região de Vesoul, e realizou uma investigação oficial de um acidente em Magny no qual dezoito mineiros foram mortos. Também se dedicou ao doutorado, sob orientação de Charles Hermite, trabalhando em equações de diferenças, análogas às equações diferenciais, nas quais o tempo varia em passos discretos e não continuamente. Poincaré percebeu o potencial dessas equações como modelos de muitos corpos se movendo sob efeito da gravidade, tais como o sistema solar, antecipando desenvolvimentos futuros nessas áreas, que cresceram em importância quando os computadores passaram a ser potentes o bastante para realizar as enormes quantidades de cálculos requeridos.

Depois de completar o doutorado, Poincaré conseguiu um emprego como palestrante júnior em matemática na Universidade de Caen e conheceu sua futura esposa, Louise Poulin d'Andesi. Eles se casaram em 1881 e tiveram quatro filhos – três meninas e um garoto. Em 1881 ele já havia obtido emprego mais prestigioso na Universidade de Paris, onde amadureceu para se tornar um dos mais proeminentes matemáticos de sua época. Poincaré era altamente intuitivo, e suas melhores ideias frequentemente chegavam quando estava pensando em outra coisa – como ilustra a história sobre o ônibus. Escreveu diversos livros de ciência popular que venderam muito bem: *La science et l'hypothèse* (1901), *La valeur de la science* (1905) e *Science et méthode* (1908). E abarcou a maior parte da matemática do seu tempo, incluindo teoria de função complexa, equações diferenciais, geometria não euclidiana, topologia – que ele praticamente fundou – e aplicações da matemática a áreas tão diversas quanto eletricidade, elasticidade, óptica, termodinâmica, relatividade, teoria quântica, mecânica celeste e cosmologia.

TOPOLOGIA, COMO VOCÊ se recorda, é a "geometria da folha de borracha". A geometria de Euclides é construída em torno de propriedades preservadas por movimentos rígidos, tais como comprimentos, ângulos e áreas. A topologia joga tudo isso fora, buscando propriedades preservadas por transformações contínuas, que podem dobrar, esticar, comprimir e torcer. Entre essas propriedades estão a conectividade (um pedaço ou dois?), a existência de nós e de um ou mais furos. O assunto pode parecer nebuloso, mas continuidade é fundamental, talvez ainda mais que a simetria. No século XX a topologia se tornou um dos três pilares da matemática pura, sendo os outros dois a álgebra e a análise.

Que isso tenha ocorrido deve-se em grande parte a Poincaré, que caminhou para além das folhas de borracha, chegando aos espaços de borracha, por assim dizer. A metáfora da folha é um conceito bidimensional. Ignorando qualquer espaço ao redor – o ponto de vista de Gauss –, bastam somente dois números para especificar um ponto numa folha, ou, mais formalmente, numa superfície. Os topólogos clássicos, entre eles o discípulo de Gauss, Johann Listing, conseguiram entender a topologia das superfícies em detalhes consideráveis. Em particular, eles a classificaram, ou seja, listaram a totalidade das formas possíveis. Para fazer isso, exploraram um engenhoso método a fim de construir a superfície a partir de um polígono plano (e seu interior).

Um exemplo de superfície simples e importante é o toro. Quando embutido num espaço tridimensional, ele tem o formato de rosquinha, com um furo no meio. O toro matemático é definido como a superfície da rosquinha – sem a massa, só a fronteira entre a massa e o ar em volta. Conceitualmente essa forma pode ser definida sem massa e sem ar. Comece com um quadrado e acrescente regras dizendo que pontos correspondentes em bordas opostas são idênticos, coincidentes. *Se* você enrolar o quadrado de modo a colar as bordas correspondentes, obtém um toro. Mas você pode estudar tudo num quadrado plano, contanto que se lembre das regras. Muitos jogos de computador "dobram" a tela retangular implantando regras de colagem graficamente, de modo que um monstro alienígena desaparecido do lado esquerdo reapareça à direita. Ninguém com bom senso tentaria dobrar *fisicamente* a tela para obter esse efeito. Esse objeto atende pelo esquisitíssimo nome de "toro plano", ou "toro chato". É plano ou chato porque sua geometria local é a mesma que a de

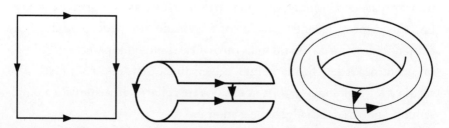

Se bordas opostas de um quadrado são coladas, o resultado é um toro.
Mas o resultado pode ser imaginado e estudado usando apenas o
quadrado e regras de colagem, sem efetivamente curvar o quadrado.

um quadrado plano. É toro porque sua topologia global é a de um... bem, de um toro.

Listing e outros mostraram que qualquer superfície fechada de extensão finita pode ser obtida colando-se conceitualmente as bordas de um polígono conveniente. Em geral ele tem mais de quatro lados, e as regras de colagem podem ser complicadas. A partir disso pode-se provar que toda superfície orientável – tendo dois lados separados, ao contrário da famosa faixa de Möbius – é um k-toro. Ou seja, é uma superfície como um toro, mas com k furos, para $k = 0, 1, 2, 3, \ldots$ Se $k = 0$ obtemos uma esfera, se $k = 1$ obtemos o toro usual, se $k \geq 2$ obtemos algo mais complicado. Há também uma classificação análoga de superfícies não orientáveis, mas não vamos entrar nisso.

Poincaré quis generalizar a topologia para espaços de dimensão superiores a duas, e o primeiro passo óbvio foi ir para as três dimensões. Aqui a visão intrínseca de Gauss da geometria é vital, porque faz pouco sentido tentar inserir um complicado espaço topológico num espaço euclidiano tridimensional comum. É como tentar inserir um toro no plano sem o truque de fazer coincidir as bordas. Ele não cabe.

Para ver que espaços topológicos tridimensionais – variedades* tridimensionais ou 3-variedades – são possíveis, generalizamos o artifício que Johann Listing usou. Por exemplo, o toro plano tridimensional é feito pegando-se um cubo sólido (para obter algo tridimensional precisamos do interior, não só das seis faces quadradas) e colando conceitualmente as faces opostas entre si. Agora um alienígena sólido pode desaparecer de uma face e reaparecer na face oposta, já que essas duas faces são lados opostos de um portal no estilo Stargate, e o alienígena acabou de passar por ele.

O 2-toro e o 3-toro.

---

* O autor refere-se aqui ao conceito matemático de "variedade", *manifold*. (N.T.)

De forma mais genérica, podemos pegar um poliedro e colar faces umas nas outras conforme alguma lista de regras. Essa receita leva a uma porção de 3-variedades topologicamente diferentes, mas já não fornece todas elas. (Isso não é óbvio, mas é verdade.) Na realidade, classificar os tipos topológicos de variedades com três ou mais dimensões é essencialmente impossível; há formas demais topologicamente distintas. Mas com bastante esforço podem-se extrair alguns padrões gerais. Em relação a isso, uma questão absolutamente clássica remonta a Poincaré, e é conhecida como conjectura de Poincaré. Na verdade, seria melhor se fosse chamada de erro de Poincaré, como em breve veremos, mas sejamos condescendentes. Em 1904 Poincaré descobriu que algo que ele vinha assumindo tacitamente como óbvio não era nem verdade, e perguntou-se se podia ser consertado começando a partir de hipóteses mais robustas. Ele não conseguiu resolver a questão, comentando que "ela nos deixaria extraviados demais", e a legou como provocação para as gerações futuras.

Para entender a conjectura, começamos com uma questão análoga no contexto mais simples das superfícies. Como podemos distinguir a esfera de todos os outros k-toros? Poincaré observou que uma característica topológica simples resolve a coisa. Se você desenhar um laço – qualquer curva cujas extremidades se encontrem – numa esfera, ele pode ser deformado continuamente e permanecer sempre sobre a esfera, até ser comprimido num ponto único. Sem furos para atrapalhar, você pode continuar encolhendo o laço até que ele se reduza a esse ponto. Num k-toro com um ou mais furos ($k > 0$), porém, um laço que serpenteia através de um furo não pode ser comprimido dessa maneira. Ele continua enroscado no furo.

O jargão para "todo laço se deforma até um ponto" é "esfera de homotopia". Acabamos de esboçar uma prova de que, para superfícies, toda esfera de homotopia é topologicamente a mesma que uma esfera genuína. Isso caracteriza a esfera por meio de uma simples propriedade topológica. Uma formiga hipotética, vivendo numa superfície, poderia a princípio saber se está numa esfera arrastando laços de barbante por todos os lados e tentando fazer com que se juntem num único ponto. Poincaré assumiu que o mesmo tipo de coisa caracteriza uma 3-esfera, que é uma 3-variedade análoga à superfície esférica. Ela não é apenas uma bola sólida. Uma bola tem uma fronteira, a 3-esfera não tem. Você pode pensar nela como uma bola sólida cuja superfície é comprimida até um único ponto – exatamente como um disco se torna uma esfera, topologicamente, quando você junta todos os pontos de fronteira entre si. Pense num saco com uma corda em volta da abertura. Quando você puxa e aperta a corda, as bordas do saco ficam amarrotadas, e o saco tem a mesma topologia da esfera.

Agora faça isso com uma dimensão extra para brincar.

A conjectura surgiu porque Poincaré estava pensando em outra propriedade topológica, conhecida como homologia. Esta é menos intuitiva do que laços que se deformam, mas está intimamente relacionada a ela. Há uma sensação de que laços enroscados em furos distintos num k-toro constituem maneiras diferentes de *não* ser deformável até um ponto. A homologia capta essa ideia sem fazer referência a furos, que são uma interpretação do resultado em termos que apelam ao nosso sentido visual. A noção de furo é um pouco enganosa, porque o furo não é parte da superfície: é um lugar onde a superfície está ausente. Em duas dimensões, graças ao teorema da classificação, uma esfera pode ser caracterizada por duas propriedades de homologia (sem furos).

Num de seus primeiros artigos, Poincaré assumia que a mesma afirmação é verdadeira para três dimensões. Parecia óbvio que ele não se dera ao trabalho de provar isso. Mas então ele descobriu um espaço que tem a mesma homologia que a 3-esfera, mas é topologicamente distinta dela. Para construí-la, cole faces opostas de um dodecaedro sólido, de forma semelhante a fazer um toro plano tridimensional a partir de um cubo sólido. Para provar que esse "espaço dodecaédrico" não é topologicamente equivalente a uma 3-esfera, Poincaré inventou a homotopia – o que acontece com o laço quando você o deforma. Ao contrário da 3-esfera, esse espaço dodecaédrico contém laços que *não* se deformam continuamente até um ponto. Então ele indagou se essa propriedade adicional caracterizaria uma 3-esfera. Essa era uma pergunta, não uma conjectura de fato, porque ele não exprimiu uma opinião explícita. No entanto, é evidente que ele esperava que a resposta fosse "sim", logo, chamá-la de conjectura não é injusto demais.

Acabou que conjectura de Poincaré era difícil. Muito difícil. Se você é topólogo, acostumado à terminologia e às maneiras de pensar, a pergunta é simples e natural. Deveria ter uma resposta natural com uma prova simples. Aparentemente, não. Mas as ideias que levaram Poincaré a ela deflagraram uma explosão de pesquisas sobre espaços e propriedades topológicas como homologia e homotopia que, com sorte, poderá fazer a distinção entre elas. A conjectura de Poincaré foi finalmente provada em 2002 por Grigori Perelman, usando métodos novos inspirados em parte na relatividade geral.

PARA POINCARÉ, a topologia não era só um jogo intelectual. Ele a aplicou à física. O método tradicional para analisar um sistema dinâmico é escrever sua equação diferencial e então resolvê-la. Infelizmente, o método raras vezes dá uma resposta exata, então, durante séculos, os matemáticos usaram métodos aproximados. Até os computadores se tornarem amplamente acessíveis, as aproximações assumiam a forma de séries infinitas, das quais apenas os poucos primeiros termos seriam efetivamente usados; os computadores também tornaram práticas as aproximações numéricas. Em 1881 Poincaré desenvolveu uma maneira inteiramente nova de pensar em equações diferenciais no seu ensaio "Mémoire sur les courbes définies par une équation différentielle". O artigo fundamenta a teoria qualitativa de equações diferenciais, buscando deduzir as propriedades das soluções de uma equação diferencial sem escrever fórmulas ou séries para elas, ou calculá-las numericamente. Em vez disso, ela explora as características topológicas gerais do retrato de fase – as coleções de todas as soluções, vistas como um objeto geométrico unificado.

Uma solução de equações diferenciais descreve como as variáveis se alteram com a passagem do tempo. Ela pode ser visualizada desenhando essas variáveis como coordenadas. À medida que o tempo passa, as coordenadas variam, então, o ponto que representam move-se ao longo da curva, a trajetória de solução. As possíveis combinações de variáveis determinam um espaço multidimensional, com uma dimensão por variável, chamada espaço de fase ou espaço de estado. Se existe solução para todas as condições iniciais, o que comumente acontece, todo ponto no espaço de fase encontra-se em alguma trajetória. Assim, o espaço de fase se divide numa família de curvas, o retrato de fase. As curvas se encaixam da mesma forma que uma pelagem composta de fios longos delicadamente penteada, exceto perto de um estado estável da equação, onde a solução permanece constante o tempo todo e o pelo se reduz a um ponto. Estados estáveis são fáceis de achar e formam o início de um "esqueleto" do retrato de fase: um diagrama de suas principais características distintivas.

Como foi descrito até aqui, cabe conhecer as soluções, ou suas aproximações numéricas, para desenhar o retrato de fase. Poincaré descobriu que algumas das propriedades das soluções podem ser detectadas topologicamente. Por exemplo, se o sistema tem uma solução periódica – que repete a mesma sequência de estados vezes e vezes seguidas –, a trajetória é um laço, e a solução apenas fica dando voltas e mais voltas como o hamster na roda. Topologicamente, qualquer laço pode ser deformado num círculo, então, o problema se simplifica para propriedades topológicas dos círculos. A presença de um laço às vezes pode ser detectada considerando a seção de Poincaré. Esta é uma superfície que corta um punhado de trajetórias. Dado qualquer ponto na seção, seguimos sua trajetória até que ele atinja novamente a seção (se é que atinge). Isso determina um mapa da superfície para si mesma, o mapa de Poincaré ou mapa do "primeiro retorno". Se a seção cruza uma trajetória periódica, o ponto correspondente volta ao mesmo local. Ou seja, é um ponto fixo no mapa de Poincaré.

Em particular, suponha que a seção seja um disco, uma bola ou um objeto análogo de dimensão superior, e que possamos mostrar que a imagem da seção sob o mapa de Poincaré esteja dentro da mesma seção. Então podemos invocar um resultado topológico geral conhecido como teorema do ponto fixo de Brouwer para concluir que há um ponto fixo; ou seja, a equação diferencial tem uma solução periódica passando através dessa seção. Poincaré introduziu uma diversidade de técnicas ao longo dessas linhas e enunciou uma conjectura geral sobre o comportamento de longo prazo de trajetórias para equações diferenciais em duas variáveis. A saber, a trajetória pode convergir para um ponto, um laço fechado ou um ciclo heteroclínico – um laço formado por trajetórias que ligam entre si um número finito de pontos fixos. Ivar Bendixson provou essa conjectura em 1901, e o resultado é conhecido como teorema de Poincaré-Bendixson.

A percepção de Poincaré de que métodos topológicos potencialmente oferecem profundos insights acerca das soluções de equações diferenciais, mesmo quando não existe fórmula para essas soluções, está por trás da atual abordagem da dinâmica não linear, com aplicações que atravessam todo o quadro científico. E levou-o a outra descoberta épica: o caos, agora um dos grandes triunfos da dinâmica topológica. O contexto foi o movimento de vários corpos sob gravidade newtoniana – o problema dos muitos corpos.

Johannes Kepler deduziu, a partir das suas observações de Marte, que a órbita de um único planeta ao redor do Sol é uma elipse. Newton explicou esse fato geométrico em termos da lei da gravitação: *quaisquer* dois corpos no Universo atraem-se mutuamente com uma força proporcional a suas massas e inversamente proporcional ao quadrado da distância entre eles. Em princípio, a lei de Newton prediz o movimento de qualquer número de corpos gravitando mutuamente, tais como os planetas do sistema solar. Infelizmente a lei da gravidade não prescreve o movimento diretamente: ela fornece uma equação diferencial cuja *solução* dá as posições dos corpos em qualquer instante de tempo. Newton descobriu que, para dois corpos, essa equação pode ser resolvida, e o resultado é a elipse de Kepler. Porém, para três ou mais corpos, nenhuma solução simples desse tipo parecia viável, e os matemáticos que trabalhavam em mecânica celeste recorriam a artifícios e aproximações especiais.

Mil oitocentos e oitenta e nove foi o ano do sexagésimo aniversário de Oscar II, rei da Suécia e da Noruega, que na época formavam um reino só.

Henri Poincaré 217

Como celebração, o rei ofereceu um prêmio para a solução do problema dos muitos corpos, tópico proposto por Mittag-Leffler. A resposta deveria ser dada não como fórmula simples, que quase com certeza não existia, mas como uma série infinita convergente. O problema pode então ser solucionado em qualquer grau desejado de exatidão calculando-se termos suficientes da série.

Poincaré decidiu fazer uma tentativa e ganhou o prêmio, ainda que seu ensaio não solucionasse o problema todo. Ele considerava apenas três corpos, e assumia que dois de igual massa orbitavam mutuamente em pontos diametralmente opostos de um círculo, e o terceiro era tão leve que não tinha efeito sobre os dois corpos mais massivos. Os resultados apresentaram a evidência de que, em algumas circunstâncias, não existe solução do tipo especificado. O sistema pode às vezes se comportar de maneira altamente irregular, de modo que sua geometria dá a impressão de que alguém deixou cair por acidente, no chão, uma bola de barbante frouxamente enrolada. Poincaré descreveu sua percepção geométrica fundamental de como duas importantes curvas que definem a dinâmica se cruzam:

> Quando se tenta descrever a figura formada por essas duas curvas e sua infinidade de interseções, cada qual correspondendo a uma solução duplamente assintótica, essas interseções formam uma espécie de teia, rede ou malha infinitamente apertada. ... É tão impressionante a complexidade dessa figura que nem sequer tento desenhá-la.

Agora compreendemos que Poincaré descobriu o primeiro exemplo importante de caos dinâmico: a existência de soluções de equações deterministas tão irregulares que alguns aspectos delas parecem aleatórios. Mas na época o resultado – embora intrigante – parecia mais um beco sem saída.

Até recentemente o que acabei de relatar era a história oficial. Mas na década de 1990 a historiadora da matemática June Barrow-Green estava visitando o Instituto Mittag-Leffler, na Suécia, e topou com a cópia impressa de uma versão diferente do ensaio de Poincaré – e ele não mencionava a possibilidade de órbitas altamente irregulares. Descobriu-se que essa era a versão que Poincaré havia apresentado, mas, depois que o ganhador foi anunciado, ele percebeu um erro. Quase toda a tiragem foi destruída, e uma versão correta foi logo impressa à custa de Poincaré. Uma cópia do original, porém, sobreviveu nos arquivos da instituição.[8]

POINCARÉ PODE TRANSMITIR a impressão de que era o estereótipo do pensador não prático, mas ele conservou seus contatos na área da mineração por toda a vida, e de 1881 a 1885 dirigiu o desenvolvimento da ferrovia Norte como engenheiro do Ministério de Serviços Públicos. Em 1893 foi nomeado engenheiro-chefe do Corps de Mines e em 1910 foi promovido a inspetor geral. Na Universidade de Paris, ocupou cadeiras em muitas disciplinas diferentes: mecânica, física matemática, probabilidade e astronomia. Sua eleição para a Academia de Ciências veio quando ele tinha apenas 32 anos, em 1887, dois anos antes de ganhar o prêmio do rei Oscar, e ele acabou se tornando presidente da instituição em 1906. Em 1893 trabalhou para o Bureau des Longitudes, tentando estabelecer um sistema unificado de tempo para o mundo inteiro, sugerindo que o planeta deveria ser dividido em zonas de tempo (o atual fuso horário).

Ele chegou muito perto de bater Einstein na relatividade especial, mostrando, em 1905, que as equações de Maxwell para o eletromagnetismo são invariantes sob o que agora chamamos de grupo de transformações de Lorentz, o que implica que a velocidade da luz deve ser constante num referencial em movimento. Talvez o ponto principal que tenha lhe escapado, mas que Einstein identificou, era que a física é realmente assim. Poincaré propôs a noção de uma onda gravitacional propagando-se à velocidade da luz no espaço-tempo plano da relatividade especial. O experimento Ligo* detectou tais ondas em 2016, mas a essa altura o contexto havia mudado para o espaço-tempo curvo da relatividade geral.

---

* Experimento Ligo, de Laser Interferometer Gravitational-Wave Observatory: projeto fundado em 1992 e patrocinado pela National Science Foundation (EUA) para observar ondas gravitacionais de origem cósmica. (N.T.)

Henri Poincaré

Poincaré morreu de embolia após uma cirurgia de câncer, em 1912, e foi enterrado no jazigo da família, no cemitério de Montparnasse. Sua reputação matemática continuou a crescer, à medida que outros matemáticos desenvolviam as ideias que ele havia proposto. Hoje é considerado uma das grandes figuras originais da matéria, um dos últimos a abranger quase toda a paisagem matemática de seu tempo. Seu legado continua vivo e estimulante.

19. Nós precisamos saber, nós havemos de saber

DAVID HILBERT

David Hilbert
Nascimento: Wehlau, perto de Königsberg,
Prússia (hoje Kaliningrado, Rússia), 23 de janeiro de 1862
Morte: Göttingen, Alemanha, 14 de fevereiro de 1943

UM PROFESSOR ALEMÃO que chegasse aos 68 anos era obrigado a se aposentar. Quando David Hilbert ultrapassou esse marco, em 1930, muitos eventos públicos marcaram o término oficial de uma fantástica carreira acadêmica. Ele discursou sobre o primeiro grande resultado a que chegara, a existência de uma base finita para invariantes. Motoristas descobriam-se guiando pela recém-batizada Hilbertstrasse. Quando sua esposa comentou "Que bela ideia!", Hilbert retrucou "A ideia, não... mas a execução é bonita."

O mais prazeroso de tudo foi ter se tornado cidadão honorário de Königsberg, a cidade perto da qual ele nascera. A honra seria conferida num encontro da Sociedade de Cientistas e Médicos Alemães, e Hilbert devia fazer o discurso de aceitação. Ele decidiu que cabia à ocasião um

David Hilbert 221

discurso amplamente acessível e, como Immanuel Kant tinha nascido em Königsberg, que algo de aspecto filosófico seria apropriado. E também deveria sintetizar o trabalho de sua vida. Sua opção foi "Conhecimento natural e lógica". Hilbert tinha prática em tais atividades, frequentemente dando palestras numa série aos sábados de manhã, direcionada para todos na universidade. Relatividade, infinito, os princípios da matemática... Ele fazia o melhor para tornar esses temas fáceis para qualquer interessado. Agora Hilbert concentrava seus esforços numa palestra que superaria as demais.

"Compreender a natureza e a vida é a nossa mais nobre tarefa", começou ele. E prosseguiu comparando e contrastando dois modos de compreender o mundo: pensamento e observação. Os dois estão interligados pelas leis da natureza, a serem deduzidas a partir de observações e desenvolvidas por pura lógica. Uma visão que teria atraído Kant, o que foi irônico, porque Hilbert não era grande fã de Kant. Aquela não era a ocasião para dizer isso, e quanto a esse aspecto particular não havia discordância, mas Hilbert não pôde resistir a uma cutucada, uma sugestão de que Kant havia superestimado a importância do conhecimento a priori, não obtido por meio da experiência. A geometria era um bom exemplo: não havia motivo para assumir que o espaço fosse necessariamente euclidiano, como argumentava Kant. Retirando-se, porém, as impurezas antropomórficas, os verdadeiros conceitos a priori permanecem, a saber, as generalidades da matemática. "A nossa cultura presente inteira, no que concerne à compreensão intelectual e à conquista da natureza, repousa sobre a matemática!", exclamou ele. E terminou defendendo a matemática pura, com frequência criticada pela falta de relevância prática: "A pura teoria dos números é a parte da matemática para a qual *até agora* [o grifo é meu] nenhuma aplicação foi jamais encontrada. ... A glória do espírito humano é o objetivo único de toda ciência!"

O discurso teve tanto sucesso que Hilbert foi persuadido a repeti-lo para a estação de rádio local, e a gravação sobrevive. Ele enfatizou que problemas antes considerados impossíveis – tais como achar a composição química de uma estrela – haviam produzido novas maneiras de pensar.

"Não existe nada como um problema insolúvel", disse ele. As palavras finais do discurso foram: "Nós precisamos saber. Nós havemos de saber." Então, assim que o técnico parou a gravação, Hilbert riu.

Naquela época, Hilbert estava profundamente mergulhado num maciço programa para assentar toda a matemática sobre fundações lógicas, e suas palavras eram uma declaração de confiança em que seu programa teria êxito. Muito progresso já havia sido feito. Alguns casos obstinados ainda precisavam ser resolvidos. Quando fossem lapidados, Hilbert não teria apenas uma base lógica para toda a matemática: ele seria capaz de provar que seus axiomas são logicamente consistentes.

Mas as coisas não saíram do jeito que ele esperava.

HILBERT VINHA DE uma família de advogados. Seu avô era juiz e consultor privado, e seu pai, Otto, juiz de condado. Sua mãe, Maria (nascida Erdtmann), era filha de um comerciante de Königsberg. As paixões dela eram filosofia, astronomia e números primos, e fica-se com a impressão de que seu entusiasmo se transmitiu ao filho. Uma irmã, Elsie, chegou quando David tinha seis anos. Sua mãe lhe deu aulas em casa até ele entrar na escola, aos oito anos. A escola era especializada nos clássicos, oferecendo pouco em termos de matemática e ciência. Aprendizado por memorização era a ordem do dia, e Hilbert se saía mal em qualquer coisa que exigisse decorar desestruturadas listas de fatos. Ele descreve a si mesmo como "lerdo e tolo". Só uma matéria era a gloriosa exceção. No seu relatório escolar pode-se ler: "Para a matemática ele sempre mostrou um interesse muito vívido e uma penetrante compreensão: dominou toda a matéria ensinada na escola de maneira muito prazerosa e foi capaz de aplicá-la com segurança e engenho."

Em 1880 Hilbert começou a estudar para obter o diploma na Universidade de Königsberg, especializando-se em matemática. Fez cursos em Heidelberg com Lazarus Fuchs; de volta a Königsberg, estudou com Heinrich Weber, Ferdinand von Lindemann e Adolf Hurwitz. Fez estreita amizade com Hurwitz e Hermann Minkowski, seu colega. Ao longo de

David Hilbert

toda a vida correspondeu-se com Minkowski. Lindemann, que em breve ficaria famoso por provar que π não satisfaz a nenhuma equação algébrica com coeficientes inteiros, tornou-se orientador da tese de Hilbert. Ele sugeriu que o orientando trabalhasse na teoria de invariantes, seguindo a trilha aberta por Boole e ampliada por Arthur Cayley, James Sylvester e Paul Gordan. Seus métodos eram computacionais, e a habilidade de Hilbert nesses horríveis cálculos impressionou o amigo Minkowski, que escreveu: "Eu me rejubilava com todos os processos pelos quais os pobres invariantes tinham de passar." Em 1885 Hilbert obteve o doutorado, depois de dar uma aula pública sobre física e filosofia.

Na época, a principal autoridade em teoria de invariantes era Gordan, e a grande questão não resolvida era provar a existência, para qualquer número de variáveis e qualquer grau de equação, de uma base finita, isto é, um número finito de invariantes tais que todos os outros invariantes sejam combinações deles. Liste a base, e efetivamente você tem a coisa toda. Para quadráticas de duas variáveis, a base consiste unicamente no discriminante. A finitude havia sido provada em muitos casos, sempre calculando todos os invariantes e então extraindo uma base. Por esse método, Gordan tinha provado o teorema mais genérico desse tipo então conhecido.

Toda a área foi virada de cabeça para baixo em 1888, quando Hilbert publicou um breve artigo provando que uma base finita sempre existe, *sem calcular nenhum invariante*. Na verdade, ele provou que qualquer coleção apropriada de expressões algébricas sempre tem uma base finita – quer seja ela composta de invariantes, quer não. Esse não era o tipo de resposta que Gordan esperava, e quando Hilbert submeteu o trabalho à *Mathematische Annalen*, Gordan o rejeitou. "Isso não é matemática", disse ele. "Isso é teologia." Hilbert queixou-se ao editor Felix Klein, recusando-se a modificar o artigo a menos que "se levante alguma objeção definida e irrefutável contra meu raciocínio". Klein concordou em publicar o artigo na forma original. Desconfio que ele entendeu a prova melhor que Gordan, que perdeu toda a sua base quando a capacidade computacional foi substituída pelo pensamento conceitual.

Alguns anos mais tarde Hilbert ampliou seus resultados e submeteu outro artigo ao periódico. Klein o aceitou, descrevendo-o como "o mais importante trabalho sobre álgebra geral que a *Annalen* já publicou". No que diz respeito a Hilbert, ele agora havia conseguido fazer tudo que sempre quisera nessa área. "Decididamente, deixarei o campo de invariantes", escreveu a Minkowski. E assim o fez.

TENDO LAPIDADO A TEORIA de invariantes – o assunto praticamente morreu depois que Hilbert o demolira, apenas para ser revivido muitos anos depois num contexto ainda mais genérico, e com o interesse renovado pelos cálculos, bem como pelos conceitos –, Hilbert encontrou uma nova área na qual trabalhar. Em 1893 embarcou num projeto novo, o *Zahlbericht*, ou "Relatório sobre os números". A Sociedade Matemática Alemã lhe pedira que fizesse um levantamento numa área importante da teoria dos números que tinha a ver com números algébricos. Estes são números complexos que satisfazem uma equação polinomial com coeficientes racionais (de forma equivalente, inteiros). Um exemplo é $\sqrt{2}$, que satisfaz $x^2 - 2 = 0$; outro é o número imaginário i, que satisfaz $x^2 + 1 = 0$. Como foi ressaltado no Capítulo 16, um número complexo que não seja algébrico é chamado transcendental; exemplos incluem π e e, embora essa propriedade seja difícil de provar e por um longo tempo tenha sido um problema sem solução. Charles Hermite provou que e é transcendental em 1873 e Lindemann lidou com π em 1882.

O principal papel desempenhado por números algébricos era na teoria dos números. Euler usara tacitamente algumas de suas propriedades, por exemplo, ao provar o último teorema de Fermat para cubos, mas foi Gauss quem deu início a um estudo sistemático da questão. Ao tentar generalizar a lei da reciprocidade quadrática para potências mais altas que o quadrado, ele descobriu uma bela extensão para quartas potências, baseada em números algébricos da forma $a + ib$, onde a e b são inteiros. Esse sistema de "inteiros gaussianos" tem muitos traços especiais, e em particular tem seu próprio análogo de números primos, completo

David Hilbert

com um teorema de fatoração única. Gauss também utilizou números algébricos relacionados com raízes da unidade em sua construção do heptadecágono regular.

No Capítulo 6, em conexão com o último teorema de Fermat, mencionamos o uso feito por Kummer dos números algébricos e sua noção de números ideais. Dedekind simplificou a ideia reformulando-a em termos de *conjuntos* especiais de números algébricos, que ele chamou de ideais. Depois de Kummer, a teoria dos números algébricos decolou, auxiliada e instigada pela teoria das equações de Galois e pela crescente evolução da álgebra abstrata (Capítulo 20). A expressão "teoria dos números algébricos" tem duas interpretações: uma abordagem algébrica à teoria dos números ou teoria dos números algébricos.* Ambos os significados estavam agora convergindo para a mesma coisa, e era isso que a Sociedade Matemática Alemã queria que Hilbert resolvesse. De modo característico, Hilbert foi bem mais longe. Ele fez uma pergunta perene entre matemáticos quando confrontados com um grande corpo de resultados impressionantes mas desorganizados: "Sim, mas o que é isso *realmente*?" A pergunta o levou a formular e provar muitos teoremas novos.

Ao longo de toda a preparação do *Zahlbericht*, Hilbert recebeu um extensivo feedback de Minkowski – às vezes extensivo demais, de modo que em algumas ocasiões Hilbert começou a se desesperar imaginando se terminaria o trabalho deixando o amigo satisfeito, mas por fim o relatório foi publicado. Ele formulava e provava análogos genéricos de reciprocidade quadrática, fornecendo a base para o que agora se chama teoria do campo de classe, ainda um arcabouço florescente, embora altamente técnico, para a teoria dos números algébricos. No prefácio do *Zahlbericht* afirma:

> Assim, vemos até que ponto a aritmética, a rainha da matemática, conquistou amplas áreas da álgebra e da teoria das funções, para tornar-se sua líder.

---

* O termo único *algebraic number theory* pode gerar ambiguidade pela posição do adjetivo em inglês. Na verdade, em português, haveria duas traduções distintas: no primeiro caso, "teoria algébrica dos números"; no segundo, "teoria dos números algébricos". (N.T.)

226   *Desbravadores da matemática*

... A conclusão, se eu não estiver enganado, é que acima de tudo o desenvolvimento da matemática pura tem lugar sob a bandeira do número.

Hoje talvez não fôssemos tão longe, mas na época a alegação era justificável.

HILBERT PASSAVA de cinco a dez anos em uma área, lapidando os grandes problemas, e então partia para novas paragens – às vezes esquecendo completamente já ter algum dia estudado aquele tópico. Certa vez comentou que fazia matemática porque sempre se pode resolver de novo uma coisa se você esquecê-la. Matemático dos matemáticos até o âmago, ele agora "fizera" a teoria dos números algébricos. E seguiu em frente. Seus alunos, que haviam sido bombardeados durante anos com aulas sobre números algébricos, ficaram perplexos quando descobriram que o tema do próximo ano seria elementos da geometria. Hilbert voltava a Euclides.

Como sempre, ele tinha seus motivos, e mais uma vez a pergunta-chave era: "Sim, mas o que é isso *realmente*?" A resposta de Euclides teria sido "espaço", e era por isso que ele ilustrava seus teoremas com desenhos geométricos. Hilbert, porém, estava muito mais interessado na estrutura lógica dos axiomas para a geometria e como eles levavam a teoremas que muitas vezes estavam longe do óbvio. E também estava insatisfeito com a lista de axiomas de Euclides, porque o uso de figuras levara Euclides a formular premissas que ele *não* enunciara explicitamente.

Um exemplo simples é: "Uma linha reta passando por um ponto que está dentro de um círculo deve encontrar o círculo." Isso parece óbvio numa figura – mas não é uma consequência lógica dos axiomas de Euclides. Hilbert percebeu que os axiomas de Euclides eram incompletos, e se propôs a remediar a falha. Euclides definia o ponto como "aquilo que não tem parte" e a reta como "uma linha que jaz equilibradamente com os pontos em si". Hilbert considerou que os enunciados careciam de sentido. O que importa, argumentou, é como esses conceitos se comportam, e não alguma imagem mental do que são. "Deve-se ser capaz de dizer o tempo todo – em vez de pontos, retas e planos – mesas, cadeiras e canecas de cerveja", dizia Hilbert a seus colegas. Em particular, nada de figuras.

Esse projeto estava, claro, relacionado à questão mais profunda, àquela altura bem compreendida, das geometrias não euclidianas e do axioma das paralelas (Capítulo 11). Hilbert tentava estabelecer os princípios básicos para tratamentos axiomáticos de tópicos matemáticos. Estes incluíam consistência (não levar a uma contradição lógica) e independência (nenhum axioma é consequência de outros). Outras qualidades desejáveis eram completude (não falta nada vital) e simplicidade (quando possível). A geometria euclidiana era um caso-teste. Consistência era fácil: pode-se *modelar* a geometria de Euclides usando álgebra aplicada a coordenadas (x, y) no plano. Ou seja, pode-se começar com números ordinários e construir um sistema matemático obedecendo a todos os axiomas de Euclides. Então os axiomas não podem ser autocontraditórios, porque a prova por contradição mostraria que o modelo construído *não existe*. Há, no entanto, uma falha potencial nesse argumento, e Hilbert desde logo estava cônscio dela. Ele assume que o sistema-padrão de números é não contraditório em si; que a aritmética é consistente, e é isso que os matemáticos entendem por "existe". Por mais óbvio que possa parecer, ninguém jamais havia provado isso. Mais tarde, Hilbert tentou eliminar essa lacuna, mas ela voltou para assombrá-lo.

O resultado foi um livro pequeno, conciso e elegante, *Fundamentos da geometria*, publicado em 1899. Ele desenvolvia a geometria euclidiana a partir de 21 axiomas explícitos. Três anos depois Eliakim Moore e Robert Moore (não eram parentes) provaram que um deles pode ser deduzido de outros, então, apenas vinte eram de fato necessários. Hilbert começou com seis noções primitivas: "ponto", "reta", "plano" e as relações "entre", "está sobre" e "congruente". Oito axiomas governam as relações de incidência entre pontos e retas, tais como "quaisquer dois pontos distintos estão sobre uma reta". Quatro (que as figuras de Euclides o levaram a assumir sem explicitá-las) governam a ordem de pontos ao longo de uma reta. Seis outros lidam com congruência (de segmentos de reta e triângulos; "congruente" basicamente significa "mesma forma e tamanho"). Em seguida vem o axioma das paralelas de Euclides, que àquela altura todo matemático competente sabia que precisava ser incluído. Por fim, havia dois axiomas sutis de continuidade, garantindo que os pontos de uma reta são modelados nos números reais (e não, digamos, nos racionais, em que retas que parecem se encontrar num diagrama podem deixar de fazê-lo em um ponto racional).

O principal valor do livro de Hilbert não estava em ensinar – Euclides não estava mais exatamente na moda –, mas em desencadear um surto de atividade sobre os fundamentos lógicos da matemática. Os matemáticos americanos em particular estavam na linha de frente dessa onda, da qual emergiu um híbrido lógico-matemático, a metamatemática. Essa é, num sentido, a matemática aplicada a si mesma, mais corretamente, à sua própria estrutura lógica. Uma prova matemática pode ser vista não só como um processo que leva a uma nova matemática, mas também como um objeto matemático de direito próprio. De fato, é esse profundo processo autorreferente que plantou as sementes da destruição do sonho de Hilbert. Em novembro de 1931 veio a bomba, um artigo de um jovem lógico chamado Kurt Gödel (Capítulo 22). O artigo continha provas de dois teoremas devastadores. Primeiro, se a matemática for consistente, isso nunca pode ser provado. Segundo, há enunciados na matemática para os quais não existe nem prova nem refutação. A matemática é inerentemente incompleta, sua consistência lógica não pode ser determinada, e alguns problemas são verdadeiramente impossíveis de resolver.

Conta-se que Hilbert ficou "muito zangado" quando pela primeira vez tomou conhecimento do trabalho de Gödel.

NENHUM RELATO SOBRE a influência de Hilbert é completo sem mencionar os "problemas" de Hilbert, uma lista de 23 importantes questões e áreas matemáticas em aberto, que ele apresentou numa palestra no II Congresso Internacional de Matemáticos em Paris, em 1923. A lista montou o cenário para uma substancial parcela da pesquisa matemática do século XX. Os problemas incluem achar uma prova de consistência para a matemática,

David Hilbert

uma solicitação um tanto vaga para o tratamento matemático da física, questões acerca de números transcendentais, a hipótese de Riemann, a lei de reciprocidade mais geral em qualquer campo numérico, um algoritmo para determinar quando uma equação diofantina tem solução e vários problemas técnicos em geometria, álgebra e análise. Dez foram completamente resolvidos, três continuam sem solução, alguns são vagos demais para reconhecer qual seria o aspecto da solução, e dois não têm solução nenhuma, num sentido muito decisivo.

A matemática depois de Hilbert não consistiu somente em pessoas tentando solucionar seus 23 problemas, mas eles exerceram uma considerável e altamente benéfica influência no desenvolvimento da matemática durante o meio século seguinte. Se você quisesse deixar sua marca entre seus colegas matemáticos, resolver um dos problemas de Hilbert era um bom jeito de fazê-lo.

O interesse de Hilbert por física matemática ficou mais forte com a idade, fenômeno comum entre matemáticos que começam a carreira no campo "puro" e gradualmente vão se movendo para as aplicações. Em 1909 ele estava trabalhando com equações integrais, levando à noção de espaço de Hilbert, agora fundamental na mecânica quântica. E também chegou perto de descobrir as equações de Einstein para a relatividade geral, num artigo de 1915, publicado cinco dias antes do anúncio de Einstein, formulando um princípio de variação que implica a equação de Einstein. No entanto, fracassou em escrever a equação propriamente dita.

Hilbert era uma alma genial, pródigo em elogios para uma boa realização, mas podia ser rude se alguém proferisse platitudes sem sentido ou mentisse para ele. Nos seminários, se um estudante estivesse labutando em algum ponto que Hilbert achasse fácil, ele dizia "Mas isso é absurdamente simples!", e o aluno sensato prontamente seguiria em frente. Na década de 1920 Hilbert dirigiu um Clube de Matemática, com reuniões semanais e aberto a qualquer pessoa. Muitos matemáticos conhecidos davam palestras, instruídos a apresentar "apenas as passas do bolo". Se os cálculos ficassem difíceis, Hilbert interrompia: "Não estamos aqui para conferir se o sinal está correto."

Com o passar do tempo ele se tornou menos tolerante. Alexander Ostrowski comentou que certa vez, quando um visitante deu uma palestra excelente sobre um tema de pesquisa realmente belo e importante, a única pergunta de Hilbert foi um amargo "Para que serve?". Quando Norbert Wiener, brilhante americano que cunhou o termo "cibernética", falou no Clube de Matemática, todo mundo saiu para jantar, como era costume. Hilbert começou a falar sobre palestras passadas no clube, dizendo que de modo geral a qualidade tinha decaído com os anos. Nos seus tempos, afirmou ele, as pessoas realmente pensavam em conteúdo e apresentação, mas hoje os jovens realmente dão palestras fracas. "De um tempo para cá tem sido especialmente ruim", disse. "Mas agora, esta tarde, foi uma exceção."

Wiener preparou-se para o elogio.

"A palestra desta tarde foi a pior que já tivemos!"

Em 1933 os nazistas estavam identificando os judeus entre os professores de Göttingen e os demitiam. Um deles foi Hermann Weyl, um dos grandes físicos matemáticos que fora nomeado sucessor de Hilbert quando este se aposentou, em 1930. Outros foram Emmy Noether (Capítulo 20), o teórico dos números Edmund Landau e Paul Bernays, colaborador de Hilbert em lógica matemática. Em 1943 quase todo o Instituto de Matemática havia sido substituído por pessoas mais aceitáveis para a administração nazista, e era então uma pálida sombra de sua gloriosa identidade. Naquele ano Hilbert morreu.

Ele tinha visto tudo chegar. Alguns anos antes, Bernhard Rust, o ministro da Educação, perguntara a Hilbert se o Instituto de Matemática de Göttingen havia sofrido com a partida dos judeus. Era uma pergunta estúpida, porque a maior parte do corpo docente era judia ou casada com judias. A resposta de Hilbert foi franca e direta:

"Se sofreu? Ele não existe mais, existe?"

20. A derrubada da ordem acadêmica

EMMY NOETHER

Amalie Emmy Noether
Nascimento: Erlangen, Alemanha, 23 de março de 1882
Morte: Bryn Mawr, Pensilvânia, Estados Unidos, 14 de abril de 1935

Em 1913 Emmy Noether, matemática de grande renome, estava em Viena dando um curso composto por uma série de palestras e visitou Franz Mertens, matemático que trabalhou em muitos campos, mas que é conhecido por suas contribuições para a teoria dos números. Um dos netos de Mertens escreveu mais tarde suas recordações da visita:

> Apesar de mulher, [ela] me pareceu o capelão católico de uma paróquia rural – vestida de preto, um casaco bastante indescritível, quase até os tornozelos, chapéu de homem sobre o cabelo curto, ... e com uma sacola ao ombro, cruzada sobre o peito, como os bilheteiros de trem carregavam suas sacolas no período imperial. Era uma figura bem estranha.

Dois anos depois essa pessoa despretensiosa era responsável por uma das grandes descobertas da física matemática: um elo fundamental entre simetrias e leis da conservação. Desse ponto em diante, as simetrias das leis da natureza têm desempenhado papel central na física. Hoje servem de base para o "modelo-padrão" de partículas subatômicas na teoria quântica, que é praticamente impossível de descrever sem recorrer à simetria.

Emmy foi uma figura de destaque no desenvolvimento da álgebra abstrata, em que cálculos com muitos tipos diferentes de números ou fórmulas eram organizados em termos das leis algébricas a que esses sistemas obedecem. Talvez mais que qualquer outro matemático, a "estranha figura" vista pelo neto de Mertens foi responsável pela mudança que marca o limite entre o período neoclássico do século XIX e início do século XX, com sua ênfase em estruturas e fórmulas especiais, e o período moderno, de cerca de 1920 em diante, com ênfase em generalidade, abstração e pensamento conceitual. Ela foi a inspiração por trás do subsequente movimento bourbakista, que se originou dos esforços conjuntos de um grupo de matemáticos jovens, principalmente franceses, que tinham por objetivo tornar a matemática precisa e genérica. Talvez genérica *demais*, pelo menos aos olhos de alguns, mas aí vamos.

EMMY NOETHER NASCEU numa família judaica na cidade bávara de Erlangen. Seu pai, Max, foi um notável matemático que trabalhou em geometria algébrica e teoria da função algébrica. Era altamente talentoso, mas, comparado aos próceres de sua época, um pouco especialista demais. A família era abastada, possuindo uma florescente companhia atacadista de ferragens. Essa estrutura sem dúvida influenciou as atitudes de Emmy em relação à vida e à matemática. Inicialmente ela planejava se tornar professora, e obteve as qualificações necessárias para lecionar francês e inglês. Mas, talvez sem nenhuma surpresa, foi picada pelo mosquito da matemática, indo estudar na Universidade de Erlangen, onde o pai trabalhava.

Dois anos antes o conselho da universidade tinha declarado que a educação mista "derrubaria toda a ordem acadêmica", e havia apenas duas mulheres estudantes entre 986 alunos. Emmy tinha autorização para assistir às aulas como ouvinte, mas não para participar delas formalmente, e precisava pedir permissão a cada professor individualmente a fim de assistir às palestras. Todavia, em 1904 as regras mudaram, concedendo às mulheres o direito de matricular-se segundo o mesmo sistema que os homens. Emmy Noether matriculou-se em 1904 e mudou-se para o velho reduto de Gauss, a Universidade de Göttingen, a fim de fazer doutorado em teoria de invariantes, supervisionada pelo eminente Gordan. Os cálculos de sua tese eram extraordinariamente complexos, culminando numa lista de 331 "covariantes" para formas de quarto grau em três variáveis. O geralmente infatigável Gordan desistira desse gigantesco cálculo quarenta anos antes. Os métodos de Emmy eram bastante antiquados, com pouca ou nenhuma atenção às inovações de Hilbert. Em 1907 ela recebeu o título de doutora *summa cum laude*.

Se Emmy Noether fosse homem, teria progredido naturalmente para o estágio seguinte, obtendo um cargo acadêmico estável. Mas as mulheres não tinham permissão de se submeter à habilitação, e assim ela trabalhou sem remuneração em Erlangen, durante sete anos. Ajudou seu pai, que na época estava incapacitado, e continuou sua própria pesquisa. Uma experiência formativa, que a desviou para métodos mais abstratos, foi uma série de discussões com Ernst Fischer, que chamou a atenção dela para os novos métodos de Hilbert e a aconselhou a usá-los. Emmy o fez de modo espetacular, e os efeitos desse trabalho estão visíveis em toda a sua carreira subsequente.

A matemática começava a se abrir para as mulheres, e Emmy Noether foi admitida em diversas sociedades matemáticas importantes. Isso a levou a visitar Viena, daí as recordações do neto de Mertens. Em Erlangen ela supervisionou dois alunos de doutorado, embora oficialmente eles estivessem registrados sob orientação de seu pai. Então Hilbert e Klein a convidaram para Göttingen, que se tornara um centro de renome mundial para a pesquisa matemática. Isso foi em 1915, e Hilbert estava passando para a física matemática, inspirado pelas teorias da relatividade de Einstein. A relatividade se assenta sobre a matemática de invariantes, embora num contexto mais analítico que os invariantes algébricos que Gordan, Hilbert e Emmy Noether vinham estudando. Estamos falando de invariantes diferenciais, que incluem o que na época havia se tornado os conceitos físicos básicos, como a curvatura do espaço.

Hilbert queria alguém perito em invariantes, e Emmy se encaixava nisso perfeitamente. Dentro de pouco tempo ela resolveu dois problemas fundamentais. O primeiro era um método para encontrar todos os covariantes diferenciais para campos vetoriais e tensoriais numa variedade de Riemann – com efeito, para descobrir que outras grandezas se comportam como o tensor de curvatura de Riemann. Isso era vital, porque a abordagem de Einstein à física baseava-se no princípio da "relatividade", segundo o qual as leis deviam ser as mesmas para qualquer observador, quando expressas em qualquer sistema de coordenadas movendo-se com velocidade uniforme. Então as leis deviam ser invariantes para o grupo de transformações definido por referenciais em movimento. O segundo era uma ramificação desse problema. O grupo de simetria natural para a relatividade especial é o grupo de Lorentz, definido por transformações que misturam espaço e tempo mas preservam a velocidade da luz, dando à relatividade seu sabor único. Emmy Noether provou que toda "transformação infinitesimal" do grupo de Lorentz dá origem a um correspondente teorema de conservação.

Podemos apreciar as ideias de Emmy Noether no contexto mais familiar da mecânica newtoniana, na qual elas também se aplicam e fornecem insights significativos. A mecânica clássica alardeia diversas leis de conservação, sendo a mais familiar a da conservação de energia. Um sistema mecânico é qualquer conjunto de corpos que se move, com o passar do tempo, segundo as leis do movimento de Newton. Em tais sistemas há um conceito de energia que assume diversas formas: energia cinética, relacionada com o movimento; energia potencial, resultante da interação com um campo gravitacional; energia elástica, tal como a contida numa mola comprimida; e assim por diante. A lei da conservação de energia afirma que, na ausência de atrito, por mais que o sistema se mova, consistentemente com as leis do movimento de Newton, sua energia total permanece constante – é conservada. Se houver atrito, a energia cinética é convertida em outro tipo de energia, calor, e mais uma vez a energia total é conservada. O calor é "realmente" a energia cinética de moléculas de matéria vibrando, mas em física matemática ele é modelado de maneira diferente da energia de corpos rígidos, barras e molas, assim, sua interpretação difere daquela dos outros tipos de energia mencionados. Outras leis de conservação da mecânica clássica incluem a conservação da quantidade de movimento (massa vezes velocidade) e o momento angular (uma medida de rotação cuja definição bastante técnica é irrelevante aqui).

Graças a Galois (Capítulo 12) e àqueles que o seguiram, o conceito de simetria fora identificado à invariância para grupos de transformações: coleções de operações que podem ser executadas em alguma estrutura matemática, cujo efeito é deixar essa estrutura aparentemente inalterada. Uma equação tem simetria quando alguma transformação desse tipo, aplicada a uma solução da equação, sempre produz outra solução. As leis da física, quando expressas como equações matemáticas, possuem muitas simetrias. As leis do movimento de Newton, por exemplo, têm as simetrias do grupo euclidiano, que consiste em todos os movimentos rígidos do espaço. E também são simétricas para translação temporal – medição do tempo a partir de um ponto de partida diferente – e em algumas circunstâncias para *reflexão* temporal: reverter o sentido no qual o tempo corre.

A sacada de Emmy Noether foi constatar a existência de um elo entre alguns tipos de simetria e as leis da conservação. Ela provou que toda simetria *contínua* – pertencente a uma família de simetrias correspondentes a números reais continuamente variáveis – dá origem a uma grandeza conservada.

Deixe-me destrinçar isso, porque na forma como está enunciado é bastante enigmático. Alguns tipos de simetria vivem naturalmente em famílias contínuas. As rotações de um plano, por exemplo, correspondem ao ângulo de rotação, que pode ser qualquer número real. Essas rotações formam um grupo cujos elementos correspondem aos números reais. Uma questão técnica digna de nota: números reais que diferem entre si por um círculo inteiro (360° ou 2π radianos) definem a mesma rotação. Todos esses "grupos de parâmetro único" têm aparência de números reais ou de ângulos. Translações do espaço numa determinada direção, que podem ser obtidas deslizando o espaço rigidamente por qualquer distância na direção mencionada, também são simetrias contínuas. Outras simetrias podem ser isoladas, não fazendo parte de uma família, como essas. A reflexão é um exemplo. Não se pode executar meia reflexão, ou um décimo de reflexão, então, ela não é parte de nenhum grupo de parâmetro único de movimentos rígidos. As transformações infinitesimais que Emmy Noether estudou em seu doutorado são outro modo de pensar os grupos de parâmetro único. O conceito subjacente é o de um grupo de Lie e está associado à álgebra de Lie, que deve seu nome ao matemático norueguês Sophus Lie.

Em mecânica newtoniana, a grandeza conservada correspondente ao grupo de parâmetro único de translações de tempo revela-se como energia. Isso mostra um elo notável entre energias e tempo, que por sua vez se manifesta no princípio da incerteza da mecânica quântica. Este permite que um sistema quântico tome emprestada energia (que temporariamente não é conservada) contanto que a devolva novamente antes que a natureza perceba a discrepância (espero só uma fração de segundo, e ela é conservada). A grandeza conservada correspondente a um grupo de parâmetro único de translações espaciais é a quantidade de movimento no sentido correspondente, e, para as rotações, é o momento angular. Em suma: as grandezas conservadas fundamentais da mecânica newtoniana provêm todas de simetrias contínuas das leis do movimento de Newton – subgrupo de parâmetro único do grupo euclidiano. E o mesmo vale para a relatividade e, em alguma medida, para a mecânica quântica.

Nada mal para uma matemática a quem não se concedia autonomia para dar aulas e que apenas havia pouco tempo começara a trabalhar no problema.

Por força desse e de outros sucessos, Hilbert e Klein batalharam para convencer a Universidade de Göttingen a mudar sua mentalidade sobre a presença de mulheres no corpo docente. Tanto a política acadêmica quanto a misoginia inerente à instituição entraram em jogo, e os professores do Departamento de Filosofia opuseram-se veementemente à proposta. Se uma mulher recebesse habilitação e cobrasse honorários pelas aulas, o que a impediria de tornar-se catedrática e membro do conselho universitário? Deus nos livre! A Primeira Guerra Mundial estava a todo o vapor, e isso lhes dava um argumento novo: "O que pensarão nossos soldados quando voltarem para a universidade e descobrirem que querem que eles tenham aula com uma mulher?"

A resposta de Hilbert foi contundente: "Cavalheiros: eu não vejo por que o sexo do candidato seria um argumento contra sua admissão como *Privatdozent*. Afinal, o conselho não é uma casa de banhos." Mas até isso fracassou em demover os filósofos de sua arraigada posição. Hilbert, inventivo e iconoclasta como sempre, achou uma solução. Um anúncio para o semestre de inverno de 1916-17 diz:

Seminário de física matemática
Professor Hilbert, com a assistência da dra. E. Noether
Segundas-feiras das 16h às 18h, entrada franca.

Emmy Noether passou quatro anos lecionando como assistente de Hilbert, até que a universidade finalmente cedeu. Sua habilitação foi aprovada em 1919, permitindo-lhe obter o grau de *Privatdozent*. Ela se manteve como um dos principais membros do Departamento de Matemática até 1933.

Podemos avaliar as habilidades de ensino de Emmy Noether por uma brincadeira que um dia seus desesperados alunos fizeram. Geralmente havia de cinco a dez alunos na sala, mas certa manhã ela encontrou uma centena. "Vocês devem estar na aula errada", disse-lhes ela; mas não, insistiram eles, estavam ali intencionalmente. Então Emmy deu aula para esse grupo inusitadamente grande.

Quando terminou, um dos alunos regulares lhe passou um bilhete: "Os visitantes entenderam a aula tão bem quanto qualquer um dos alunos regulares."

O problema das aulas era simples. Ao contrário da maioria dos matemáticos, Emmy era uma pensadora formal. Para ela, os símbolos *eram* os conceitos. Para acompanhar suas aulas era preciso pensar da mesma maneira. E isso era difícil.

Apesar de tudo, foi Emmy Noether, e sua ênfase em estruturas formais, quem tornou acessível grande parte da matemática atual. Às vezes é preciso simplesmente cerrar os dentes e engolir.

COM A HABILITAÇÃO alcançada e garantida, Emmy Noether prontamente mudou de campo, assumindo do ponto em que Dedekind parara quando substituiu a obscura noção de Kummer de número ideal por uma noção conceitualmente mais simples, porém mais abstrata: a noção de ideal. O contexto para essa abordagem era em si mesmo abstrato: a teoria dos anéis – sistemas algébricos nos quais são definidas adição, subtração e multiplicação, e que satisfazem às regras usuais, com a possível exceção da propriedade comutativa $xy = yx$ para a multiplicação. Todos os inteiros, os números reais e os polinômios com uma ou mais variáveis formam anéis.

Podemos obter um rápido sabor da estrutura usando inteiros comuns. A maneira tradicional de pensar em números primos e divisibilidade é trabalhar com inteiros específicos, tais como 2, 3 ou 6. Observamos que $6 = 2 \times 3$, então 6 não é primo; por sua vez, nenhuma decomposição em fatores menores é possível para 2 ou 3, então eles são primos. Mas, como Dedekind percebeu, há outra maneira de ver isso. Considere os conjuntos formados por todos os múltiplos de 6, 2 e 3, que representarei da seguinte maneira:

$$[6] = \{ \dots, -12, -6, 0, 6, 12, 18, 24, \dots\}$$
$$[2] = \{ \dots, -4, -2, 0, 2, 4, 6, 8, 10, 12, 14, 16, 18, 20, 22, 24, \dots\}$$
$$[3] = \{ \dots, -6, -3, 0, 3, 6, 9, 12, 15, 18, 21, 24, \dots\}$$

Aqui as chaves indicam conjuntos, e permitimos múltiplos negativos. Observe que *todo* elemento de [6] é elemento de [2]. Isso é óbvio: qualquer múltiplo de 6 é automaticamente múltiplo de 2 porque 6 é múltiplo de 2. De maneira semelhante, todo elemento de [6] é elemento de [3]. Em outras

Emmy Noether

palavras, é possível localizar diversos divisores de um dado número (aqui, o 6), observando quais conjuntos desse tipo contêm todos os múltiplos de 6.

Por outro lado, alguns elementos de [3] não estão em [2], e vice-versa. Então 2 não divide 3 e 3 não divide 2.

Com um pouco de manipulação, a teoria inteira dos primos e da divisibilidade de inteiros pode ser reformulada em termos desses conjuntos de múltiplos de um dado número. Os conjuntos são exemplos de ideais, que são definidos por duas propriedades principais: a soma e a diferença de números no ideal são também ideais, e o produto de um número no ideal por qualquer número no anel está também no ideal.

Emmy Noether enunciou mais uma vez o teorema de Hilbert sobre invariantes em termos de ideais, e então generalizou os resultados numa direção totalmente nova. O teorema da base finita de Hilbert para invariantes se reduz a provar que um ideal associado é gerado finitamente, isto é, consiste em todas as combinações de um número finito de polinômios (a base). Emmy reinterpretou o argumento como afirmação de que qualquer cadeia de ideais sempre maiores deve parar após uma quantidade finita de passos. Ou seja, *todo ideal* no anel de polinômios é gerado finitamente. Ela publicou a ideia em 1921, num artigo de grande alcance, "Teoria de ideais nos domínios dos anéis". O artigo foi o pontapé inicial da teoria geral comutativa de anéis. Emmy Noether tornou-se adepta de espremer teoremas importantes para fora das condições de cadeia, e hoje chama-se o anel que satisfaz essa "condição de cadeia ascendente" de anel noetheriano. Essa abordagem conceitual para invariantes apresentava um enorme contraste em relação aos túrgidos cálculos de sua tese, que agora ela desprezava como *Formelgestrüpp* – uma selva de fórmulas.

Atualmente qualquer estudante de graduação em matemática aprende a abordagem axiomática abstrata para a álgebra. Aqui o conceito mais importante é o de grupo, agora despido de todas as associações com permutações ou com a solução de equações algébricas. Na verdade, um grupo abstrato não necessita sequer ser composto de transformações. Ele é definido como qualquer sistema de elementos que possam ser combinados de maneira a gerar outro elemento do sistema, sujeito a uma curta lista de condições simples: a propriedade associativa, a existência de um "elemento identidade", que se combina com qualquer outro elemento para gerar esse elemento, e a existência, para cada elemento, de um elemento "inverso", que se combina com ele para gerar o elemento identidade. Ou seja: existe um elemento que não tem nenhum efeito; a cada elemento corresponde outro que desfaz qualquer coisa que o elemento em si faça; e, se você combinar três elementos em sequência, não importa o par que você combinar primeiro.

Estruturas ligeiramente mais elaboradas fazem entrar em cena a panóplia completa de operações aritméticas. Já mencionei o anel. Há ainda o campo, no qual também é possível a divisão. O desenvolvimento preciso dessa visão abstrata é complicado, e muitos personagens contribuíram para ele. Na maioria das vezes não está claro quem fez primeiro o quê. Na época em que as definições precisas já haviam sido elaboradas, a maioria dos matemáticos tinha um sentido bastante claro do que estava se passando. Mas, na raiz, devemos todo o ponto de vista a Emmy Noether, que enfatizou a necessidade de uma abordagem axiomática para *todas* as estruturas matemáticas.

Em 1924, o matemático holandês Bartel van der Waerden entrou para o círculo de Emmy Noether e se tornou o principal expositor de sua abordagem, abrigada na obra de Emmy de 1931, *Álgebra moderna*. Em 1932, quando ela fez uma apresentação no plenário do Congresso Internacional de Matemáticos, sua habilidade algébrica já era reconhecida no mundo inteiro. Ela era tranquila, modesta e generosa. Van der Waerden resumiu sua contribuição ao escrever seu obituário:

A máxima que serviu de orientação para Emmy Noether durante todo o seu trabalho pode ser formulada do seguinte modo: quaisquer relações entre números, funções e operações tornam-se transparentes, genericamente aplicáveis e absolutamente produtivas somente depois de terem sido isoladas de seus objetos particulares e se terem formulado como conceitos universalmente válidos.

Emmy Noether

EMMY NOETHER TINHA MAIS que álgebra no campo de visão. Ela importou os mesmos insights para a topologia. Segundo os primeiros topólogos, um invariante topológico era um objeto combinatório, tais como o número de ciclos independentes – laços fechados com certas propriedades. Poincaré dera início ao processo de acrescentar uma estrutura adicional, com o conceito de homotopia. Quando Emmy descobriu o que os topólogos estavam fazendo, identificou imediatamente algo que fugira a todos: uma subjacente estrutura algébrica abstrata. Ciclos não eram apenas coisas que podiam ser contadas: com um pouco de cuidado, podia-se transformá-los num grupo. A topologia combinatória tornou-se topologia algébrica. De imediato seu ponto de vista ganhou adeptos, em particular Heinz Hopf e Pavel Alexandrov. Ideias similares ocorreram independentemente a Leopold Vietoris e Walther Mayer, na Áustria, entre 1926 e 1928, levando-os a definir um grupo de homologia – o invariante básico de um espaço topológico. A álgebra assumira o comando em lugar da combinatória, revelando uma estrutura muito mais rica, que os topólogos podiam explorar.

Em 1929 Emmy Noether visitou a Universidade Estadual de Moscou, para trabalhar com Alexandrov e lecionar álgebra abstrata e geometria algébrica. Embora não ativa politicamente, manifestou discreto apoio à Revolução Russa por causa das oportunidades que ela abriu em ciência e matemática. Isso não pegou muito bem entre as autoridades, que a expulsaram de seu alojamento quando os estudantes se queixaram da presença de uma judia simpatizante do marxismo.

Em 1933, quando os nazistas demitiram os judeus dos cargos universitários, Emmy tentou primeiro obter um posto em Moscou, mas acabou se mudando para a Universidade de Bryn Mawr, nos Estados Unidos, com o auxílio da Fundação Rockefeller. Também deu aulas no Instituto de Estudos Avançados em Princeton, mas queixou-se de que mesmo nos Estados Unidos sentia-se desconfortável numa "universidade de homens, onde não se admite nada de feminino".

Apesar disso, ela curtiu os Estados Unidos, mas não por muito tempo. Morreu em 1935, de complicações decorrentes de uma operação de câncer. Albert Einstein escreveu numa carta ao *New York Times*:

Segundo o julgamento dos mais competentes matemáticos vivos, *Fräulein* Noether foi o gênio matemático criativo mais expressivo até agora, desde que teve início a educação superior das mulheres. No campo da álgebra, do qual a maioria dos matemáticos talentosos têm se ocupado por séculos, ela descobriu métodos que demonstraram enorme importância no desenvolvimento da presente geração mais jovem de matemáticos.

E não só isso: ela enfrentou os homens na própria área deles, e os venceu.

21. O Homem das Fórmulas

SRINIVASA RAMANUJAN

Srinivasa Ramanujan
Nascimento: Erode, Tamil Nadu, Índia, 22 de dezembro de 1887
Morte: Kumbakonam, Tamil Nadu, Índia, 26 de abril de 1920

ERA JANEIRO DE 1913. A Turquia estava em guerra nos Bálcãs, e a Europa era arrastada cada vez mais profundamente para o conflito. Godfrey Harold Hardy, professor de matemática na Universidade de Cambridge, desprezava a guerra; sentia grande orgulho do fato de que o campo de trabalho de sua vida, a matemática pura, não tinha uso militar.

Do lado de fora, nevava incessantemente enquanto os alunos de graduação devidamente trajados corriam pelo lamaçal formado ao redor da Great Court do Trinity. Mas nos aposentos de Hardy uma alegre lareira mantinha longe o frio. Sobre a mesa via-se o jornal matutino, pronto para ser aberto. Ele olhou de relance os envelopes. Um deles chamou sua atenção pelos inusitados selos de postagem. Índia. Carimbo de Madras, 16

244   *Desbravadores da matemática*

de janeiro de 1913. Hardy abriu o envelope pardo, bastante castigado pela longa viagem, e tirou um maço de papéis. Havia uma carta também, e, numa caligrafia nada familiar, ela começava:

> Caro senhor,
> Apresento-me ao senhor como funcionário do Departamento de Contabili-
> dade do Escritório Portuário de Madras, com um salário de apenas £20 por
> ano. Estou agora com cerca de 23 anos. Não tive educação universitária. ...
> Depois de deixar a escola, tenho usado o tempo livre à minha disposição para
> trabalhar em matemática. ... Estou abrindo um novo caminho para mim.

"Oh, Senhor, mais um doido. Provavelmente acha que descobriu a quadratura do círculo." Hardy quase jogou a carta no cesto de lixo, mas, ao pegá-la, uma folha de símbolos matemáticos atraiu seu olhar. Fórmulas curiosas. Algumas delas ele reconheceu. Outras eram... inusitadas.

"Se o autor da carta é um doido, pode ao menos ser um doido interessante." Hardy seguiu lendo:

> Muito recentemente deparei com um tratado de sua autoria intitulado *Or-
> dens de infinito*, em cuja página 36 encontro a afirmação de que nenhuma
> expressão definitiva foi até agora descoberta para o número de números
> primos menores que algum número dado. Descobri uma expressão que se
> aproxima muito do resultado real, sendo o erro desprezível.

"Minha nossa. Ele redescobriu o teorema dos números primos."

> Eu pediria ao senhor que examinasse os papéis anexos. Sendo pobre, se o senhor
> estiver convencido de que há neles algo de valor, eu gostaria de ter o meu teo-
> rema publicado. ... Sendo inexperiente, eu apreciaria muito qualquer conselho
> que o senhor me desse. Solicito desculpas pelo aborrecimento que lhe dou.
> Agradeço, caro senhor,
> Sinceramente seu
> S. Ramanujan

Srinivasa Ramanujan 245

"Não é um doido típico", ponderou Hardy. "Um doido típico seria mais agressivo e mais presunçoso." Pondo a carta de lado, pegou as folhas de papel e começou a ler. Meia hora depois estava recostado na cadeira com uma expressão singular na face. "Que estranho!" Hardy estava intrigado. Mas era hora de sua aula de análise no curso de graduação, então deu de ombros, saiu da sala e fechou a porta atrás de si.

Naquela noite, conversando na sala em que os professores se reuniam, falou da estranha carta para quem quisesse escutar, incluindo seu colega e colaborador próximo John Littlewood. Este se dispôs a perder uma hora no assunto para apaziguar a cabeça do amigo, e a sala de xadrez estava livre. Ao entrarem, Hardy ergueu o fino maço de papéis. "Este homem", anunciou em voz alta para quem estava ali reunido, "é ou um doido ou um gênio."

Uma hora depois, Hardy e Littlewood surgiram com o veredicto. "Gênio!"

ESPERO QUE VOCÊ me desculpe a dramatização desses acontecimentos. Botei pensamentos na cabeça de Hardy, mas a documentação sobrevivente deixa claro que algo muito parecido deve ter se passado em sua mente, e o desenrolar geral dos fatos respeita a história registrada.

O autor da carta, Srinivasa Ramanujan, nasceu numa família brâmane em 1887. Seu pai, K. Srinivasa Iyengar, era funcionário numa loja de saris e a mãe, Komalatammal, era filha de um oficial de Justiça. O nascimento teve lugar na casa da avó, em Erode, cidadezinha da província meridional de Tamil Nadu, Índia. Ele cresceu em Kumbakonam, onde o pai trabalhava. Mas era comum a jovem esposa passar um tempo com os pais, bem como com o marido, assim, a mãe de Ramanujan com frequência o levava à casa do pai dela, a cerca de quatrocentos quilômetros de Madras. A família era pobre, a casa minúscula. Ele teve basicamente uma infância feliz, embora fosse muito teimoso. Durante os três primeiros anos de vida, mal disse uma palavra, e a mãe teve medo de que fosse mudo. Aos cinco anos, não gostava da professora e não queria ir à escola. Preferia pensar sobre as coisas sozinho, fazendo perguntas impertinentes como: "A que distância estão as nuvens?"

O talento matemático de Ramanujan veio à tona bem cedo, e aos onze anos ele já ultrapassara dois estudantes de faculdade que se hospedavam na sua casa. Aprendeu a resolver equações cúbicas e era capaz de recitar uma quantidade bastante grande de dígitos de π e de e. Um ano depois pediu emprestado um livro-texto avançado e dominou-o por completo, sem aparente esforço. Quando tinha treze anos devorou *Trigonometria*, de Sidney Loney, que incluía as expansões de séries infinitas para seno e cosseno, e já estava produzindo seus próprios resultados. A habilidade em matemática lhe valeu muitos prêmios na escola, e em 1904 o diretor geral o descreveu como merecedor de notas maiores que o máximo possível.

Aos quinze anos Ramanujan viveu um acontecimento que haveria de mudar sua vida, mas que na época pareceu trivial. Ele pegou emprestado da Biblioteca da Universidade Governamental um exemplar do livro de George Carr, *Synopsis of Elementary Results in Pure Mathematics*. O livro é, para dizer o mínimo, idiossincrático. Suas mil e tantas páginas listam cerca de 5 mil teoremas – todos sem prova. Carr baseou o texto em problemas que propunha quando orientava seus alunos. Ramanujan assumiu para si um problema: estabelecer *todas as fórmulas do livro*. Ele não teve ajuda nem outros livros. Efetivamente, impôs-se um projeto de pesquisa de 5 mil tópicos isolados. Pobre demais para conseguir papel, fazia os cálculos numa lousa e lançava os resultados numa série de cadernos que conservou durante toda a vida.

Em 1908 a mãe de Ramanujan decidiu achar uma esposa para o filho, então com vinte anos. Escolheu Janaki, a filha de um de seus parentes, que vivia a cerca de cem quilômetros de Kumbakonam. Janaki tinha nove anos. A diferença de idade não era grande obstáculo numa sociedade de casamentos arranjados e noivas crianças. Ramanujan – ao que tudo indica – era um rapaz bastante comum: um fracassado, preguiçoso, sem emprego, sem dinheiro nem perspectivas. Mas Janaki era uma entre cinco filhas numa família que havia perdido a maior parte do que possuía, e seus pais ficariam felizes só de encontrar um marido que fosse gentil com ela. Isso foi suficiente para Komalatammal, o que significava que o acordo estava fechado. Mas seu marido ficou fulo da vida. O filho podia se dar melhor! Ramanujan quase se casara dois anos antes, mas, por azar, uma morte na família da noiva pôs fim ao projeto. Basicamente, o pai ficou aborrecido porque a esposa não lhe pedira a opinião. Em todo caso, ele afrontou a família da noiva recusando-se a comparecer ao matrimônio.

O dia do casamento raiou, e nenhum sinal do noivo ou da sua família. O pai da noiva, Rangaswamy, anunciou a todos que, se Ramanujan não aparecesse logo, ele casaria Janaki ali mesmo, com qualquer outro. Finalmente o trem de Kumbakonam chegou, com horas de atraso, e Ramanujan e a mãe (não o pai) apareceram na aldeia num carro de bois bem depois da meia-noite. Komalatammal logo fez pouco das ameaças de Rangaswamy, ressaltando publicamente que um pai pobre com cinco filhas corria grande risco ao rejeitar uma oferta tão honesta.

Após os costumeiros cinco ou seis dias de celebrações, Janaki viu-se casada com Ramanujan. Ela não se reuniria a ele até a puberdade, mas suas vidas haviam mudado. Ramanujan começou a procurar emprego. Tentou dar aulas particulares de matemática para estudantes, mas não achou interessados. Quando adoeceu, possivelmente em consequência de uma cirurgia, apareceu numa carroça na casa de um amigo, R. Radhakrishna Iyer, que o levou para consultar o médico e depois embarcou-o num trem de volta para Kumbakonam. Quando estava de partida, Ramanujan disse: "Se eu morrer, por favor, entregue isso ao professor Singaravelu Mudaliar ou ao professor britânico Edward Ross." E enfiou nas mãos do amigo atônito dois grossos cadernos recheados de matemática.

Ali estava não só o legado de Ramanujan, mas seu bilhete de emprego: evidência de que era mais que um vagabundo indolente. Ele começou a entrar em contato com pessoas influentes, com o portfólio matemático debaixo do braço. Em *The Man Who Knew Infinity*, Robert Kanigel diz: "Ramanujan havia se tornado, um ano e meio depois do casamento, um vendedor de porta em porta. Seu produto era ele mesmo." Era uma venda difícil. Na Índia daquele tempo, a melhor rota para um emprego eram as conexões certas, mas Ramanujan não tinha nenhuma. Tudo que tinha eram seus cadernos... e outra coisa importante: era amigável. Todo mundo gostava dele. Ele era animado e contava anedotas.

Por fim, sua persistência e o encanto simples deram resultado. Em 1912 um professor de matemática, P.V. Seshu Aiyar, mandou que ele procurasse R. Ramachandra Rao, servidor público que era coletor distrital em Nelore. Rao se recorda da entrevista:

> Condescendi em permitir que Ramanujan viesse à minha presença. Uma figura baixa, tosca, corpulenta, barba por fazer, não muito limpo, com uma característica evidente: olhos brilhantes. ... Eu vi de imediato que havia algo fora de lugar; mas meu conhecimento não me permitiu julgar se o que ele dizia tinha sentido ou não. ... Ele me mostrou alguns de seus resultados mais simples. Estes transcendiam os livros existentes, e eu não tive dúvida de que ele era um homem notável. Então, passo a passo, ele me conduziu a integrais elípticas e séries hipergeométricas; por fim, sua teoria de séries divergentes, ainda não anunciada ao mundo, me conquistou.

Rao garantiu a Ramanujan um compromisso com o Escritório Portuário de Madras a trinta rupias por mês, emprego que lhe deixava tempo livre para prosseguir em suas pesquisas. Outra vantagem era que ele podia pegar papel de embrulho usado para escrever sua matemática.

Foi então que, instado pelas mesmas pessoas, Ramanujan escreveu sua tímida carta para Hardy. Este imediatamente mandou uma resposta encorajadora. Ramanujan pediu-lhe que enviasse uma "carta solidária" para ajudá-lo a conseguir uma bolsa. Hardy estava adiante, era mais ambicioso. Já escrevera ao secretário para Estudantes Indianos em Londres, buscando um meio de obter para Ramanujan a formação em Cambridge. Mas então ficou claro que Ramanujan não queria deixar a Índia. A rede de Cambridge entrou em ação. Outro matemático do Trinity, Gilbert Walker, estava em visita a Madras. Escreveu uma carta para a Universidade de Madras, que concedeu a Ramanujan uma bolsa especial. Pelo menos ele estava livre para dedicar todo o seu tempo à matemática.

Srinivasa Ramanujan   249

Hardy continuou tentando persuadir Ramanujan a ir para a Inglaterra. Ele começou a vacilar, o principal obstáculo era sua mãe. Então, certa manhã, para espanto geral da família, ela anunciou que a deusa Namagiri lhe aparecera num sonho, ordenando-lhe que deixasse o filho realizar o chamado de sua vida. Ramanujan recebeu uma verba para cobrir a subsistência e a viagem, zarpou para a Inglaterra e em abril de 1914 estava no Trinity College. Deve ter se sentido muito deslocado, mas aguentou firme, publicando muitos artigos de pesquisa, incluindo alguns trabalhos importantes em colaboração com Hardy.

Ramanujan era brâmane, casta hindu proibida de causar mal a criaturas vivas. Embora seus amigos ingleses tivessem a impressão de que sua principal motivação não era a crença religiosa, mas o costume social, ele observava os rituais apropriados na medida do possível, numa Inglaterra em tempo de guerra. Como vegetariano, não confiava nos cozinheiros do College para eliminar todos os produtos animais, então aprendeu sozinho a cozinhar, no estilo indiano, claro. Segundo seus amigos, tornou-se excelente cozinheiro.

Por volta de 1916, seu amigo Gyanesh Chandra Chatterji, também em Cambridge como estudioso oficial pelo governo da Índia, estava prestes a se casar, e Ramanujan o convidou, com a futura noiva, para jantar. Conforme o combinado, Chatterji, a noiva e uma acompanhante apareceram nos aposentos de Ramanujan, e ele lhes serviu sopa. Quando limparam os pratos, ele lhes ofereceu mais, e os três receberam a segunda porção. Então ele sugeriu uma terceira. Chatterji aceitou, mas as damas declinaram.

Pouco depois Ramanujan não era encontrado em lugar nenhum.

Esperaram que ele voltasse. Depois de passada uma hora, Chatterji desceu para procurar o porteiro. Sim, ele tinha visto o sr. Ramanujan, que havia chamado um táxi e partido. Chatterji voltou ao quarto e os três convidados esperaram até as dez da noite, quando as regras do College exigiam que se retirassem. Nenhum sinal do anfitrião. Nenhum sinal dele durante os quatro dias seguintes. O que tinha acontecido? Chatterji estava preocupado.

No quinto dia, chegou um telegrama de Oxford: será que Chatterji podia fazer uma transferência de £5 para Ramanujan? (Naquela época

isso era muito dinheiro, equivalente a algumas centenas de libras atuais.)
Dinheiro enviado, Chatterji aguardou, e Ramanujan afinal apareceu. In-
dagado sobre o que havia acontecido, ele explicou. "Eu me senti magoado
e insultado quando as damas não aceitaram a comida que servi."

Esse era o sinal externo de um turbilhão interior. Ramanujan estava no
limite de suas forças. Ele jamais se adaptara realmente à vida na Inglaterra.
Sua saúde, que nunca fora boa, estava piorando, e ele acabou no hospital.
Hardy foi vê-lo, e a visita levou a outra história sobre Ramanujan em que
também aparece um táxi. Ela já virou uma espécie de clichê, mas vale a
pena relembrá-la.

Hardy uma vez escreveu que todo inteiro positivo era um dos amigos
pessoais de Ramanujan, e ilustrou a afirmação com uma anedota acerca
da visita a Ramanujan no hospital. "Eu tinha vindo no táxi número 1.729
e comentei que o número me parecia bastante bobo, e esperava que isso
não fosse um presságio desfavorável. 'Não', retrucou ele, 'é um número
muito interessante; é o menor número passível de ser expresso como a
soma de dois cubos de duas maneiras diferentes.'"

Para ser preciso,

$$1\,729 = 1^3 + 12^3 = 9^3 + 10^3$$

e é o menor número positivo com essa propriedade.

A história ilustra bem o tema, mas não posso deixar de me perguntar
se não teria sido uma espécie de armação, se Hardy não tentava animar o
amigo doente fazendo com que ele mordesse a isca. A maioria das pessoas
não identificaria essa característica do número 1 729, com toda a certeza,
mas Ramanujan indubitavelmente a reconheceria de imediato. De fato,
muitos matemáticos, especialmente aqueles interessados em teoria dos
números – entre eles Hardy –, teriam consciência disso. É quase impossível para um matemático olhar para 1 729 e não pensar em 1 728, que é
o cubo de 12. E é difícil também não notar que 1 000 é 10 ao cubo e 729
é 9 ao cubo.

Mas, seja como for, a história de Hardy levou a um conceito menor,
embora intrigante, na teoria dos números: a de um *número de táxi*. O

Srinivasa Ramanujan

enésimo número de táxi é o menor número que pode ser expresso como a soma de dois cubos positivos em n maneiras distintas. Os dois números de táxi seguintes são:

87 539 319

6 963 472 309 248

Há infinitos números de táxi, mas apenas os seis primeiros são conhecidos.

Em 1917 Ramanujan estava de volta a seus aposentos, obcecado com a matemática a ponto de excluir todo o resto. Trabalhava dia e noite, depois caía exausto e dormia vinte horas. Isso não fez nenhum bem à sua saúde, e a guerra provocou escassez das frutas e verduras das quais ele dependia. Na primavera, foi afligido por alguma doença não diagnosticada mas provavelmente incurável. Foi atendido num pequeno hospital particular para pacientes do Trinity College. Ao longo dos dois anos seguintes consultou oito ou mais médicos e foi admitido em pelo menos cinco hospitais e sanatórios. Os médicos suspeitaram de úlcera gástrica, depois de câncer, depois de envenenamento sanguíneo; mas concluíram que a causa mais provável era tuberculose, e esta foi a enfermidade para a qual ele recebeu o principal tratamento.

Finalmente, tarde demais, as honras acadêmicas afluíram para Ramanujan. Ele se tornou o primeiro indiano a ser eleito membro da Royal Society, e Trinity também o elegeu seu integrante. Revigorado, ele novamente caiu na matemática. Mas sua saúde continuava fraca, o clima inglês não inspirava confiança, e em abril de 1919 ele voltou à Índia. A longa viagem não lhe fez bem, e quando chegou a Madras sua saúde havia se deteriorado mais uma vez. Em 1920 Ramanujan morreu em Madras, deixando viúva, mas não filhos.

HÁ QUATRO FONTES principais da matemática de Ramanujan: os artigos publicados, os três cadernos de anotações, os relatórios trimestrais para a Universidade de Madras e os manuscritos não publicados. Um quarto caderno "perdido" – uma maço de folhas soltas – foi reencontrado em 1976 por George Andrews, mas ainda não se sabe o destino de alguns de seus manuscritos. Bruce Berndt editou uma obra em três volumes, *Ramanujan's Notebooks*, incluindo provas de todas as suas fórmulas.

Ramanujan tinha uma história incomum e nenhum treinamento formal. Não chegava a ser surpresa que sua matemática fosse um pouco idiossincrática. A maior força estava numa área não muito cultivada, a produção de fórmulas engenhosas e intrincadas. Ele foi o Homem das Fórmulas por excelência, sem nenhum rival, salvo alguns velhos mestres, como Euler e Jacobi. "Sempre há mais em uma das fórmulas de Ramanujan do que se vê à primeira vista", escreveu Hardy. A maioria dos resultados tem a ver com séries infinitas, integrais e frações contínuas. Um exemplo de fração contínua é a expressão:

$$\cfrac{x}{1 + \cfrac{x^5}{1 + \cfrac{x^{10}}{1 + \cfrac{x^{15}}{1 + \cdots}}}}$$

que estava na última página de sua carta, aparecendo numa fórmula distintamente esquisita, mas correta. Ele aplicou algumas de suas fórmulas à teoria dos números, tinha especial interesse pela teoria analítica dos números, que busca aproximações simples para grandezas tais como quantidade de primos abaixo de determinado limite – o teorema dos números primos de Gauss (Capítulo 10) – ou a quantidade média de divisores de um número dado.

As publicações de Ramanujan enquanto esteve em Cambridge foram influenciadas pelo seu contato com Hardy e redigidas em estilo convencional, com provas rigorosas. Os resultados registrados nos cadernos têm qualidade um pouco diferente. Como era autodidata, seu conceito de prova era menos que rigoroso. Se uma mistura de evidência numérica e argumento formal levasse a uma conclusão plausível, e sua intuição lhe dissesse que tinha a resposta correta, isso lhe bastava. Os resultados em geral estavam corretos, mas as provas frequentemente apresentavam lacunas. Às vezes qualquer técnico competente conseguia preencher as lacunas, mas às vezes eram necessários argumentos bastante diferentes. Em raras ocasiões os resultados estavam errados. Berndt argumenta que, se Ramanujan "tivesse pensado como um matemático bem-treinado, não teria registrado tantas fórmulas que julgou ter provado", e, como resultado, a matemática seria mais pobre.

Um bom exemplo é o resultado que Ramanujan chamou *master formula*.[9] A prova envolve expansões de séries, intercâmbios da ordem de adição e integração e outras manobras semelhantes. Como ele utiliza processos infinitos, cada passo está carregado de perigos. Os grandes analistas passaram a maior parte do século XIX concluindo exatamente quando tais procedimentos são permitidos. As condições que, de acordo com Ramanujan, tornam suas fórmulas válidas são grosseiramente insuficientes. Não obstante, quase todos os resultados que ele deriva da *master formula* estão corretos.

PARTE DO TRABALHO mais surpreendente de Ramanujan está na teoria das partições, uma área da teoria dos números. Dado um número inteiro, perguntamos de quantas maneiras ele pode ser particionado, isto é, escrito como a soma de números inteiros menores. Por exemplo, o número 5 pode ser partido de sete maneiras:

5   4 + 1   3 + 2   3 + 1 + 1   2 + 2 + 1
2 + 1 + 1 + 1   1 + 1 + 1 + 1 + 1

Portanto, $p(5) = 7$. Os números $p(n)$ crescem rapidamente com n. Por exemplo, $p(50) = 204\,226$ e $p(200)$ são impressionantes $3\,972\,999\,029\,388$. Não existe nenhuma fórmula simples para $p(n)$. No entanto, podemos perguntar por uma fórmula aproximada, dando a ordem de grandeza geral de $p(n)$. Esse é um problema de teoria analítica dos números, e uma questão especialmente difícil. Em 1918 Hardy e Ramanujan superaram as dificuldades técnicas e deduziram uma fórmula aproximada, uma série bastante complicada envolvendo raízes 24as da unidade. Eles descobriram que quando $n = 200$ o primeiro termo *sozinho* concorda com os seis primeiros algarismos significativos do valor exato. Adicionando apenas mais sete termos, obtiveram 3 972 999 029 388,004, cuja parte inteira é o valor exato. Observaram que é possível obter uma fórmula para $p(n)$ que não só exibe sua ordem de grandeza e estrutura, como pode ser usada para calcular seu valor exato para qualquer n, e seguiram adiante para provar isso com precisão. Deve ter sido uma das raríssimas ocasiões em que a busca de uma fórmula aproximada levou a encontrar a fórmula exata.

Ramanujan também encontrou alguns padrões notáveis em partições. Em 1919 provou que $p(5k + 4)$ é sempre divisível por 5, e $p(7k + 5)$ é sempre divisível por 7. Em 1920 enunciou alguns resultados similares: por exemplo, $p(11k + 6)$ é sempre divisível por 11; $p(25k + 24)$ é divisível por 25; $p(49k + 19)$, $p(49k + 33)$, $p(49k + 40)$ e $p(49k + 47)$ são todos divisíveis por 49; e $p(121k + 116)$ é divisível por 121. Note que: $25 = 5^2$, $49 = 7^2$ e $121 = 11^2$. Ramanujan disse que, até onde podia saber, tais fórmulas existem apenas para divisores da forma $5^a 7^b 11^c$, mas isso estava errado. Arthur Atkin descobriu que $p(17\,303k + 237)$ é divisível por 13, e em 2000 Ken Ono provou que congruências desse tipo existem para todos os módulos primos. Um ano depois, ele e Scott Ahlgren provaram que elas existem para todos os módulos não divisíveis por 6.

ALGUNS DOS RESULTADOS de Ramanujan continuam até hoje sem prova. Um dos que sucumbiram cerca de quarenta anos atrás é particularmente significativo. Num artigo de 1916 ele estuda uma função $\tau(n)$ definida como o coeficiente de x^{n-1} na expansão de

$$[(1 - x)(1 - x^2)(1 - x^3)\cdots]^{24}$$

Logo, $\tau(1) = 1$, $\tau(2) = -24$, $\tau(3) = 252$, e assim por diante. A fórmula provém do belo e profundo trabalho com funções elípticas realizado no século XIX. Ramanujan precisava de $\tau(n)$ para solucionar um problema relacionado a potências de divisores de n, e precisava saber qual era seu tamanho. Ele provou que seu tamanho não é maior que n^7, mas conjecturou que isso pode ser melhorado para $n^{11/2}$. E conjecturou duas fórmulas:

$$\tau(mn) = \tau(m)\tau(n) \text{ se } m \text{ e } n \text{ não tiverem fator comum}$$
$$\tau(p^{n+1}) = \tau(p)\tau(p^n) - p^{11}\tau(p^{n-1}) \text{ para todo } p \text{ primo}$$

Essas fórmulas tornam fácil calcular $\tau(n)$ para qualquer n. Louis Mordell as comprovou em 1919, mas a conjectura de Ramanujan em relação à ordem de grandeza de $\tau(n)$ resistiu a todos seus esforços.

Em 1947 André Weil estava dando uma olhada em velhos resultados de Gauss e percebeu que podia aplicá-los a soluções inteiras de várias equações. Seguindo seu faro, e uma curiosa semelhança com a topologia, formulou uma série de resultados bastante técnicos, as conjecturas de Weil. Elas adquiriram uma posição central em geometria algébrica. Em 1974 Pierre Deligne as demonstrou, e um ano depois ele e Yasutaka Ihara deduziram a partir delas a conjectura de Ramanujan. O fato de essa conjectura de aparência inocente ter exigido um esforço de compreensão tão maciço e concentrado antes de ser respondida é um sinal de quanto a intuição de Ramanujan era boa.

Entre suas invenções mais enigmáticas estavam as "funções teta simuladas", que ele descreveu na sua última carta a Hardy, em 1920; detalhes foram encontrados posteriormente no caderno perdido. Jacobi introduziu funções teta como uma abordagem alternativa a funções elípticas. Elas são séries infinitas que se transformam de maneira muito simples quando constantes apropriadas são adicionadas à variável, e as funções elípticas podem ser construídas dividindo uma função teta por outra. Ramanujan definiu algumas séries análogas e enunciou um grande número de fórmulas envolvendo-as. Na época, a ideia toda parecia apenas um exercício de manipulação de séries complicadas, sem ligação alguma com qualquer outra coisa em matemática. Hoje percebemos que não é esse o caso. Elas têm importantes ligações com a teoria de fórmulas modulares, que surgem na teoria dos números e também estão relacionadas a funções elípticas.

Conceito semelhante, mas distinto, a função teta de Ramanujan recentemente se revelou útil na teoria das cordas, a busca mais popular feita pelos físicos para unificar relatividade e mecânica quântica.

Como Ramanujan raciocinava de maneira tão extraordinária, obtendo resultados corretos por meio de métodos não rigorosos, às vezes se sugere que seus padrões de pensamento eram especiais ou incomuns. Diz-se mesmo que o próprio Ramanujan teria falado que a deusa Namagiri lhe contava os métodos em sonhos. No entanto, ele pode ter dito isso apenas para evitar discussões constrangedoras. Segundo sua viúva, S. Janaki Ammal Ramanujan, ele "nunca tinha tempo para ir ao templo porque estava constantemente obcecado com a matemática". Hardy escreveu que acreditava que "todos os matemáticos pensam, em essência, da mesma maneira, e Ramanujan não era exceção". Mas acrescentou: "Ele combinava um poder de generalização, um sentido da forma e uma capacidade para modificação rápida de suas hipóteses que às vezes eram realmente espantosos."

Ramanujan não foi o maior matemático do seu tempo, tampouco o mais prolífico; mas sua reputação não se assenta somente no notável background e na história comovente do "menino pobre que deu certo". Suas ideias foram importantes durante sua vida e tornaram-se cada vez mais influentes com o passar dos anos. Bruce Berndt acredita que, longe de ser antiquado, Ramanujan estava à frente do seu tempo. Às vezes é mais fácil provar uma das notáveis fórmulas de Ramanujan que deduzir como ele teria pensado nela. E muitas das ideias mais profundas de Ramanujan só agora se tornam apreciadas. Deixo as palavras finais para Hardy:

> Um dom [que sua matemática] tem que ninguém pode negar: profunda e invencível originalidade. Provavelmente ele seria um matemático maior se tivesse sido capturado e domado um pouco na juventude; teria descoberto mais coisas novas e, sem dúvida, de maior importância. No entanto, teria tido menos de Ramanujan e mais de um professor europeu, e a perda talvez fosse maior que o ganho.

22. Incompleto e indecidível

KURT GÖDEL

Kurt Friedrich Gödel
Nascimento: Brünn, Áustria-Hungria, 28 de abril de 1906
Morte: Princeton, Nova Jersey, Estados Unidos, 14 de janeiro de 1978

A IMAGEM ESTEREOTIPADA dos matemáticos, à parte o fato de serem quase todos do sexo masculino e idosos, diz que são um tanto estranhos. De outro mundo, com certeza. Excêntricos, em geral. Totalmente loucos, às vezes.

Vimos que essa imagem não se encaixa na maioria dos matemáticos, à parte o fato de serem do sexo masculino, e mesmo isso tem mudado drasticamente nas últimas décadas. Concordo, os matemáticos tendem a terminar sua carreira idosos, mas com quem isso não acontece? O único jeito de evitar o estigma é morrer jovem, como Galois. Reputações e responsabilidades tendem a crescer com a idade, então, os idosos têm maior probabilidade de super-representação entre os famosos na disciplina.

Quando suas mentes estão focalizadas na pesquisa, os matemáticos podem dar a impressão de estar em outro mundo, mas, como insistia um colega meu que era biólogo, não estão ausentes: estão presentes em algum outro lugar. Se você quer solucionar um problema matemático difícil, precisa se concentrar. Alguns matemáticos (mas de forma alguma é a única profissão em que isso ocorre) levam a falta de foco nas coisas do mundo até o ponto da excentricidade. O exemplo mais óbvio talvez seja Paul Erdős, que nunca teve um posto acadêmico e jamais possuiu uma casa. Ele se locomovia da casa de um colega à de outro, passando uma noite no sofá ou meses no quarto de hóspedes. Contudo, escreveu a extraordinária quantidade de 1.500 artigos científicos e colaborou com o impressionante número de quinhentos matemáticos diferentes.

Quanto a ser louco: em algum estágio da vida, alguns são mentalmente enfermos. Cantor sofreu de sérios ataques de depressão. John Nash, tema do livro e do filme *Uma mente brilhante*, ganhou o Prêmio Nobel de Economia em 1994 (mais precisamente, o Prêmio Memorial Nobel, que é tratado como qualquer um dos Prêmios Nobel originais, para a maioria dos propósitos). Todavia, durante muitos anos sofreu de uma condição diagnosticada como esquizofrenia paranoide e passou por terapia de eletrochoques. Com força de vontade, reconhecendo os períodos psicóticos e recusando-se a se entregar a eles, Nash conseguiu se curar.

Kurt Gödel era decididamente excêntrico, e às vezes ia mais longe. Sua área de escolha era a lógica matemática, que na época não constituía o tronco principal da disciplina. Sob esse aspecto, ele era mais do outro mundo que a maioria dos seus colegas. Em compensação, suas descobertas nessa área revolucionaram nosso pensamento acerca das fundações da lógica e da matemática, e de como elas interagem. Ele era brilhantemente original e superintenso.

Seu interesse pela lógica começou em 1933, quando Adolf Hitler subiu ao poder na Alemanha, e foi estimulado por seminários dados por Moritz Schlick, filósofo que fundou o positivismo lógico e o Círculo de Viena. Em 1936, um dos ex-alunos de Schlick, Johann Nelböck, o assassinou. Muitos membros do Círculo de Viena já tinham fugido da Alemanha, temendo perseguições antissemitas, mas Schlick, que estava na Áustria, continuou na Universidade de Viena. Estava subindo as escadas para dar aula quando Nelböck o baleou com uma pistola. Nelböck confessou o assassinato, mas usou as audiências na corte como plataforma da qual proclamou suas crenças políticas. Alegou que sua falta de limitação moral havia sido uma reação à postura filosófica de Schlick, que era antagônica à metafísica. Outros desconfiaram que a verdadeira causa tenha sido a paixão de Nelböck por uma estudante, Sylvia Borowicka. Essa paixão não correspondida o levou a uma crença paranoide de que Schlick era um concorrente nos afetos da moça. Ele foi condenado a dez anos de prisão, mas o caso contribuiu para uma crescente histeria antissemita em Viena, embora Schlick não fosse de fato judeu. A política que apela para as emoções não é uma coisa nova. Pior, quando a Alemanha anexou a Áustria, Nelböck foi solto, tendo cumprido só dois anos da sentença.

O assassinato de seu mentor teve um efeito terrível sobre Gödel. Ele também desenvolveu sinais de paranoia – embora se encaixasse muito bem na velha piada "Só porque sou paranoide não significa que eles não estejam aí para me pegar". Gödel tampouco era judeu, mas tinha muitos amigos que eram. Vivendo sob o regime nazista, paranoia era a última instância da sanidade. No entanto, ele desenvolveu um medo fóbico de ser envenenado, e passou vários meses se tratando de doença mental. Esse medo voltou a assombrá-lo nos últimos anos de vida, quando apresentou novamente sintomas de doença mental e paranoia. Recusava-se a comer qualquer coisa que não tivesse sido cozinhada por sua esposa. Em 1977 ela teve dois derrames e ficou internada por um longo período, de modo que não pôde mais cozinhar para ele. Gödel parou de comer e definhou de fome até a morte. Foi um fim inútil e pavoroso para um dos maiores pensadores do século XX.

O PAI DE GÖDEL, Rudolf, administrava uma fábrica têxtil em Brünn, na Áustria-Hungria, hoje Brno, na República Tcheca. Desde a tenra infância e até bem avançado na idade adulta, ele foi muito próximo da mãe, Marianne (nascida Handschuh). Rudolf era protestante, Marianne, católica; Kurt foi criado na Igreja protestante. Considerava-se um cristão comprometido, acreditava num Deus pessoal, mas não na religião organizada. Escreveu que "religiões são, na sua maior parte, ruins, mas a religião não é". Lia a Bíblia regularmente, mas não frequentava a igreja. Uma tentativa de prova matemática da existência de Deus, derivada usando lógica modal, foi encontrada entre seus artigos não publicados. Seu apelido na família, quando criança, era *Herr Warum* (Senhor Por Que), por motivos que podemos adivinhar. Aos seis ou sete anos Gödel sofreu um ataque de febre reumática, e embora tenha se recuperado totalmente, nunca perdeu a crença de que a enfermidade havia lhe danificado o coração. Sua saúde era frágil, condição que perdurou até a morte.

A partir de 1916 Gödel foi aluno da Deutsches Staats-Realgymnasium, tirando notas altas em todas as matérias, sobretudo em matemática, línguas e religião. Tornou-se automaticamente cidadão tchecoslovaco quando o Império Austro-Húngaro se fragmentou, no fim da Primeira Guerra Mundial. Começou a frequentar a Universidade de Viena em 1923, inicialmente sem saber se estudava matemática ou física, mas a *Introdução à filosofia matemática*, de Bertrand Russell, o levou a se decidir pela primeira, com o principal foco na lógica matemática. Um ponto de virada fundamental na sua carreira ocorreu em 1928, quando ele foi a uma palestra de David Hilbert em Bolonha, no I Congresso Internacional de Matemáticos, organizado após o fim da Primeira Guerra Mundial. Hilbert explicou seus pontos de vista sobre sistemas axiomáticos, debatendo em particular se eles eram consistentes e completos. Em 1928 Gödel leu *Princípios de lógica matemática*, de Hilbert e Wilhelm Ackermann, que fornecia a espinha dorsal técnica do programa de Hilbert para resolver essas questões. Em 1929 escolheu esse tópico para sua tese de doutorado, trabalhando sob orientação de Hans Hahn. Ele provou o que agora chamamos de teorema da completude de Gödel: que o cálculo de predicados (Capítulo 14) é completo. Ou seja, todo teorema verdadeiro pode ser provado, todo teorema falso pode ser refutado, e não há nenhuma outra opção. No entanto, o cálculo de predicados é muito limitado – e inadequado como alicerce para a matemática. O programa de Hilbert era formulado num sistema axiomático muito mais rico.

Gödel tornou-se cidadão austríaco em 1929. (Sua cidadania automaticamente mudou para alemã em 1938, quando a Alemanha anexou a Áustria.) Foi-lhe concedido o doutorado em 1930, e em 1931 ele demoliu o programa

Kurt Gödel 261

de Hilbert ao publicar "Das proposições formalmente indecidíveis dos *Principia Mathematica* e sistemas similares", o qual provava que nenhum sistema axiomático rico o bastante para formalizar a matemática pode ser logicamente completo, sendo impossível provar que qualquer sistema desses é consistente. (Vou falar do *Principia Mathematica* daqui a pouco.) Ele obteve a habilitação em 1932, tornando-se *Privatdozent* na Universidade de Viena em 1933. Os angustiantes acontecimentos que antes narramos ocorreram durante esse período da sua vida. Para ter alívio da Áustria nazista, Gödel visitou os Estados Unidos, onde conheceu e fez amizade com Einstein.

Em 1938 Gödel casou-se com Adele Nimbursky (nascida Porkert), que havia conhecido no Der Nachtfalter, clube noturno de Viena, onze anos antes. Ela era seis anos mais velha que ele, já tinha sido casada. Os pais se opuseram ao enlace, mas Gödel os ignorou. Quando irrompeu a Segunda Guerra Mundial, em 1939, ele ficou preocupado com a possibilidade de ser recrutado para o Exército alemão. Sua saúde frágil decerto o liberaria, mas ele já havia sido tomado erroneamente por judeu, então também poderia ser tomado erroneamente por saudável. Ele deu um jeito de forjar um visto americano e embarcou para os Estados Unidos via Rússia e Japão, com a esposa. Ali chegaram em 1940. Naquele ano ele provou que a hipótese do continuum de Cantor é consistente com os usuais axiomas teóricos estabelecidos para a matemática. Assumiu um posto no Instituto de Estudos Avançados, em Princeton, primeiro como membro residente, depois como membro permanente, e então, a partir de 1953, como professor. Embora tenha parado de publicar em 1946, continuou a fazer pesquisa.

Gödel tornou-se cidadão americano em 1948. Aparentemente acreditava ter encontrado um furo lógico na Constituição dos Estados Unidos, e tentou explicar isso ao juiz, que sensatamente se recusou a morder a isca. Sua estreita amizade com Einstein o levou a fazer algum trabalho em relatividade. Em particular, achou um espaço-tempo que possui uma curva temporal fechada – a formulação matemática de uma máquina do tempo. Se algo seguir essa curva através do espaço e do tempo, seu futuro se funde com o passado. É como estar em Londres em 1900, viajar vinte anos para o futuro e descobrir que está de volta a Londres, e que o ano é de novo 1900. Mais recentemente, curvas temporais fechadas tornaram-se um tópico quente, não tanto porque poderiam levar a uma máquina do tempo real, mas porque lançaram luz sobre as limitações da relatividade geral, e sugerem uma possível necessidade de novas leis na física.

Nos anos finais, a saúde de Gödel, que nunca foi boa, piorou ainda mais. Seu irmão Rudolf relata que ele

> tinha uma opinião fixa e individual sobre tudo ... Infelizmente acreditou a vida toda que sempre estava certo, não só em matemática, mas também em medicina, então, era um paciente muito difícil para os médicos. Após um severo sangramento de uma úlcera duodenal ... manteve-se numa dieta extremamente (exageradamente?) restrita, que o levou lentamente a perder peso.

O que aconteceu depois disso você já sabe. Na certidão de óbito a causa da morte é: "Desnutrição e inanição causadas por distúrbio de personalidade." Inanição é exaustão provocada por falta de comida. Gödel pesava apenas trinta quilos.

DESDE TEMPOS ANTIGOS, a matemática foi exibida como um reluzente exemplo de algo que era simplesmente *verdade* – verdade absoluta, sem nenhum "se" ou "mas". Dois mais dois são quatro: é isso aí, não adianta reclamar. Sua única concorrente para a verdade absoluta era a religião (denominação e seita à escolha do crente, claro), porém a matemática tinha uma sorrateira vantagem, mesmo então. As religiões, como disse Terry Pratchett, são verdade "para um dado valor de verdade". A matemática podia *se provar* verdade.

À medida que filósofos, lógicos e matemáticos se inclinaram nessas direções, começando a pensar mais profundamente sobre o que esse tipo de verdade absoluta envolve, perceberam que ela é até certo ponto ilusória. Dois mais dois são quatro para números inteiros, mas o que exatamente é um número? E, falando nisso, o que são "mais" e "igual"? Os matemáticos responderam a essas perguntas formulando o continuum dos números reais, mas Kronecker considerava isso "obra do homem", acreditando que só os inteiros são dados por Deus. É difícil ver como uma criação arbitrária da mente humana pode constituir uma verdade absoluta. Ela tem de ser, na melhor das hipóteses, uma convenção.

A noção de que a matemática consiste em verdades necessárias foi abandonada em favor da ideia de que essas verdades são deduções feitas a partir de premissas explícitas segundo algum sistema de lógica especificado. A honestidade então exige seguir o exemplo de Euclides e enunciar essas premissas e regras lógicas como um sistema de axiomas explícitos. Isso é metamatemática: aplicar princípios matemáticos à estrutura lógica interna da própria matemática. Bertrand Russell e Alfred North Whitehead pavimentaram o caminho em *Principia Mathematica*, de 1910-13 – o título era uma homenagem consciente a Newton –, e após várias centenas de páginas conseguiram definir o número "um". Depois disso, o ritmo se acelerou, e conceitos matemáticos mais avançados apareceram com rapidez sempre crescente, até ficar óbvio que o resto podia ser feito do mesmo modo, e eles desistiram. Uma característica técnica, sua teoria de "tipos", introduzida para evitar certos paradoxos, foi posteriormente abandonada em favor de outros esquemas axiomáticos para a teoria dos conjuntos, sendo o mais popular o de Ernst Zermelo e Abraham Fraenkel.

Foi em relação a esse cenário que Hilbert tentou completar o círculo lógico provando que um sistema axiomático desses é logicamente consistente (nenhuma prova leva a uma contradição) e completo (todo enunciado significativo tem uma prova ou uma refutação). O primeiro passo é essencial porque, num sistema inconsistente, "dois mais dois são cinco" tem uma prova. Na verdade, *qualquer* enunciado pode ser provado. O segundo identifica "verdadeiro" com "tem uma prova" e "falso" com "não tem nenhuma prova". Hilbert focalizou um sistema axiomático para a aritmética porque o *Principia Mathematica* deduzia todo o restante da matemática a partir daí. Para citar Kronecker, uma vez que Deus nos deu os inteiros, o homem pode elaborar todo o resto. O programa de Hilbert delineava uma série de passos que ele acreditava alcançar essa meta, e conseguiu solucionar alguns dos casos mais simples. Tudo parecia promissor.

GÖDEL, DESCONFIO EU, identificou algo filosoficamente duvidoso em relação a toda essa empreitada. Na verdade, demandava-se um sistema axiomático para a lógica matemática a fim de demonstrar sua própria consistência. "Você é consistente?" "Claro que sou!" Pausa. "É, sei... Mas por que eu deveria acreditar em *você*?" Seja como for, alguma fonte de ceticismo o levou a provar dois resultados devastadores: o teorema da incompletude e o teorema da consistência.

O segundo assenta sobre o primeiro. Tendo em mente que um sistema lógico inconsistente pode provar qualquer coisa, presumivelmente ele pode provar a afirmação "Este sistema é consistente". (E pode provar também, claro, "Este sistema é inconsistente", mas vamos ignorar isso.) Então, que tipo de garantia de verdade a prova pode oferecer? Nenhuma. É isso que a resposta "É, sei..." intuitivamente apreende. Não há meio possível para que o programa de Hilbert escape dessa armadilha: talvez a afirmação "Este sistema é consistente" não faça sentido dentro do sistema axiomático formal. Decerto a afirmação não tem muito cara de aritmética.

A resposta de Gödel foi *transformar a afirmação* em aritmética. Um sistema matemático formal é constituído a partir de símbolos, e a prova (ou alegada prova) de alguma afirmação é somente uma sequência de símbolos. Aos símbolos podem ser atribuídos números codificados, e uma sequência deles também pode receber um código numérico exclusivo. A numeração de Gödel chega a isso transformando uma sequência de números codificados *abcdef...* num número único definido multiplicando-se potências de primos:

$$2^a 3^b 5^c 7^d 11^e 13^f \ldots$$

A fim de decodificar de volta para a sequência, recorre-se à unicidade da fatoração em primos.

Há outras maneiras de codificar sequências de símbolos como números: esta é matematicamente elegante e totalmente impraticável. Mas tudo o que Gödel precisava era de sua existência.

Não só afirmações são codificadas como números: o mesmo ocorre com provas, que são simplesmente sequências de afirmações. As regras lógicas para deduzir cada afirmação a partir das anteriores fornecem limitações sobre quais desses números podem corresponder a uma prova logicamente válida. Então a afirmação "P é uma prova válida da afirmação S" pode ser ela mesma pensada como uma afirmação aritmética: "Se você decodificar P numa sequência de números, o número final é o número correspondente a S." A numeração de Gödel nos permite passar da afirmação metamatemática sobre a existência de uma prova para a afirmação aritmética sobre os números correspondentes.

Gödel quis fazer esse jogo com a afirmação "Esta afirmação é falsa". Não pôde fazê-lo diretamente, porque essa afirmação não é aritmética. Mas ela pode ser *tornada* aritmética usando os números de Gödel, e então ela efetivamente se torna "Este teorema não tem prova". Há alguns artifícios técnicos para fazer com que tudo isso seja razoável, mas é aí que está a essência de tudo. Suponha, agora, que Hilbert esteja certo, e que o sistema axiomático para a aritmética seja completo. Então, "Este teorema não tem prova" tem prova ou não tem. De um jeito ou de outro, estamos em apuros. Se ele tem prova, há uma contradição. Se não tem, é falso (estamos assumindo que Hilbert esteja certo, lembra?), então ele tem prova – outra contradição. Logo, a afirmação é autocontraditória... e existe um teorema em aritmética que não pode ser provado nem refutado.

Gödel logo dobrou a aposta desse resultado no seu teorema da consistência: se uma formulação axiomática de aritmética é consistente, então não pode existir nenhuma prova de sua consistência. Esse é o ponto "É, sei..." de sua glória formal: se alguém alguma vez encontrar uma prova de que a aritmética é consistente, podemos imediatamente deduzir que ela não é.

Por algum tempo Hilbert e seus seguidores tiveram esperança de que os teoremas de Gödel apenas indicassem uma deficiência técnica do sistema axiomático particular estabelecido no *Principia Mathematica*. Talvez alguma alternativa evitasse a armadilha. Mas logo ficou patente que o mesmo argumento funciona em *qualquer* sistema axiomático rico o bastante para formalizar a aritmética. A aritmética é inerentemente incompleta. E, se for logicamente consistente, o que a maioria dos matemáticos acredita ser – e o que a maioria de nós assume como hipótese de trabalho –, isso nunca se pode provar. Num só golpe, Gödel mudou toda a visão filosófica da matemática. Suas verdades não podem ser absolutas porque há afirmações cuja verdade ou falsidade está totalmente fora do sistema lógico.

Geralmente assumimos que uma conjectura não solucionada, como a hipótese de Riemann, é verdadeira ou falsa, de modo que existe uma prova ou uma refutação. Depois de Gödel, devemos adicionar uma terceira possibilidade. Talvez nenhum caminho lógico conduza dos axiomas da teoria dos conjuntos à hipótese de Riemann *e* nenhum caminho lógico conduza dos axiomas da teoria dos conjuntos à negação da hipótese de Riemann. Se assim for, não existe nenhuma prova de que ela seja verdadeira *e* nenhuma prova de que ela seja falsa. A maioria dos matemáticos apostaria que a hipótese de Riemann é decidível. Na verdade, a maioria acha que é verdadeira, e que algum dia se encontrará a prova. Mas, se não for, decerto irá se encontrar em seu lugar um contraexemplo, um zero fora da linha crítica. A questão é: *nós não sabemos disso*. Assumimos que teoremas "razoáveis" têm provas ou refutações, enquanto teoremas indecidíveis têm aspecto um tanto forçado e artificial. No entanto, no próximo capítulo veremos que uma questão natural razoável em ciência teórica dos computadores acabou se revelando indecidível.

A lógica clássica, com sua nítida distinção entre verdade e falsidade, sem meio-termo, tem face dupla. A descoberta de Gödel sugere que, para a matemática, a lógica tríplice seria mais apropriada: verdadeira, falsa ou indecidível.

23. A máquina para

ALAN TURING

Alan Mathison Turing
Nascimento: Londres, 23 de junho de 1912
Morte: Wilmslow, Cheshire, 7 de junho de 1954

SEGUNDO SEU COLEGA Jack Good, em Bletchley Park, Alan Turing sofria de febre do feno. Ele ia de bicicleta para o escritório, e todo mês de junho usava uma máscara contra gás para protegê-lo do pólen. Havia também algo de errado com sua bicicleta, a corrente soltava a toda hora. Por isso Turing carregava consigo uma lata de óleo e um pedaço de pano para limpar as mãos depois de consertar a corrente.

Por fim, cansado de repor a corrente da bicicleta, ele decidiu atacar o problema com racionalidade. Começou a contar quantas vezes os pedais giravam entre uma perda de corrente e outra. Esse número era incrivelmente constante. Comparando-o à quantidade de elos na corrente e à quantidade de dentes na engrenagem traseira, ele deduziu que a corrente caía toda vez que corrente e engrenagem estavam numa determinada configuração. Turing começou a contar para saber quando a corrente estava prestes a se soltar, e fazia uma manobra para mantê-la no lugar. Não precisou mais carregar consigo óleo e pano. Acabou descobrindo que um dente ligeiramente torto entrava em contato com um elo danificado.

Esse foi um triunfo da racionalidade, mas qualquer outra pessoa teria levado a bicicleta a uma oficina, onde o problema seria logo descoberto. Por outro lado, ao *não fazer isso*, Turing economizou o custo do conserto – e garantiu que ninguém mais pedalasse em sua bicicleta. Como em tantas outras coisas, ele tinha suas razões; elas simplesmente eram diferentes dos motivos de qualquer outra pessoa.

O PAI DE ALAN TURING, Julius, era membro do Serviço Civil Indiano. Sua mãe, Ethel (nascida Stoney), era filha de um engenheiro-chefe das Ferrovias Madras. O casal queria que os filhos fossem criados na Inglaterra, e então se mudou para Londres. Alan era o segundo de dois filhos. Aos seis anos, ia à escola na cidade costeira de St. Leonard, onde a diretora geral depressa percebeu que ele era fora de série.

Quando tinha treze anos, Turing passou a cursar a Sherborne, escola "pública" independente, pitoresco termo inglês para escola particular, paga, frequentada sobretudo pelos filhos de ricos. Como a maioria do tipo, a escola enfatizava os clássicos. Turing tinha péssima caligrafia, era fraco em inglês e até em sua matéria favorita, a matemática. Ele preferia suas próprias respostas àquelas exigidas pelos professores. Apesar disso, ou exatamente por causa disso, ganhava todos os prêmios de matemática. Também gostava de química, porém, mais uma vez, preferia cultivar seu próprio campo. O diretor da escola escreveu: "Se ele pretende ser somente um especialista em ciência, está perdendo tempo numa escola independente."

Pura verdade.

A escola não tinha conhecimento de que, no tempo livre, Turing lia os artigos de Einstein sobre relatividade e teoria quântica em *A natureza do mundo físico*, de Arthur Eddington. Em 1928 estabeleceu estreita amizade com Christopher Morcom, um ano à sua frente na escola, e ambos compartilhavam o interesse pela ciência. Mas em dois anos Morcom estava morto. Turing ficou arrasado, porém seguiu adiante lutando obstinadamente e conquistando um lugar para estudar matemática no King's College, em Cambridge. Continuou a ler livros-texto bem mais adiantados no currículo de graduação ou que nem faziam parte do programa. Graduou-se em 1934.

Turing era incorrigivelmente relaxado no trajar. Mesmo quando vestia terno, este raramente estava passado. Dizia-se que ele prendia as calças com uma gravata, ou às vezes com um barbante. Sua risada era um zurro altíssimo. Ele tinha uma dificuldade de fala, não exatamente gagueira, mas uma pausa súbita em que dizia ê-ê-ê-ê-ê, enquanto procurava mentalmente a palavra apropriada. Não era cuidadoso no barbear e sofria da "sombra das cinco horas".* Frequentemente é retratado como um nerd nervoso, socialmente inepto, mas na realidade era bastante popular e se enturmava bem com as pessoas. Suas aparentes excentricidades provinham em grande parte da originalidade não só do que pensava, mas de *como* pensava. Quando trabalhava num problema, Turing achava ângulos que ninguém mais supunha existir.

Um ano depois de se graduar, ele já estava fazendo curso de pós-graduação sobre fundações da matemática com Max Newman, e tomou conhecimento do programa de Hilbert e sua refutação por Gödel. Turing percebeu que o teorema da indecibilidade de Gödel dizia respeito realmente a algoritmos. Uma questão é decidível se existir um algoritmo que a responda. Você pode provar isso para um dado problema, se encontrar um problema. A indecibilidade é mais profunda e mais difícil: você precisa provar que tal algoritmo não existe. É inútil tentar, a menos que você tenha uma definição precisa de algoritmo. Gödel tinha, na verdade, lidado com o tema pensando no algoritmo como uma prova dentro de

---

* Termo usado para homens com barba muito cerrada, que no meio da tarde já teriam de se barbear novamente, pois o rosto fica com "uma sombra". (N.T.)

um sistema axiomático. Turing começou a pensar em como formalizar algoritmos em geral.

EM 1935 Turing tornou-se fellow do King's College, pela sua descoberta independente do teorema do limite central em probabilidade, que fornece alguma base lógica para o difundido uso da "curva do sino", ou distribuição normal, em inferência estatística. Mas em 1936 seus pensamentos sobre os teoremas de Gödel vieram para primeiro plano, com a publicação do seu seminal artigo "Sobre números computáveis, com uma aplicação no problema de decisão". Nesse artigo ele prova um teorema de indecibilidade para um modelo formal de computação, agora chamado máquina de Turing. Sua prova é mais simples que a de Gödel, embora ambas exijam manobras preliminares para estabelecer o contexto.

Conquanto falemos de *máquina* de Turing, o nome refere-se a um modelo matemático abstrato representando uma máquina idealizada. Turing a chamou de máquina-a – "a" de "automática". Ela pode ser pensada como uma fita de papel dividida em células adjacentes que estão vazias ou contêm um símbolo. A fita é a memória da máquina e seu comprimento é ilimitado, mas finito. Se você chegar ao fim, acrescente mais algumas células. Uma cabeça, posicionada sobre uma célula inicial, lê o símbolo nessa célula. Então consulta uma tabela de instruções (programa fornecido pelo usuário), escreve um símbolo na célula seguinte (escrevendo por cima de qualquer coisa que já esteja lá) e move a fita uma célula para o lado. Então, dependendo da tabela e do símbolo, a máquina para ou obedece às instruções na tabela para o símbolo na célula para a qual ela se moveu.

Há muitas variantes, mas todas são equivalentes, no sentido de que podem computar as mesmas coisas. Na verdade, essa máquina rudimentar, em princípio, consegue computar qualquer coisa calculada por um computador digital, por mais rápido e avançado que seja. Por exemplo, uma máquina de Turing usando símbolos 0-9 e talvez alguns outros pode ser programada para calcular os dígitos de π até qualquer número especificado de casas decimais, escrevendo-os em células sucessivas da fita, até afinal parar. Esse nível de generalidade parece surpreendente para um dispositivo tão simples, mas a complexidade da computação é inerente à tabela de instruções, que pode ser muito complicada, exatamente como as ações de um computador são inerentes ao software que ele está rodando. No entanto, a simplicidade de uma máquina de Turing também a torna muito lenta, no sentido de que mesmo uma computação simples envolve um número gigantesco de passos. Ela não é prática, mas sua simplicidade a torna bastante apropriada para questões teóricas sobre os limites da computação.

O primeiro teorema importante de Turing prova a existência de uma máquina de Turing *universal*, que pode simular qualquer máquina específica. O programa de uma máquina específica está codificado na fita da máquina universal, antes de começar a computação. A tabela de instruções diz à máquina universal como decodificar esses símbolos em instruções e executá-las. A arquitetura da máquina universal está um importante passo mais próxima do computador de verdade, com um programa armazenado na memória. Nós não construímos um computador para cada problema novo, com um programa embutido no hardware – exceto para algumas aplicações muito especiais.

O segundo teorema importante dá uma de Gödel, provando que o problema capaz de fazer parar máquinas de Turing é indecidível. Esse problema pede um algoritmo que, dado o programa para uma máquina de Turing, decida se a máquina vai (eventualmente) parar com uma resposta ou continuar para sempre. A prova de Turing de que não existe esse algoritmo – de que o problema que faz parar a máquina é indecidível – pressupõe que ele exista, e então aplica à máquina resultante o seu próprio programa. No entanto, isso é astuciosamente transformado de modo que a simulação pare se, e somente se, a máquina original não parar, o que leva a uma contradição: se a simulação parar, então ela não para; se a simulação não parar, então ela para. Vimos que a prova de Gödel, em última análise, codifica uma afirmação do tipo "Esta afirmação é falsa". A de Turing, que é mais simples, lembra mais um cartão contendo em cada lado uma das mensagens:

A afirmação do outro lado deste cartão é verdadeira.

A afirmação do outro lado deste cartão é falsa.

Cada afirmação, em dois passos, implica sua própria negação.

Turing submeteu seu artigo aos *Proceedings of the London Mathematical Society*, não percebendo que, algumas semanas antes, o lógico matemático americano Alonzo Church publicara "An unsolvable problem in elementary number theory" no *American Journal of Mathematics*. Este fornecia ainda outra alternativa para a prova de Gödel de que a aritmética é indecidível. A prova de Church era muito complicada, mas ele publicou antes. Newman persuadiu o periódico científico a estampar de qualquer modo o artigo de Turing, por ser muito mais simples, tanto conceitual quanto estruturalmente. Turing o revisou para citar o artigo de Church, e ele apareceu em 1937. A história, porém, teve final feliz, porque Turing foi fazer doutorado em Princeton sob orientação de Church. Sua tese foi publicada em 1939 como *Systems of Logic Based on Ordinals*.

Um ano não auspicioso, 1939 marcou o início da Segunda Guerra Mundial. Percebendo que a guerra era provável, e sabendo que a moderna atividade bélica se baseava fortemente na criptografia – códigos secretos –, o chefe do Serviço Secreto de Inteligência (SIS, de Secret Intelligence Service, ou MI6) havia comprado uma propriedade adequada para usar como escola de cifras. Bletchley Park consistia numa mansão construída numa estranha mistura de estilos arquitetônicos, localizada em terreno de 235 hectares. A casa deveria ser demolida, para ali se construir um conjunto habitacional. Ela ainda existe, com as construções acessórias externas, incluindo algumas das cabanas de guerra, e Bletchley Park hoje é uma atração turística temática baseada nos seus decifradores de códigos do tempo da guerra.

O comandante Alastair Dennison, chefe de operações da Escola Governamental de Códigos e Cifras (GC&CS, na sigla em inglês), mudou seus principais criptoanalistas – decifradores de códigos – para Bletchley

Alan Turing

Park. O grupo incluía jogadores de xadrez, peritos em resolver palavras cruzadas e linguistas; um era especialista em papiros egípcios. Buscando expandir o número, ele procurou "homens do tipo professor". As forças do Eixo usavam cada vez mais máquinas para encriptar mensagens baseadas em complexos sistemas de engrenagens giratórias e configurações diárias criadas por fiações conectadas. Portanto, também se exigia um conhecimento técnico avançado, e isso significava matemáticos. Muitos se juntaram ao time, entre eles Newman e Turing. Eles trabalhavam em estrito sigilo, com o apoio de funcionários e administradores. Em seu auge, no começo de 1945, Bletchley Park contava com 10 mil pessoas em operação.

As principais máquinas usadas pelas forças do Eixo eram os codificadores Enigma e Lorenz. Ambos os sistemas de cifras eram considerados inquebráveis, mas a estrutura matemática do algoritmo de encriptação tinha sutis fragilidades. Estas eram exacerbadas quando os usuários quebravam as regras e tomavam atalhos, tais como usar as mesmas configurações em dias consecutivos, enviar a mesma mensagem duas vezes, ou começar mensagens com palavras e frases-padrão. Turing era uma figura-chave na equipe que tentava quebrar o Enigma, trabalhando sob a chefia de Dilly Knox, da GC&CS. Em 1939 os poloneses conseguiram pôr as mãos numa máquina Enigma em funcionamento e contaram aos britânicos como ela funcionava – como os rotores eram conectados. Os criptoanalistas poloneses também desenvolveram métodos para quebrar o código Enigma baseados no hábito alemão de preceder mensagens em código com um breve texto permitindo ao operador testar a máquina. Por exemplo, uma mensagem que continuasse a mensagem anterior com frequência começava com FORT (*Fortsetzung*, "continuação"), seguido pela hora em que a primeira mensagem fora enviada repetida duas vezes e ladeada pela letra Y. Os criptoanalistas poloneses inventaram uma máquina, a *bomba*, para acelerar as coisas.

Turing e Knox, percebendo que os alemães provavelmente eliminariam essa falha, buscaram métodos mais robustos de decriptação e decidiram que também precisavam de uma máquina, que batizaram de *bombe*. Turing projetou as especificações para a *bombe*, que implementaria a mesma técnica geral de decriptação baseada em "cribs". Trata-se de um método que pode ser tentado quando é possível adivinhar a versão do texto simples de alguma parte da mensagem – como, por exemplo, o segmento FORT. Textos típicos dessa espécie eram as versões alemãs de "nada a reportar" e "dados climáticos [tempo]". Surpreendentemente, o intendente do marechal de campo Erwin Rommel começava toda mensagem com frases de abertura formais idênticas.

O projeto de Turing para a *bombe* foi transformado em maquinário por um engenheiro chamado Harold Keen, que trabalhava para a Companhia Britânica de Máquinas Tabuladoras (uma espécie de IBM). A tarefa da *bombe* era usar tentativa e erro de alta velocidade para identificar algumas das configurações básicas da máquina Enigma, que eram (de hábito) mudadas diariamente. Ela examinava cada possibilidade por vez, buscando uma contradição. Se achasse, prosseguia até a possibilidade seguinte, passando por todas as 17.576 combinações até chegar a algo plausível. Nesse ponto ela parava, e as configurações podiam ser lidas. Turing aperfeiçoou o processo com alguma análise estatística. E também atacou a versão mais comum da Enigma usada pela Marinha alemã. Em 1942 ele foi destacado para a Missão do Estado-Maior Conjunto Britânico em Washington, a fim de assessorar os americanos quanto ao emprego da *bombe*. Suas técnicas reduziram a quantidade de máquinas exigidas de 336 para 96, acelerando a implantação.

A habilidade de decriptar as comunicações do Eixo provocou um problema estratégico: se o inimigo percebesse que os Aliados eram capazes de fazer isso, tornariam seus procedimentos mais rígidos. Então, mesmo quando os Aliados sabiam das intenções do inimigo, qualquer ação para derrotá-los tinha de ser indireta e infrequente. Usada com astúcia e muita dissimulação, a habilidade dos Aliados de decriptar mensagens em código inimigo contribuiu para que ganhassem muitos confrontos importantes, em particular a Batalha do Atlântico. Os esforços de Turing e seus colegas provavelmente encurtaram a guerra em quatro anos.

Depois do fim do conflito, veio à tona que os criptoanalistas alemães estavam cientes de que o código Enigma podia ser quebrado. Mas simplesmente não acreditavam que alguém despendesse a imensa quantidade de esforço exigido para tanto.

O TRABALHO CRIPTOGRÁFICO ERA intenso e contínuo, mas a vida em Bletchley Park tinha seus momentos mais leves. Turing relaxava fazendo esportes, jogando xadrez e socializando com os colegas durante o limitado tempo reservado para esse propósito. Em 1941 foi ficando cada vez mais amigo de Joan Clarke, uma brilhante matemática que abandonara os estudos antes de concluir a Parte III dos exames de bacharelado em matemática em Cambridge para juntar-se à equipe de Bletchley Park. Eles iam ao cinema juntos e, de maneira geral, apreciavam a companhia um do outro. A relação ficou mais próxima, e Turing acabou lhe propondo casamento. Ela imediatamente aceitou.

Turing deixara Joan ciente de suas tendências homossexuais, mas isso não a desencorajou, possivelmente porque tinham muita coisa em comum – xadrez, matemática, criptografia... Poucos homens naqueles dias teriam desejado um prodígio matemático como esposa, mas isso não era problema para Turing. Tampouco o era o homossexualismo, pelo menos no começo. Naquela época, para muita gente, a respeitabilidade era mais importante que a orientação sexual, e o principal papel da esposa era ser dona de casa. Turing, porém, permitiu que Joan acreditasse que sua homossexualidade era apenas uma tendência, e não efetiva atividade sexual. Eles conheceram os pais um do outro, sem qualquer problema, e Turing comprou para ela um anel de noivado. Joan não o usava no trabalho, e entre os colegas somente Shaun Wylie sabia oficialmente que os dois estavam noivos, mas os outros desconfiavam de algo.

À medida que o ano foi passando, Turing começou a repensar a situação. O casal passou uma semana de folga caminhando e pedalando no norte do País de Gales, mas o feriado acabou em problemas com as reservas do hotel, e Turing tinha esquecido de arranjar um cartão de racionamento temporário para comprar comida. Logo depois do retorno, ele concluiu que o casamento não seria do interesse de nenhum dos dois, e o noivado foi rompido. Ele deu um jeito de fazer isso sem que Joan se sentisse rejeitada, e os dois continuaram a trabalhar juntos, embora com menos frequência que antes.

Turing era um atleta de alto nível, especializado em corridas de longa distância, em que a falta de velocidade era mais que compensada pelo incomum vigor. Como membro do King's College, frequentemente participava da corrida de cinquenta quilômetros de ida e volta, de Cambridge a Ely, e durante a guerra corria entre Londres e Bletchley Park para as reuniões. Em 1946 a revista *Athletics* o listou como o vencedor do título das três milhas do Walton Athletic Club, marcando 15 minutos e 37,8 segundos – tempo respeitável, mas nada fora do comum. Ele praticava corrida de cross-country, e no ano seguinte chegou em terceiro lugar na maratona de rua de vinte milhas em Kent, com um tempo de 2 horas, 6 minutos e 18 segundos – quatro minutos atrás do vencedor; chegou em quinto lugar numa maratona nacional da Associação Atlética Amadora, com um tempo de 2 horas, 46 minutos e 3 segundos. O secretário do clube escreveu: "Nós o ouvíamos, em vez de vê-lo. Ele soltava um grunhido terrível enquanto corria, mas, antes de podermos lhe falar qualquer coisa, já tinha passado como uma bala." Em 1948, quando a Grã-Bretanha sediou os Jogos Olímpicos, Turing chegou em quinto lugar nas eliminatórias para o time britânico da maratona. O medalhista de ouro fez apenas onze minutos a menos que a melhor marca de Turing.

DEPOIS DA GUERRA TURING mudou-se para Londres e trabalhou no projeto de um dos primeiros computadores, a máquina de computar automática ACE (de Automatic Computing Engine), no Laboratório Nacional de Física. No começo de 1946 fez a apresentação do projeto de um computador com armazenamento de programa – muito mais detalhado que o projeto ligeiramente anterior, do matemático americano John von Neumann, para o Edvac (Electronic Discrete Variable Automatic Computer). O projeto ACE foi retardado pelo sigilo oficial em relação a Bletchley Park, então Turing voltou para Cambridge por um ano, escrevendo um artigo não

Alan Turing 277

publicado sobre inteligência de máquina, seu próximo grande tema. Em 1948 tornou-se vice-diretor do Laboratório de Máquinas de Computação na Universidade de Manchester, onde assumiu o posto de *reader* (o equivalente a um professor associado nos Estados Unidos). Em 1950 escreveu "Computing machinery and intelligence", propondo o agora famoso teste de Turing de inteligência de uma máquina; basicamente você pode ter uma longa conversa com ela sobre o tema que desejar, e não conseguirá saber que não está dialogando com um ser humano (contanto que não veja a máquina). Embora controversa, era a primeira proposta séria nessa linha. Ele começou também a trabalhar num programa de jogo de xadrez para uma máquina hipotética. Tentou rodá-lo num Ferranti Mark 1,* mas a memória era pequena demais, e então Turing simulou o programa a mão. A máquina perdeu. Mas apenas 46 anos depois o Deep Blue da IBM venceu o grande mestre de xadrez Gary Kasparov, e um ano mais tarde a versão atualizada do programa ganhou uma série contra ele de 3½ – 2½. Turing simplesmente estava à frente do seu tempo.

De 1952 a 1954 Turing voltou-se para a biologia matemática, especialmente a morfogênese – criação de formas e padrões em plantas e animais. Trabalhou em filotaxia, a notável tendência de estruturas vegetais para envolver números de Fibonacci, 2, 3, 5, 8, 13, e assim por diante, em que cada um é a soma dos dois anteriores. Sua maior contribuição foi escrever equações diferenciais que modelam a formação de padrões. A ideia subjacente era que compostos químicos chamados morfogenes registram um "pré-padrão" criptografado no embrião, que atua como modelo para os padrões de pigmentos coloridos que aparecem enquanto a criatura cresce. O pré-padrão é criado por uma combinação de reações químicas e difusão, nas quais moléculas se espalham de célula para célula. A matemática desses sistemas mostra que eles podem formar padrões por meio de um mecanismo conhecido como ruptor de simetria, o qual ocorre se o estado uniforme (todas as concentrações químicas iguais em toda parte) torna-se

---

* Também conhecido como Manchester Electronic Computer, foi o primeiro computador eletrônico de uso geral comercialmente disponível. (N.T.)

instável. Turing explicou esse efeito: "Se uma haste é pendurada por um ponto ligeiramente acima do seu centro de gravidade, estará em equilíbrio estável. Se, porém, um camundongo subir pela haste, o equilíbrio acaba por se tornar instável e a haste começa a balançar." Uma haste oscilando é um estado menos simétrico que uma haste pendurada verticalmente.

Entretanto, os biólogos vieram a preferir uma abordagem diferente para o crescimento e a forma do embrião, conhecida como informação posicional. Aqui o corpo do animal é pensado como uma espécie de mapa, e o seu DNA age como manual de instruções. As células de um organismo em desenvolvimento olham para o mapa a fim de descobrir onde estão e depois para o manual de instruções, descobrindo o que devem fazer naquela localização. Coordenadas no mapa são fornecidas por gradientes químicos: por exemplo, uma substância química pode estar altamente concentrada perto do dorso do animal e gradualmente sumir à medida que vai passando para a frente. Ao "medir" a concentração, a célula pode deduzir onde está. Evidência sustentando a teoria da informação posicional veio de experimentos de transplantes, nos quais um tecido no embrião em crescimento é mudado para novo local. Por exemplo, o embrião de um rato começa a desenvolver um tipo de padrão listrado que acaba se transformando em dedos, que formam as patas. Transplantar um pouco desse tecido proporciona a compreensão dos sinais químicos que ele recebe das células circundantes. Os resultados experimentais foram consistentes com a teoria da informação posicional e amplamente interpretados como sua confirmação.

No entanto, em dezembro de 2012, uma equipe de pesquisadores chefiada por Rushikesh Sheth realizou experimentos mais complexos. Eles mostraram que um conjunto particular de genes afeta o número de dedos que o rato desenvolve. À medida que decresce o efeito desses genes, o rato desenvolve mais dedos que o habitual – como um ser humano com seis ou sete dedos em vez de cinco. Seus resultados são incompatíveis com a teoria da informação posicional e gradientes químicos, mas fazem completo sentido em termos da abordagem reação-difusão de Turing. No mesmo ano, um grupo sob o comando de Jeremy Green mostrou que padrões serrilhados dentro da boca do rato são controlados por um processo de Turing.[10] Os morfogenes envolvidos são o fator de crescimento fibroblástico e o Sonic hedgehog, assim chamado porque as moscas-das-frutas no laboratório, ao contrário das moscas aladas, possuem cerdas adicionais no corpo.

TURING ERA GAY, e em 1952, quando começou a se relacionar com um desempregado de dezenove anos chamado Arnold Murray, a homossexualidade ativa era ilegal. Um flagrante na casa de Turing, feito por alguém que conhecia Murray, levou a uma investigação policial que acabou revelando a relação homossexual. Turing e Murray foram acusados de atentado ao pudor. Por conselho de seu advogado, Turing declarou-se culpado, enquanto Murray recebeu uma absolvição condicional. A Turing foi dada a escolha de ir para a prisão ou ter liberdade condicional acompanhada de tratamento hormonal com estrogênio sintético. Em *Prof: Alan Turing Decoded*, o sobrinho dele, Dermot Turing, que era advogado, argumenta que a sentença era "processualmente falha, em parte ilegal e nada efetiva". Em particular, outros processados na mesma época foram tratados com mais leniência, e a pessoa com quem fora cometida a ofensa saía impune. Turing optou por condicional com tratamento de hormônios, predizendo: "Sem dúvida sairei de tudo isso um homem diferente, mas exatamente quem, ainda não descobri." Ele estava certo. Tornou-se impotente e desenvolveu seios.

A condenação parece ter sido motivada pelo pânico oficial. A recente descoberta de que Guy Burgess e Donald Maclean eram agentes duplos da KGB havia exacerbado os temores de agentes soviéticos recrutarem homossexuais como espiões ameaçando expô-los. O Quartel-General de Comunicações Governamentais (GCHQ, na sigla em inglês), que havia se desenvolvido a partir da GC&CS, imediatamente retirou a liberação de segurança de Turing, e os Estados Unidos lhe recusaram a entrada. Assim, Alan Turing, um homem cuja genialidade matemática abreviara a Segunda Guerra Mundial em alguns anos (pelo que lhe foi concedida uma Ordem do Império Britânico – ele merecia ser sagrado cavaleiro), tornou-se *persona non grata* em ambos os lados do Atlântico.

Em junho de 1954 a governanta encontrou seu corpo. A autópsia reportou a causa como envenenamento por cianureto. Havia a seu lado uma maçã parcialmente comida, e presumiu-se que ela fosse a fonte do veneno, embora – bizarramente – não tenha sido testada. O laudo do legista apontou suicídio. Outra possibilidade foi ignorada. Turing pode ter inalado fumaça de cianureto de um experimento de galvanoplastia em seu gabinete de trabalho. Em geral ele comia uma maçã antes de dormir, e muitas vezes a deixava pela metade. Turing não vinha demonstrando sinais de depressão com o tratamento hormonal e acabara de fazer uma lista de tarefas que precisava realizar quando voltasse para o escritório depois dos feriados públicos. Assim, a morte talvez tenha sido acidental.

Em 2009, após uma campanha pela internet, o primeiro-ministro, Gordon Brown, fez um pedido público de desculpas pelo "terrível" tratamento dado a Turing. A continuação da campanha levou a um perdão póstumo, em 2013, pela rainha Elizabeth II. Em 2016, o governo britânico anunciou que todos os homens gays e bissexuais condenados pelas ofensas sexuais então abolidas seriam perdoados, numa emenda à Lei de Policiamento e Crimes informalmente conhecida como "Lei de Turing". No entanto, alguns responsáveis pela campanha continuam insistindo numa retratação, e não num perdão, argumentando que o perdão implica admissão do delito.

24. Pai dos fractais

BENOÎT MANDELBROT

Benoît B. Mandelbrot
Nascimento: Varsóvia, Polônia, 20 de novembro de 1924
Morte: Cambridge, Massachusetts, Estados Unidos,
14 de outubro de 2010

A INTERRUPÇÃO CAUSADA pela Segunda Guerra Mundial adiou em seis meses os exames de admissão para duas grandes instituições educacionais parisienses, a École Normale Supérieure e a École Polytechnique. Os exames duravam um mês e eram extremamente difíceis, mas o jovem Benoît Mandelbrot completou os dois. Um de seus professores descobriu que, em meio a todos os candidatos, apenas um respondera a uma questão de matemática particularmente difícil. Ele adivinhou que teria sido Mandelbrot, e, ao indagar, descobriu que estava certo. O professor confidenciou que ele próprio achara o problema impossível, por causa de uma "integral tripla realmente horrorosa" que residia no coração dos cálculos.

Mandelbrot riu. "É muito simples." Então explicou que a integral era na realidade o volume de uma esfera disfarçada. Caso se usasse o sistema de coordenadas correto, o problema ficava óbvio. E todo mundo sabia a fórmula para o volume da esfera. Isso era tudo. Uma vez que se percebia o truque... Mandelbrot estava obviamente certo. Chocado, o professor saiu vagando, murmurando: "Claro, claro." Por que ele próprio não havia percebido isso?

Porque ele vinha pensando simbolicamente, não geometricamente.

Mandelbrot era um geômetra natural, com forte intuição visual. Depois de uma infância difícil, judeu na França ocupada, em constante perigo de ser preso pelos nazistas e muito provavelmente acabar num campo de extermínio, ele esculpiu para si uma carreira matemática heterodoxa mas altamente criativa, construída fundamentalmente enquanto membro dos Laboratórios Thomas J. Watson da IBM, em Yorktown Heights, no estado de Nova York. Ali produziu uma série de artigos sobre tópicos variando da frequência das palavras nos idiomas até o nível das enchentes nos rios. Então, num surto de inspiração, sintetizou o grosso dessas diversificadas e curiosas pesquisas num único conceito geométrico: o conceito de fractal.

As formas tradicionais da matemática, como esferas, cones ou cilindros, possuem um formato muito simples. Quanto mais de perto você olha, mais lisas e planas elas parecem. O detalhe global some, e o que sobra se assemelha muito com um plano sem características especiais. Os fractais são diferentes. O fractal tem uma estrutura detalhada em qualquer escala de ampliação. Ele é infinitamente sinuoso. "Nuvens não são esferas", escreveu Mandelbrot, "montanhas não são cones, linhas costeiras não são círculos e uma casca de árvore não é lisa, tampouco os raios viajam em linha reta." Os fractais captam aspectos da natureza que as estruturas tradicionais da física matemática não captam. Eles levaram a mudanças fundamentais na maneira como os cientistas modelam o mundo real, com aplicações em física, astronomia, biologia, geologia, linguística, finanças internacionais e muitas outras áreas. E também possuem profundas características de matemática pura e fortes ligações com dinâmica caótica.

Fractais são uma das muitas áreas da matemática que, conquanto não inteiramente novas, decolaram durante a segunda metade do século XX e modificaram a relação entre a matemática e suas aplicações, criando novos métodos e pontos de vista. As raízes da geometria fractal podem ser remontadas até a busca de rigor lógico em análise, levando à invenção, por volta de 1900, de uma variedade de "curvas patológicas" cujo principal papel era mostrar que argumentos intuitivos ingênuos podem dar errado. Por exemplo, Hilbert definiu uma curva que passa por todo ponto dentro de um quadrado – não só chega perto, mas atinge exatamente cada ponto. Ela chama-se curva de preenchimento espacial por motivos óbvios, e ele nos adverte para tomar cuidado quando pensarmos sobre o conceito de dimensão. Uma transformação contínua pode *aumentar* a dimensão de um espaço, aqui, de 1 para 2. Outros exemplos são a curva do floco de neve de Helge von Koch, que tem comprimento infinito, mas cerca uma área finita, e a junta de Wacław Sierpiński, a curva que cruza a si mesma em todo ponto.

No entanto, esses primeiros trabalhos tiveram pouco significado fora de áreas especializadas e eram vistos principalmente como curiosidades isoladas. Para uma área temática "acontecer de verdade", alguém precisa juntar os pedaços, compreender sua unidade subjacente, formular os requeridos conceitos em generalidade suficiente e então sair e vender as ideias para o mundo. Mandelbrot, embora não fosse um matemático no sentido ortodoxo, teve visão e tenacidade para fazer exatamente isso.

Benoît nasceu numa família de professores judeus lituanos, em Varsóvia, entre as duas guerras. Sua mãe, Bella (nascida Lurie), era dentista. O pai, Karl Mandelbrot, que não tivera nenhuma educação formal, fazia e vendia roupas, mas seu lado da família consistia em grande parte de estudiosos, retrocedendo gerações, de modo que Benoît foi criado na tradição acadêmica. Karl tinha um irmão mais novo, Szolem, que mais tarde se tornou um distinto matemático. Como já havia perdido um filho numa epidemia, a mãe manteve Benoît fora da escola por vários anos, para evitar a possibilidade de infecção. Outro tio, Loterman, lhe dava aulas em casa, mas não era um professor muito eficaz. O menino aprendeu a jogar xadrez, escutava histórias e mitos clássicos, mas pouca coisa além disso. Nem sequer aprendeu o alfabeto ou a tabuada. No entanto, desenvolveu uma aptidão para o pensamento visual. Suas jogadas de xadrez eram ditadas mais pela forma do jogo – o padrão das peças sobre o tabuleiro. Adorava mapas, predileção que provavelmente adquiriu do pai, um ávido colecionador. Havia mapas pendurados em toda a casa. Benoît também lia qualquer coisa que lhe caísse nas mãos.

A família deixou a Polônia em 1936 como refugiada econômica e política. A mãe fora incapaz de prosseguir na atividade de dentista, e os negócios do pai tinham despencado. Mudaram-se para Paris, onde o pai tinha uma irmã. Mais tarde Mandelbrot deu a ela o crédito por ter salvado suas vidas e ajudado a espantar a depressão.

Szolem Mandelbrot estava subindo no mundo da matemática, e quando Benoît tinha cinco anos seu tio tornou-se professor na Universidade de Clermont-Ferrand. Oito anos depois o tio passou a ocupar a posição de professor de matemática no Collège de France, em Paris. O sobrinho, impressionado, começou a pensar na carreira de matemática, embora o pai desaprovasse ocupação tão pouco prática.

Quando Mandelbrot estava na adolescência, tio Szolem encarregou-se da sua educação. O garoto foi para o Lycée Rolin, em Paris. Mas a França ocupada era um lugar e uma época ruins para ser judeu, e sua infância foi marcada pela pobreza e a constante ameaça de violência ou morte. Em 1940 a família fugiu novamente, dessa vez para a minúscula cidade de Tulle, no sul da França, onde o tio tinha uma casa no campo. Então os nazistas ocuparam também o sul da França, e Mandelbrot passou os dezoito meses seguintes evitando ser capturado. Ele descreve esse período de sua vida em termos sombrios:

> Por alguns meses estive em Périgueux como aprendiz de ferramenteiro nas ferrovias. Para uso posterior em tempo de paz, a experiência era melhor que outra tarefa de tempo de guerra, como cuidador de cavalos, mas eu não tinha

aparência nem falava como aprendiz ou cuidador, e certa feita escapei por pouco da execução ou deportação. Alguns bons amigos acabaram me conseguindo a admissão no Lycée du Parc, em Lyon. Enquanto grande parte do mundo vivia num turbilhão, era quase normal assistir às aulas preparando-me para o temido exame das universidades de elite francesas chamadas "Grandes Écoles". Os poucos meses que se seguiram em Lyon estiveram entre os mais importantes da minha vida. Uma dura pobreza e um profundo medo do chefe alemão da cidade (mais tarde descobrimos que seu nome era Klaus Barbie) me amarraram à escrivaninha a maior parte do tempo.[11]

Barbie era *Hauptsturmführer* da temida *Schutzstaffel* (SS, literalmente, "esquadrão de proteção") e membro da Gestapo (polícia secreta). Tornou-se conhecido como Açougueiro de Lyon por torturar pessoalmente prisioneiros franceses. Depois da guerra fugiu para a Bolívia, mas foi extraditado para a França em 1983 e encarcerado por crimes contra a humanidade.

Em Lyon, em 1944, estudando matemática, Mandelbrot descobriu que tinha alto grau de intuição visual. Quando o professor apresentava algum problema difícil em forma simbólica, como uma equação, ele imediatamente o transformava num equivalente geométrico, em geral muito mais fácil de resolver. Ele foi admitido na École Normale Supérieure em Paris para estudar matemática. Entretanto, o estilo matemático ali praticado era em grande parte o da escola Bourbaki – abstrato, genérico, centrado em matemática pura. Seu tio tinha uma filosofia matemática similar, e havia sido um dos primeiros membros do Bourbaki antes de o grupo começar sua sistemática revisão da matemática em linhas abstratas rigorosas. Esse estilo formal do pensamento matemático, sem figuras ou aplicações concretas, não atraía Mandelbrot. Após alguns dias na École Normale, decidiu que estava no lugar errado e renunciou à vaga. Em lugar disso, assumiu um posto na École Polytechnique, de orientação mais prática (ele já havia passado no exame de admissão para a escola, junto com o exame para a École Normale). Aqui ele tinha mais liberdade de estudar diferentes disciplinas.

O tio continuou a incentivá-lo rumo à matemática mais abstrata, e sugeriu que Mandelbrot escolhesse um tópico de doutorado relacionado ao trabalho de Gaston Julia sobre funções complexas, que havia sido publicado em 1917. A sugestão não o atraiu. Quando aceitou o Prêmio Wolf, Mandelbrot posteriormente escreveu:

As adoradas séries de Taylor e Fourier de meu tio haviam começado séculos atrás no contexto da física, mas no século XX desenvolveram-se num campo autodescrito como análise matemática "fina" ou "dura". Nos teoremas de meu tio, as premissas podiam ocupar páginas. As distinções que ele apreciava eram tão fugazes que nenhuma condição era ao mesmo tempo necessária e suficiente. A longa genealogia dos temas, para ele fonte de orgulho, para mim, bem mais jovem, eram fonte de aversão.[12]

Um dia, ainda em busca de um tema, Mandelbrot pediu a Szolem algo para ler no metrô. Seu tio lembrou-se de ter jogado um artigo no cesto de lixo, e foi catá-lo dizendo que era "maluco, mas você gosta de coisas malucas". Era a resenha de um livro do linguista americano George Zipf sobre a propriedade estatística comum a todas as línguas. Ninguém parecia entender do que se tratava, mas Mandelbrot decidiu na hora que explicaria essa propriedade, agora chamada lei de Zipf. E fez algum progresso, como veremos.

De 1945 a 1947 Mandelbrot estudou sob a orientação de Paul Lévy e Gaston Julia na École Polytechnique, e então foi para o Instituto de Tecnologia da Califórnia, fazendo mestrado em aeronáutica. Então voltou para a França, obtendo o doutorado em 1952. Também estava empregado no Centre National de la Recherche Scientifique. Passou um ano no Instituto de Estudos Avançados de Princeton, Nova Jersey, sob o patrocínio de John von Neumann. Em 1955 casou-se com Aliette Kagan e mudou-se para Genebra. Após diversas visitas aos Estados Unidos, os Mandelbrot mudaram-se para lá permanentemente em 1958, e Benoît trabalhou como pesquisador da IBM em Yorktown Heights. Ficou na IBM por 35 anos, tornando-se fellow da empresa e depois fellow emérito. Recebeu numerosos prêmios, incluindo a Legião de Honra (1989), o Prêmio Wolf (1993) e o Prêmio do Japão (2003). Seus livros incluem: *Fractais: forma, acaso e dimensão* (1977) e *The Fractal Geometry of Nature* (1982). Morreu de câncer em 2010.

O TRABALHO SOBRE A LEI de Zipf estabeleceu o padrão da futura carreira de Mandelbrot, que por longo tempo parecia formada por uma série de investigações não relacionadas entre si de estranhos padrões estatísticos, saltando como uma borboleta de uma flor esquisita a outra. Só quando estava na IBM tudo começou a se juntar.

A lei de Zipf o apresentou a uma ideia simples em estatística, embora proveitosa (e subestimada): a ideia de uma relação de lei de potência. Numa compilação-padrão do inglês americano, as três palavras mais comuns são:

the, ocorrendo 7% das vezes,
of, ocorrendo 3,5% das vezes,
and, ocorrendo 2,8% das vezes.

A lei de Zipf afirma que a enésima palavra (ranqueada pela frequência com que ocorre) é a frequência da primeira palavra dividida por n. Aqui $7/2 = 3,5$ e $7/3 = 2,3$. Este último número é menor do que o observado, mas a lei não é perfeita, ela simplesmente quantifica uma tendência geral. Aqui a frequência da enésima palavra no ranking é proporcional a $1/n$, que podemos escrever como n^{-1}. Outros exemplos mostram padrões semelhantes, mas com uma potência diferente de -1. Por exemplo, em 1913 Felix Auerbach notou que a distribuição de tamanho de cidades segue uma lei similar, mas com a potência $n^{-1,07}$. Em geral, se o item de ranking n tem frequência proporcional a n^c, para alguma constante c, falamos de uma lei de potência de ordem c.

A estatística clássica presta pouca atenção a distribuições segundo lei de potência, focalizando, em vez disso, a distribuição normal (ou curva do sino) por uma variedade de razões, algumas delas boas. Mas a natureza frequentemente parece usar, em lugar disso, distribuições segundo leis de potência. Leis como a de Zipf se aplicam a populações de cidades, número de pessoas assistindo a uma seleção de programas de TV e quanto dinheiro as pessoas ganham. As razões para esse comportamento ainda não são plenamente compreendidas, mas Mandelbrot deu partida nesse estudo em sua tese,[13] e Wentian Li ofereceu-lhe uma explicação estatística: numa língua em que cada letra do alfabeto (mais um caractere de espaço para separar as palavras) aparece com a mesma frequência, a distribuição das palavras segundo uma ordem quantitativa obedece a uma aproximação da lei de Zipf. Vitold Belevitch provou que o mesmo vale para uma variedade de distribuições estatísticas. A explicação do próprio Zipf era que os idiomas evoluem com o tempo de modo a fornecer uma compreensão ideal para o menor esforço (de falar ou escutar), e a potência –1 emerge a partir desse princípio.

Em seguida, Mandelbrot publicou artigos científicos sobre distribuição de riqueza, mercado de ações, termodinâmica, psicolinguística, comprimento de linhas costeiras, turbulência de fluidos, demografia populacional, a estrutura do Universo, áreas de ilhas, estatísticas de redes fluviais, percolação, polímeros, movimento browniano, geofísica, ruído aleatório e outros tópicos inusitados. Tudo parecia um pouco desarticulado. Mas em 1975 aquilo veio a se juntar num flash de compreensão: havia um tema comum subjacente a quase todo o seu trabalho. E ele era geométrico.

A geometria de processos naturais raramente segue os modelos matemáticos padrão de esferas, cones, cilindros e outras superfícies lisas. Montanhas são denteadas e irregulares. Nuvens são fofas, com saliências e tufos. Árvores se ramificam repetidamente a partir do tronco, passando pelos galhos até os rebentos nas pontas. Samambaias têm frondes que parecem uma porção de frondes menores amarradas em pares opostos. Ao microscópio, a fuligem é um monte de pequenas partículas aglomeradas, com lacunas e vazios. Todas elas estão a grande distância da lisa rotundidade de uma esfera. A natureza detesta a linha reta e não morre de amores por outras coisas vindas de Euclides e dos textos sobre cálculo. Mandelbrot cunhou um nome para esse tipo de estrutura: *fractal*. E promoveu, com energia e entusiasmo, o uso de fractais em ciência, a fim de modelar muitas das estruturas irregulares da natureza.

"Modelo" é aqui uma palavra-chave. A Terra pode parecer aproximadamente esférica – elipsoidal, se você quiser um pouco mais de exatidão –, e esse tipo de formas tem ajudado os físicos e astrônomos a compreender, por exemplo, as marés e a inclinação do eixo planetário. Mas os objetos matemáticos são modelos, não a realidade em si. Eles captam algumas características do mundo natural em forma idealizada, simples o suficiente para o cérebro humano analisar. Mas a superfície da Terra é áspera e irregular: o mapa não é o território. E nem deveria ser. Um mapa da Austrália pode ser dobrado e colocado no bolso, pronto para se usar quando necessário, mas não se pode fazer isso com a própria Austrália. Um mapa deve ser mais simples que o território, mas fornecer informação útil sobre ele. Uma esfera matemática é perfeitamente lisa, não importa quanto você a amplie, mas a realidade se transforma em partículas quânticas no nível atômico. Isso, porém, é irrelevante para o campo gravitacional do planeta, de modo que pode e deve ser ignorado nesse contexto. A água pode ser proveitosamente modelada como um continuum infinitamente divisível, mesmo que a água real se torne discreta quando se chega no nível das moléculas.

O mesmo acontece com os fractais. Um fractal matemático não é só uma forma aleatória. Ele tem uma estrutura detalhada em todas as escalas de ampliação. Com frequência, tem virtualmente *a mesma estrutura* em todas as escalas. Uma forma como essa chama-se autossimilar. Num modelo fractal de samambaia, cada fronde é composta de frondes menores, que por sua vez são compostas de frondes ainda menores, e o processo *nunca para*. Numa samambaia real, ele para após quatro ou cinco estágios, no máximo. Mesmo assim, o fractal é um modelo melhor que, digamos, um triângulo. Assim como um elipsoide pode ser um modelo melhor para a Terra que a esfera.

Mandelbrot estava muito cônscio do proeminente papel de matemáticos poloneses na pré-história dos fractais, abordagem altamente abstrata para análise, geometria e topologia desenvolvida por um pequeno círculo de matemáticos, muitos deles encontrando-se regularmente no Kawiarnia Szkocka – Café Escocês – em Lvov (Lwów, hoje Lviv). O círculo incluía Stefan Banach, que fundou a análise funcional, e Stanisław Ulam, que esteve intensamente envolvido no Projeto Manhattan para a construção da bomba atômica e apareceu com a principal ideia para a bomba de hidrogênio. Wacław Sierpiński, na Universidade de Varsóvia, tinha um raciocínio semelhante, e inventou uma forma que era "simultaneamente cantoriana e

Os primeiros estágios na construção de uma junta de Sierpiński.

jordaniana, na qual todo ponto é um ponto de ramificação". Ou seja, uma curva contínua que cruza a si mesma em todo ponto.

Mais tarde Mandelbrot, de brincadeira, chamou essa forma de "junta de Sierpiński" por sua semelhança com o lacre de muitos furos que junta a cabeça do cilindro de um carro com o motor. Lembre-se de que a junta de Sierpiński é um animal entre o pequeno zoológico de exemplos que vieram à tona no começo do século XX, coletivamente conhecido como curvas patológicas – embora não sejam patológicas para a natureza, ou mesmo para os matemáticos: simplesmente elas assim pareciam para os matemáticos do período. Padrões como a junta aparecem em conchas marinhas. Em todo caso, a junta pode ser construída por um procedimento iterativo aplicado a um triângulo equilátero. Divida o triângulo em quatro triângulos equiláteros congruentes, cada um com metade do tamanho do triângulo inicial. Delete o triângulo central, que está de cabeça para baixo. Aplique o mesmo processo aos três triângulos restantes e repita indefinidamente. A junta é o que sobra quando todos os triângulos invertidos, mas não suas bordas, são deletados.

Mandelbrot pegou a inspiração dessas curvas, agora vistas como primeiros fractais. Mais tarde achou o fato divertido:

Meu tio partiu para a França com mais ou menos vinte anos, um refugiado guiado por uma ideologia que não era política nem econômica, mas puramente intelectual. Ele tinha aversão à "matemática polonesa", que era então construída como um campo militantemente abstrato por Wacław Sierpiński (1882-1969). Por profunda ironia, de quem era o trabalho que viria a se tornar fértil campo de caça quando, muito mais tarde, procurei ferramentas para construir a geometria fractal? De Sierpiński! Fugindo da ideologia [de Sierpiński], meu tio se juntou aos herdeiros de Poincaré, que mandavam em Paris nos anos 1920. Meus pais não eram refugiados ideológicos, mas econômicos e políticos; o fato de terem se juntado ao meu tio na França salvou nossas vidas. Nunca conheci Sierpiński, mas a sua influência (involuntária) sobre minha família foi inigualável.[14]

Alguns matemáticos puros, dando continuidade a essas noções, descobriram que o grau de irregularidade de um fractal pode ser caracterizado por um número, que chamaram de "dimensão", porque está de acordo com a dimensão habitual para formas-padrão como a reta, o quadrado e seu interior, ou o cubo sólido, que têm respectivamente dimensões 1, 2 e 3. No entanto, a dimensão do fractal não necessita ser um número inteiro, assim, a interpretação "quantas direções independentes" não se aplica mais. Em vez disso, o que importa é como a forma se comporta sob ampliação.

Se você traça um segmento de reta com o dobro do tamanho, seu comprimento é multiplicado por 2. Duplicar o lado de um quadrado implica multiplicar sua área por 4; e duplicar a aresta de um cubo significa multiplicar seu volume por 8. Esses números são 2^1, 2^2, 2^3, isto é, 2 elevado à potência da dimensão. Se uma junta é duplicada de tamanho, ela pode ser dividida em três cópias da original. Então 2 elevado à potência da dimensão deve ser igual a 3. A dimensão é, portanto, $^{ln}3/_{ln\,2}$, que é 1,585. Uma definição mais geral, não confinada a fractais autossimilares, é chamada dimensão Hausdorff-Besicovich, e uma versão mais prática é chamada "contagem de caixas". A dimensão é útil em aplicações e é uma maneira de testar experimentalmente modelos fractais. Dessa maneira, por exemplo, demonstrou-se que as nuvens são bem modeladas por fractais, com a dimensão de uma imagem fotográfica (projeção no plano, mais fácil de trabalhar e mensurar) aproximadamente 1,35.

UMA IRONIA FINAL ilustra o perigo de fazer juízos de valor precipitados em matemática. Em 1980, buscando novas aplicações de geometria fractal, Mandelbrot deu uma nova olhada no artigo de Julia, de 1917, aquele que seu tio lhe recomendara e ele rejeitara por ser abstrato demais. Julia e outro matemático, Pierre Fatou, haviam analisado o estranho comportamento de funções complexas sob iteração. Ou seja, comece com algum número, aplique-lhe a função para obter um segundo número, então aplique a função a este segundo para obter um terceiro número, e assim por diante, indefinidamente. Eles focalizaram o caso mais simples não trivial: funções quadráticas da forma $f(z) = z^2 + c$ para uma constante complexa c. O comportamento desse mapa depende de c de maneira complicada.[15] Julia e Fatou haviam provado diversos teoremas profundos e difíceis acerca desse particular processo de iteração, mas era tudo simbólico. Mandelbrot imaginou como seria a aparência da imagem.

Os cálculos eram longos e tediosos demais para serem executados a mão, motivo pelo qual Julia e Fatou não tinham investigado a geometria do processo. Mas os computadores começavam a adquirir potência real, e Mandelbrot trabalhava na IBM. Então programou um computador para

O conjunto de Mandelbrot (à esquerda) e a ampliação de parte dele (à direita).

fazer as contas e desenhar a figura. A imagem saiu confusa (a tinta da impressora estava acabando) e grosseira, mas revelou uma surpresa. A complicada dinâmica de Julia e Fatou é organizada por um único objeto geométrico – e este, ou, mais precisamente, sua fronteira, é um fractal. A dimensão da fronteira é 2, então ele é "quase uma curva de preenchimento espacial". Agora chamamos esse fractal de conjunto de Mandelbrot, nome cunhado por Adrien Douady. Como sempre, houve pré-descobertas e trabalhos estreitamente correlatos; em particular, Robert Brooks e Peter Matelski desenharam o mesmo conjunto em 1978. O conjunto de Mandelbrot é fonte de belas e complexas imagens gráficas computadorizadas. É também tema de intenso estudo matemático, levando a pelo menos duas Medalhas Fields.

Assim, o artigo de matemática pura abstrata que Mandelbrot inicialmente rejeitara acabou revelando uma ideia que se tornou central na teoria dos fractais, que ele havia desenvolvido precisamente por sua ausência de abstração e suas ligações com a natureza. A matemática é um todo altamente interligado, no qual o abstrato e o concreto estão unidos por sutis cadeias de lógica. Nenhuma filosofia é superior. Os grandes avanços frequentemente surgem quando usamos as duas coisas.

25. De fora para dentro

WILLIAM THURSTON

William Paul Thurston
Nascimento: Washington, D.C., 30 de outubro de 1946
Morte: Rochester, Nova York, 21 de agosto de 2012

O QUE OS matemáticos mais gostam é conversar com outros matemáticos – sobre seu trabalho, na esperança de aprender uma ideia nova que os ajude com o mais recente problema; sobre o novo restaurante tailandês que acabou de abrir na saída do campus; sobre família e amigos em comum. Geralmente fazem isso sentados em pequenos grupos tomando café. Como disse certa vez Alfréd Rényi: "Um matemático é uma máquina de transformar café em teoremas." Trata-se de um trocadilho em alemão, em que a palavra *Satz* significa tanto "teorema" quanto "local onde se senta para tomar café".

Essas discussões informais muitas vezes ocorrem em contexto mais formal – um seminário (palestra técnica para especialistas), um colóquio

William Thurston

(palestra menos técnica para profissionais ou estudantes de pós-graduação que podem estar trabalhando numa área diferente, embora às vezes seja difícil saber a diferença), um workshop (pequena conferência especializada), um grupo de estudo (ainda menor e menos formal), ou uma conferência (maior e possivelmente mais ampla). Em dezembro de 1971 a Universidade da Califórnia em Berkeley organizou um seminário sobre sistemas dinâmicos. Este se tornara um assunto quente porque Stephen Smale, Vladimir Arnold e seus colegas e estudantes em Berkeley e Moscou prosseguiam de onde Poincaré o deixara quando descobriu o caos, concebendo novos métodos topológicos para lidar com velhos problemas aparentemente intratáveis. Um sistema dinâmico é qualquer coisa que evolua com o tempo segundo regras específicas não aleatórias. As regras para um sistema dinâmico contínuo são equações diferenciais, que determinam o estado do sistema um minúsculo instante no futuro em termos do seu estado corrente. Há um conceito análogo de sistema dinâmico discreto, no qual o tempo bate em instantes isolados, 1, 2, 3, ... O orador do seminário apresentava solução inovadora e surpreendente para um problema que se reduzia a examinar um número finito de pontos no plano. O orador explicou um artifício-chave: como mover qualquer número de pontos para posições novas, não muito distantes, de modo que não se afastem muito em qualquer estágio do movimento. (Algumas outras condições também deviam ser obedecidas.) Era um teorema fácil de provar para espaços de três ou mais dimensões, mas agora fora encontrada, segundo se alegava, uma prova havia muito procurada para duas dimensões. Daí se seguia uma porção de resultados importantes em dinâmica.

No fundo da sala estava sentado um jovem e tímido estudante de pós-graduação, parecendo um hippie com barba cerrada e cabelo comprido. Ele se levantou e, com muita hesitação, declarou não achar que a prova estivesse correta. Avançando até o quadro-negro, desenhou duas figuras, cada qual mostrando sete pontos no plano, e começou a usar os métodos explicados na palestra para mover os pontos da primeira configuração para as posições na segunda. Desenhou as trajetórias segundo as quais os pontos supostamente deveriam se mover, e estas começaram a se atrapalhar mutuamente, exigindo que a trajetória seguinte fizesse uma excursão mais longa para evitar obstáculos, o que, por sua vez, criava um obstáculo ainda mais longo. À medida que brotavam curvas como as cabeças da hidra mítica, ficou evidente que o estudante tinha razão. Dennis Sullivan, que estava presente, escreveu: "Nunca vi tamanha compreensão nem a construção tão criativa de um contraexemplo feita com tanta rapidez. Isso se combinou com minha admiração pela absoluta complexidade da geometria que dali emergiu."

O estudante era William Thurston – "Bill", para os amigos e colegas. Há dezenas de histórias similares sobre ele. Thurston tinha uma intuição natural para a geometria, em particular quando ela ficava realmente complicada, e a geometria de muitas dimensões – quatro, cinco, seis, quantas você quiser –, então recentemente em desenvolvimento, fornecia amplo alcance para o exercício de sua impressionante habilidade de converter problemas técnicos em formas visuais, e então resolvê-los. Ele tinha a rara capacidade de enxergar através da complexidade e descobrir princípios simples subjacentes. Tornou-se um dos principais topólogos de seu tempo, solucionou muitos problemas importantes e introduziu algumas conjecturas próprias que derrotaram até seus prodigiosos talentos. Bill Thurston, uma figura verdadeiramente significativa da moderna matemática pura, é um representante digno dessa esotérica espécie.

IRONICAMENTE, Thurston enxergava mal. Sofria de estrabismo congênito – era "vesgo" – e não conseguia focar ambos os olhos no mesmo objeto próximo. Isso afetava sua percepção de profundidade, de modo que lhe era difícil apreender o formato de um objeto tridimensional a partir da imagem bidimensional. Sua mãe, Margaret (nascida Martt), era uma competente costureira, capaz de coser padronagens tão complicadas que nem Thurston nem o pai, Paul, conseguiam compreendê-las. Paul era engenheiro-físico nos Laboratórios Bell, com uma inclinação para construção manual de engenhocas. E, em certa ocasião, de forma literalmente manual, mostrou ao jovem Bill como ferver água com as próprias mãos nuas. (Use uma bomba de vácuo para abaixar o ponto de ebulição até um valor ligeiramente acima da temperatura ambiente; então enfie as mãos na água para aquecê-la.) Para ajudar a combater o estrabismo de Bill, Margaret passava horas com ele, então com dois anos, olhando livros cheios de padrões coloridos. Seu posterior amor pelos padrões, e sua facilidade com tarefas manuais, provavelmente são resultado dessas primeiras atividades.

O começo dos estudos de Thurston foi incomum. O New College Florida adotava um pequeno número de alunos, selecionados pelas habilidades extraordinárias, e impunha muito poucos limites sobre o que estudavam, ou mesmo onde residiam. Ocasionalmente, Thurston morava numa tenda na floresta; outras vezes dormia nas dependências da escola, subornando o zelador. A escola quase desmoronou após dezoito meses, quando metade de seus professores se demitiu. Os dias na universidade em Berkeley foram mais organizados, mas essa também foi uma época turbulenta, com muita oposição estudantil à Guerra do Vietnã. Thurston entrou para uma comissão que tentava persuadir os matemáticos a não aceitar verbas militares. A essa altura casara-se com Rachel Findley, e nasceu o primeiro filho do casal. O nascimento, disse Rachel, em parte pretendia garantir que Thurston não fosse recrutado para o Exército. O trabalho de parto coincidiu com o exame de qualificação para o doutorado, e o desempenho de Thurston foi um pouco inconsistente, mas, como sempre, original. Sua tese de doutorado tratava de alguns problemas especiais sobre um tópico quente na época, foliações, nas quais um espaço multidimensional (ou variedade) é decomposto em "folhas" que se encaixam estreitamente, como um livro se decompõe em páginas, mas com menos regularidade no arranjo. Esse tema está relacionado à abordagem topológica de sistemas dinâmicos. A tese contém diversos resultados importantes, mas nunca foi publicada. Foliações foram a primeira área importante de pesquisa de Thurston, e ele continuou trabalhando nelas no Instituto de Estudos Avançados de Princeton, em 1972-73, e no MIT, em 1973-74. De fato, ele solucionou tantos dos problemas básicos da área que, em comparação a outros matemáticos, no final praticamente a eliminou por completo.

EM 1974 THURSTON se tornou professor na Universidade de Princeton (não confundir com o Instituto de Estudos Avançados, que não tem alunos). Alguns anos depois sua pesquisa passou para uma das áreas mais difíceis da topologia: variedades tridimensionais. Esses espaços são análogos a superfícies, mas têm uma dimensão adicional. Seu estudo remonta a Poincaré, mais de um século antes (Capítulo 18), mas, até Thurston se envolver, sempre pareceram bastante desconcertantes. A topologia de variedades de dimensões superiores é curiosa. As dimensões mais fáceis são uma (trivial) e duas (superfícies, resolvidas classicamente). A seguinte em termos de facilidade acabou se revelando a dimensão cinco ou mais, basicamente porque espaços de altas dimensões têm muito lugar para execução de manobras complicadas. Mais difíceis são as variedades quadridimensionais, e as mais difíceis de todas são as tridimensionais – muito lugar para uma enorme complexidade; falta de lugar suficiente para simplificações em qualquer forma direta.

Uma forma-padrão de construir variedades n-dimensionais é pegar pequenos retalhos de espaço n-dimensional e prescrever regras para colá-los uns aos outros. Conceitualmente, não na realidade. No Capítulo 18 vimos como essa abordagem funciona para superfícies e variedades tridimensionais. Também encontramos uma questão fundamental em topologia de variedades tridimensionais, a conjectura de Poincaré. Esta caracteriza a esfera tridimensional em termos de uma propriedade topológica simples: todos os nós se reduzem a um ponto. Uma maneira padronizada de se insinuar adiante nessas questões é generalizá-las para analogias de dimensão mais elevada. Às vezes uma questão mais genérica é mais fácil; então você inclui o caso especial do qual partiu. O progresso inicial foi encorajador. Em 1961 Stephen Smale provou a conjectura de Poincaré em todas as dimensões maiores ou iguais a 7. Então John Stallings lapidou a dimensão 6 e Christopher Zeeman tratou da dimensão 5. Seus métodos fracassaram para as dimensões 3 e 4, e os topólogos começaram a se perguntar se essas dimensões se comportam de maneira diversa. Então, em 1982, Michael Freedman achou uma prova extremamente complicada da conjectura de Poincaré quadridimensional, usando técnicas radicalmente diferentes. A essa altura os topólogos haviam provado a conjectura de Poincaré em toda dimensão exceto aquela sobre a qual Poincaré inicialmente se indagara. Seus métodos não lançaram nenhuma luz sobre esse caso resistente, final.

Aí entra Thurston, virando tudo de cabeça para baixo.

Topologia é a geometria de folha de borracha, e a questão de Poincaré era topológica. Naturalmente, todo mundo vinha atacando o problema com métodos topológicos. Thurston jogou fora a folha de borracha e imaginou que o problema não seria, na realidade, geométrico. Ele não o resolveu, mas suas ideias inspiraram um jovem russo, Grigori Perelman, a fazer exatamente isso, alguns anos depois.

Lembre-se (Capítulo 11) de que há três tipos de geometria: euclidiana, elíptica e hiperbólica. Elas são, respectivamente, a geometria natural do espaço com curvatura zero, curvatura positiva constante e curvatura negativa constante. Thurston começou com um fato curioso, que parece quase acidental. Ele revisitou a classificação das superfícies – esfera, toro, 2-toro, 3-toro, e assim por diante, como vimos no Capítulo 18 – perguntando que tipos de geometria se revelam. A esfera tem uma curvatura positiva constante, portanto sua geometria natural é elíptica. Uma concretização do toro é o toro chato, um quadrado com os lados opostos tornados coincidentes. O quadrado é um objeto achatado no plano, então sua geometria natural é euclidiana, e as regras de colagem dão ao toro chato o mesmo tipo de geometria que a do quadrado. Finalmente, embora isso seja menos óbvio, todo toro com dois ou mais buracos tem uma geometria natural hiperbólica. De algum modo, a flexível topologia de superfícies se reduz à rígida geometria – e todas as três possibilidades ocorrem.

Claro que superfícies são muito especiais, mas Thurston se perguntou se coisa semelhante funciona para variedades tridimensionais. Com sua impressionante intuição para a geometria, logo percebeu que não ia ser tão simples. Algumas variedades tridimensionais, como o toro chato, são euclidianas. Algumas, como a 3-esfera, são elípticas. Algumas são hiperbólicas. Mas a maioria não é nada disso. Resoluto, ele investigou por quê, e achou dois motivos. Primeiro, há *oito* geometrias razoáveis para variedades tridimensionais. Uma, por exemplo, é análoga a um cilindro: achatada em algumas direções, com curvatura positiva em outras. O segundo obstáculo é mais sério: muitas variedades tridimensionais ainda não estão representadas. No entanto, o que parecia funcionar foi uma espécie de efeito quebra-cabeça. Toda variedade tridimensional parecia constituída de pedaços, de tal modo que cada pedaço tinha uma geometria natural selecionada entre aquelas oito possibilidades. Mais ainda, os pedaços não eram uma coisa qualquer: podiam ser escolhidos para se encaixar de maneira bem rigorosa. Essas ideias levaram Thurston a enunciar, em 1982, sua conjectura de geometrização: *todo* espaço tridimensional pode ser cortado, de uma maneira essencialmente única, em pedaços, cada qual com uma estrutura geométrica natural dada por uma das oito geometrias de Thurston. A conjectura de Poincaré para variedades tridimensionais é uma consequência simples disso. Mas aí a coisa emperrou. O Instituto de Matemática Clay fazia da conjectura de Poincaré um dos seus problemas do Prêmio do Milênio, com US$1 milhão de recompensa para a prova.

Em 2002, Perelman postou num website chamado arXiv ("archive" – "arquivo") a pré-impressão de um artigo sobre algo chamado fluxo de Ricci. Essa ideia está relacionada à relatividade geral, na qual a gravidade é um efeito da curvatura do espaço-tempo. Anteriormente Richard Hamilton já se perguntara se o fluxo de Ricci poderia dar uma prova simples da conjectura de Poincaré. A ideia era começar com uma variedade tridimensional hipotética tal que toda curva fechada se reduza a um ponto. Pense nisso como um espaço tridimensional no sentido de Einstein – ideia que se originou na tese de habilitação de Riemann (Capítulo 15).

Agora vem a jogada esperta: tente redistribuir a curvatura para deixá-la mais regular.

Imagine tentar passar a ferro uma camisa. Se você não for cuidadoso na hora de colocá-la sobre a tábua, ela acaba ficando com um monte de saliências. Estas são as regiões de curvatura elevada. Em outras partes a camisa está achatada – curvatura zero. Você pode tentar eliminar as saliências passando o ferro novamente, mas o tecido não estica nem se comprime muito bem, então, ou as saliências mudam para outro lugar ou você acaba criando pregas. Um método mais simples e eficaz, que impede as saliências de mudar de lugar ou reaparecer, é pegar as bordas da camisa e esticá-la. Então a dinâmica natural do tecido elimina as pregas, deixando a camisa plana. O fluxo de Ricci faz uma coisa do mesmo tipo para uma variedade tridimensional. Ele redistribui a curvatura de regiões de curvatura elevada para regiões de curvatura mais baixa, como se o espaço estivesse tentando igualar toda a sua curvatura. Se tudo funcionar direito, a curvatura continua fluindo até que seja a mesma em toda parte. Talvez o resultado seja plano, talvez não, mas, de um jeito ou de outro, sua curvatura deve ser a mesma em todos os pontos.

Hamilton demonstrou que a ideia funciona em duas dimensões: uma superfície cheia de saliências na qual toda curva fechada se reduz a um ponto pode ser passada a ferro pelo fluxo de Ricci até que acabe com uma curvatura positiva constante, o que implica que ela é uma esfera. Mas em três dimensões surgem obstáculos, e o fluxo pode emperrar onde pedacinhos da variedade se agrupam e criam pregas. Perelman achou um jeito de contornar isso – basicamente, cortando esse pedaço da camisa, passando-o separadamente e costurando-o de volta. O artigo pré-impresso e sua continuação alegavam que o método prova tanto a conjectura de Poincaré quanto a conjectura da geometrização de Thurston.

Em geral, a alegação de que alguma conjectura importante foi revolvida de início é recebida com ceticismo. A maioria dos matemáticos já encontrou provas próprias promissoras para algum problema difícil que lhes interessa, apenas para descobrir um erro sutil. Porém, mesmo nas primeiras horas, havia uma sensação geral de que Perelman teria solucionado a coisa. Seu método foi provar que a conjectura de Poincaré parecia plausível; a conjectura da geometrização talvez tenha sido mais problemática. No entanto, uma sensação consensual não basta: a prova precisa ser verificada. E a versão do arXiv – tudo o que havia – deixava uma porção de lacunas para o leitor preencher, com base na premissa de que esses passos eram óbvios. Na verdade, preencher as lacunas e verificar a lógica levaram vários anos.

Perelman era extraordinariamente talentoso, e o que parecia óbvio para ele não era nada evidente para os matemáticos que tentaram verificar sua prova. Para ser justo, eles não vinham pensando no problema da mesma forma, com uma linha em nada parecida com a dele, o que os deixava em desvantagem. Perelman também era um tipo meio recluso, e à medida que o tempo ia passando e ninguém se pronunciava definitivamente sobre algo que acabou por se revelar um trabalho épico, desbravador, ele foi ficando aborrecido e desiludido. Na época em que sua prova foi aceita, ele já abandonara totalmente a matemática. Recusou o prêmio de US$1 milhão, que lhe foi oferecido, embora tecnicamente ele não houvesse respeitado as condições, porque sua prova não fora publicada numa revista científica reconhecida. Rejeitou a Medalha Fields, considerada o equivalente matemático do Prêmio Nobel, conquanto com uma recompensa financeira bem menor. O Instituto Clay acabou usando o dinheiro para criar uma vaga de curto prazo para jovens matemáticos excepcionais no Institut Henri Poincaré, em Paris.

ATUALMENTE MUITOS MATEMÁTICOS usam computadores, não só para e-mails e internet, ou mesmo para efetuar grandes cálculos numéricos, mas como ferramenta para ajudá-los a explorar problemas de maneira quase experimental. De fato, provas assistidas por computador aparecem de tempos em tempos, em geral ligadas a problemas importantes que resistiram aos métodos mais tradicionais de caneta, papel e capacidade cerebral humana. Essa atitude negligente em relação aos computadores é relativamente recente; não porque os matemáticos teimem em ser retrógrados e resistam à nova tecnologia, mas porque antes os computadores eram muito limitados, tanto em velocidade quanto em memória. Um problema matemático sério pode forçar até o supercomputador mais rápido; uma investigação recente exigiria um volume de resultados do tamanho de Manhattan se tivessem sido impressos.

A ressurreição da geometria hiperbólica tridimensional pelas mãos de Thurston levou-o a se tornar pioneiro no uso de computadores nas fronteiras da geometria. No final da década de 1980 a Fundação Nacional de Ciência financiou a abertura de um novo Centro de Geometria na

Universidade de Minnesota, para abrigar reuniões de pesquisa e atividades de divulgação para o público. Thurston também antecipou o uso de computação gráfica, sendo que dois de seus vídeos conquistaram considerável fama. Eles ainda são acessáveis pela internet, embora o Centro de Geometria em si já não exista. O primeiro, *Not Knot*, conduz o espectador por uma viagem através das inúmeras variedades hiperbólicas tridimensionais que Thurston descobriu. Seus grafismos complexos e intrigantes são tão psicodélicos que extratos foram usados em concertos do Grateful Dead. *Outside In* é a animação de um teorema notável que Stephen Smale descobriu como aluno de pós-graduação, em 1957, a saber: você pode virar uma esfera do avesso, de dentro para fora.[16]

Imagine uma esfera cujo exterior seja pintado de dourado e o interior de roxo. Claro que você pode virá-la do avesso fazendo um buraco e puxando-a pelo buraco, mas essa não é uma transformação topológica. O truque é claramente impossível com uma esfera real, tal como um balão (embora a prova disso não seja *totalmente* óbvia), porém, matematicamente, são possíveis transformações nas quais a esfera passa através dela mesma, o que não pode ser feito com o balão. Agora, você poderia tentar empurrar a partir de lados opostos, de modo que as duas massas roxas forcem passagem através da superfície dourada, mas isso deixa um anel dourado que vai ficando cada vez mais apertado. Quando o anel se contrai formando um círculo, a superfície deixa de ser lisa. O teorema de Smale diz que isso pode ser evitado: há uma transformação tal que em todos os estágios a esfera fica suavemente embutida no espaço, conquanto talvez fazendo um corte através de si mesma. Por um longo tempo essa foi uma prova que só existia por existir: ninguém sabia realmente como fazer isso. Então, vários topólogos elaboraram diferentes métodos; um deles, Bernard Morin, era cego desde os seis anos. O método mais elegante e simétrico é o de Thurston, e ele é a estrela de *Inside Out*.

Thurston também exerceu impacto sobre a apreciação pública da matemática de outras maneiras. Escreveu sobre como é realmente ser matemático e como pensava nos problemas de pesquisa, dando aos leigos uma visão interna da disciplina. Quando o designer de moda Dai Fujiwara ouviu falar das oito geometrias, entrou em contato com Thurston, e a interação entre eles levou a uma enorme exibição de moda feminina.

A contribuição de Thurston para muitas áreas, variando de topologia a dinâmica, é extensa. Seu trabalho caracteriza-se por uma notável habilidade de visualizar conceitos matemáticos complexos. Quando solicitado a dar uma prova, ele geralmente desenhava uma figura. As figuras de Thurston muitas vezes revelavam conexões ocultas que ninguém mais havia notado. Outra característica era sua atitude em relação a provas: frequentemente deixava os detalhes de fora porque, para ele, pareciam óbvios. Quando alguém lhe pedia que explicasse uma prova que não tinha entendido, muitas vezes ele inventava na hora uma prova diferente e dizia: "Talvez você prefira esta aqui." Para Thurston, a matemática era um todo único e conectado, e ele sabia passear por ela como outras pessoas sabem passear pelo jardim de casa.

Thurston morreu em 2012, após uma cirurgia de melanoma na qual perdeu o olho direito. Enquanto se tratava, continuou a fazer pesquisa, provando novos resultados fundamentais na dinâmica discreta de mapas racionais do plano complexo. Dava conferências e trabalhou para inspirar pessoas jovens em sua adorada disciplina. Qualquer que fosse o obstáculo, ele nunca desistia.

Gente de matemática

O QUE, então, aprendemos com nossos personagens, cujas descobertas pioneiras abriram novos panoramas matemáticos?

A mensagem mais óbvia é diversidade. Desbravadores matemáticos vêm de todos os períodos da história, de todas as culturas, de todos os tipos de vida. As histórias que selecionei aqui abrangem um período de 2.500 anos. Seus protagonistas viveram na Grécia, no Egito, na China, na Pérsia, na Índia, na Itália, na França, na Suíça, na Alemanha, na Rússia, na Inglaterra, na Irlanda e nos Estados Unidos. Alguns nasceram em famílias abastadas – Fermat, King, Kovalevskaia. Muitos eram da classe média. Outros nasceram pobres – Gauss, Ramanujan. Alguns vieram de famílias de professores – Cardano, Mandelbrot. Outros não – Gauss e Ramanujan de novo, Newton, Boole. Alguns viveram em épocas atribuladas – Euler, Fourier, Galois, Kovalevskaia, Gödel, Turing. Outros foram afortunados por ter vivido numa sociedade mais estável, ou pelo menos numa parte mais estável da sociedade – Madhava, Fermat, Newton, Thurston. Alguns foram ativos politicamente – Fourier, Galois, Kovalevskaia. Os dois primeiros foram até presos. Outros guardaram a política para si mesmos – Euler, Gauss.

Existem alguns padrões parciais. Muitos cresceram em famílias intelectuais. Alguns eram dotados para a música. Alguns eram habilidosos, outros eram incapazes de consertar uma bicicleta. Muitos foram precoces, mostrando talento incomum já na tenra idade. Coincidências pouco importantes, tais como a escolha do papel de parede do quarto, uma conversa casual, um livro emprestado, deflagraram o interesse pela matemática que transformou uma vida. Muitos começaram tentando seguir uma carreira diferente, especialmente em direito ou clerical. Alguns foram incentivados pelos seus orgulhosos pais, outros foram proibidos de estudar matemática, alguns tiveram uma ranzinza permissão para seguir seu chamado.

Alguns eram excêntricos. Um era um patife. Alguns poucos eram malucos. A maioria era normal, na medida em que qualquer um de nós entende como normal. A maioria casou-se e teve família, mas alguns – Newton, Noether – não o fizeram.

A maior parte é formada por homens – um viés cultural. Até recentemente, as mulheres eram consideradas imprestáveis, por biologia e temperamento, para a matemática – na verdade, para qualquer ciência. A educação delas, dizia-se, deveria se orientar para as habilidades domésticas: crochê, mas não cálculo. A sociedade reforçava essa visão, e as mulheres com frequência eram tão altissonantes quanto os homens em relação à inadequação da matemática como objetivo feminino. Mesmo que as mulheres quisessem estudar o tema, eram proibidas de assistir às aulas, fazer exames, graduar-se e entrar para as alas acadêmicas. Nossas desbravadoras venceram duas trilhas: uma delas pela selva da matemática; outra pela selva da sociedade dominada pelos homens. A segunda trilha tornava a primeira ainda mais árdua. A matemática já é difícil o bastante quando se tem treinamento, livros e tempo para pensar. É quase impossível quando é preciso batalhar para obter qualquer uma dessas coisas. Apesar desses obstáculos, algumas grandes mulheres matemáticas romperam as barreiras, desbravando um caminho para outras o seguirem. Até hoje as mulheres em geral estão sub-representadas em matemática e ciência, mas não é mais aceitável socialmente atribuir isso a diferenças de capacidade ou mentalidade, como vários homens proeminentes descobriram, para desânimo deles. Tampouco existe um fio de evidência para apoiar essa visão.

É tentador procurar explicações neurológicas para um talento matemático incomum. Nos primeiros tempos da frenologia, Franz Gall propôs que habilidades importantes estão associadas a regiões específicas do cérebro, e podem ser avaliadas medindo-se o formato do crânio. Se você for bom em matemática, sua cabeça terá uma saliência matemática. A frenologia hoje é vista como pseudociência, embora regiões específicas do cérebro às vezes desempenhem papéis específicos. A atual obsessão

Gente de matemática

com a genética e o DNA faz com que seja natural perguntar se existe um "gene da matemática". É difícil ver como, porque a matemática remonta apenas a alguns milhares de anos, assim, a evolução não teve tempo de selecionar uma capacidade matemática, não mais do que para selecionar a capacidade de pilotar um caça. O talento matemático presumivelmente explora outros atributos, mais condizentes com a sobrevivência – visão aguçada, memória, habilidade de se esgueirar entre obstáculos. Às vezes a matemática parece correr no sangue de uma família – os Bernoulli –, mas na maioria das vezes isso não ocorre. Mesmo quando ocorre, as influências em geral são de criação, e não da natureza: um tio matemático, um cálculo no papel de parede. Até os geneticistas lentamente começam a perceber que o DNA não é tudo.

Os matemáticos pioneiros têm algumas coisas em comum. São originais, imaginativos e heterodoxos. Buscam padrões e se deleitam resolvendo problemas difíceis. Prestam cuidadosa atenção a pontos lógicos refinados, mas também se permitem saltos de lógica criativos, convencendo-se de que vale a pena buscar uma linha de ataque mesmo quando há pouca coisa para justificar essa visão. Possuem fortes poderes de concentração e, contudo, como instou Poincaré, não devem ser tão obsessivos a ponto de ficar batendo a cabeça contra a parede. Devem dar ao subconsciente tempo para refletir sobre tudo. Frequentemente têm excelente memória, mas alguns – Hilbert, por exemplo – não têm.

Os matemáticos podem ser rápidos no cálculo, como Gauss. Euler certa vez resolveu uma contenda entre dois outros matemáticos, a respeito da quinquagésima casa decimal na soma de uma série complicada, fazendo a soma *de cabeça*. Mas podem também ser terríveis em aritmética, sem nenhuma desvantagem óbvia. (A maioria dos calculadores rápidos é péssima em qualquer coisa mais avançada que aritmética; Gauss, como sempre, era uma exceção.) Possuem a capacidade de absorver enormes quantidades de pesquisa anterior, destilando sua essência e conservando o que lhes importa, mas também são capazes de ignorar completamente os caminhos convencionais. Christopher Zeeman costumava dizer que era um erro ler a bibliografia de pesquisa antes de começar a trabalhar num problema, porque, ao fazê-lo, você enfia a cabeça no mesmo buraco onde todos os outros já estavam aprisionados. No começo da sua carreira, o topólogo Stephen Smale solucionou um problema que todo mundo julgava insolúvel porque ninguém dissera a ele que aquilo era difícil.

Quase todos os matemáticos têm forte intuição, seja ela formal, seja ela visual. Estou me referindo aqui às áreas visuais do cérebro, não à visão ocular: a produtividade de Euler *aumentou* quando ele ficou cego. Em *The Psychology of Invention in the Mathematical Field*, Jacques Hadamard perguntou a diversos matemáticos importantes se pensavam em problemas de pesquisa simbolicamente ou usando algum tipo de imagem mental. Com muito poucas exceções, eles usavam imagens visuais, mesmo quando o problema e sua solução eram basicamente simbólicos. Por exemplo, a imagem mental de Hadamard para a prova de Euclides de que existem infinitos primos envolvia não fórmulas algébricas, mas uma massa confusa para representar os primos conhecidos e um ponto longe dessa massa para representar um número primo novo. Imagens metafóricas vagas eram comuns, diagramas formais como os de Euclides eram raros.

A tendência de invocar imagens visuais (e táteis) é evidente já quando retrocedemos à *Álgebra* de Al-Khwarizmi, cujo título refere-se a "balancear". A imagem invocada é uma das que os professores usam com frequência hoje. Os dois lados de uma equação são pensados como coleções de objetos colocados nos correspondentes pratos de uma balança que deve permanecer em equilíbrio. Operações algébricas são executadas da mesma maneira em ambos os lados para assegurar que a balança se mantenha equilibrada. Eventualmente terminamos com a grandeza desconhecida, a incógnita, em um dos pratos e um número no outro: essa é a resposta. Matemáticos resolvendo equações amiúde imaginam os símbolos movendo-se para lá e para cá (é por isso que ainda gostam de quadro-negro e giz: um pouco de apagar e reescrever pode produzir praticamente o mesmo efeito). O pensamento geométrico mais óbvio também ocorre na *Álgebra* de Al-Khwarizmi, com seu diagrama do processo de completar o quadrado para resolver uma equação quadrática. De acordo com a lenda, um matemático deu uma aula muito técnica sobre geometria algébrica desenhando sim-

Gente de matemática

plesmente um único ponto no quadro-negro para representar um "ponto genérico". Referia-se a ele com frequência, e como resultado a aula fez muito mais sentido. Quadros-negros e quadros-brancos ao redor do planeta, para não mencionar guardanapos e às vezes toalhas de mesa, estão atulhados de uma embolada de símbolos esotéricos e pequenos rabiscos esquisitos. Os rabiscos podem representar qualquer coisa, desde uma variedade decadimensional até um campo numérico algébrico.

Hadamard estimou que cerca de 90% dos matemáticos pensam visualmente e 10% pensam formalmente. Eu conheço pelo menos um topólogo proeminente que tem dificuldade de visualizar formas tridimensionais. Não existe uma "mente matemática" universal – não existe um único número que sirva para todo mundo. A maioria das cabeças matemáticas não avança num passo lógico por vez; apenas as provas lapidadas de seus resultados é que o fazem. Geralmente, o primeiro passo é ter a ideia certa, com frequência pensando vagamente sobre questões estruturais, levando a algum tipo de visão estratégica; o passo seguinte é conceber uma tática para implantar essa visão; o passo final é reescrever tudo em termos formais para apresentar uma história lógica limpa (era o que Gauss chamava de remover o andaime). Na prática, a maioria dos matemáticos alterna entre esses dois modos de pensar, recorrendo a imagens quando não está claro como proceder, ou quando se tenta obter uma visão geral mais simples, embora recorrendo a cálculos simbólicos quando sabem o que fazer, porém estão inseguros sobre aonde isso pode levar. Alguns, no entanto, parecem baixar a cabeça e abrir caminho, independentemente de qualquer coisa, usando apenas símbolos.

Habilidade matemática extrema não está fortemente correlacionada a qualquer outra coisa. Ela parece atacar ao acaso. Alguns, como Gauss, "a adquirem" quando têm três anos de idade. Alguns, entre eles Newton, desperdiçam a infância e florescem adiante. Crianças pequenas em geral gostam de números, formas e padrões, porém muitas perdem o interesse à medida que crescem. A maioria de nós pode ser treinada em matemática até o nível do ensino médio, mas poucos vão além daí. Alguns realmente nunca conseguem se dar bem com a matéria. Muitos matemáticos profissionais têm a forte impressão de que quando se trata de capacidade matemática, nós não nascemos todos iguais. Quando você passou pela vida achando a maior parte da matemática escolar fácil e óbvia, enquanto outros se debatem com o básico, seguramente é essa a impressão que se tem. Quando alguns dos seus alunos acham assustadores conceitos fáceis, enquanto outros aprendem os conceitos difíceis imediatamente, a sensação é reforçada.

Talvez essa evidência circunstancial esteja errada. Boa parte dos psicólogos educacionais pensa assim. Andou em voga na psicologia a ideia da mente infantil como uma tábula rasa. Qualquer um pode fazer qualquer coisa: tudo de que se necessita é treinamento e um bocado de prática. Se você quiser algo intensamente, conseguirá. (Se não conseguir, isso prova que não queria... uma clara peça de raciocínio circular grandemente favorecido pelos comentaristas esportivos.) Que maravilha se isso fosse verdade, mas Steven Pinker arrasou com essa esperança politicamente correta em *Tábula rasa: a negação contemporânea da natureza humana*. Muitos educadores também detectam uma inabilidade, a discalculia, que prejudica o aprendizado da matemática da mesma maneira que a dislexia afeta a leitura e a escrita. Não estou seguro de que ambas as posições possam ser sustentadas simultaneamente.

Fisicamente, não nascemos todos iguais. Mas, por alguma razão, muita gente parece imaginar – ou quer imaginar – que mentalmente somos iguais. Isso faz pouco sentido. A estrutura do cérebro afeta capacidades mentais, assim como a estrutura do corpo afeta as capacidades físicas. Algumas pessoas têm memórias eidéticas capazes de lembrar tudo em muitos detalhes. Parece implausível que se possa ensinar qualquer pessoa a ter memória eidética suficiente só treinando e praticando. A hipótese da tábula rasa muitas vezes se justifica ressaltando que quase todo mundo com muito sucesso em alguma área da atividade humana teve de praticar muito. Isso é verdade – mas não significa que todo mundo que pratique muito em alguma área da atividade humana terá grande sucesso. Como muito bem sabiam Aristóteles e Boole, "A implica B" não é a mesma coisa que "B implica A".

Gente de matemática

Antes de você ficar aborrecido, não estou argumentando contra o ensino de matemática ou de qualquer outra matéria para qualquer pessoa. Quase todos nós melhoramos com o bom ensino e a prática, seja qual for a atividade. É por isso que a educação vale o esforço. George Pólya revelou alguns truques proveitosos em *How to Solve It*. O livro parece aqueles do tipo "Como ter um superpoder de memória", ensinando técnicas que o ajudam a se lembrar das coisas, mas dirigido para a resolução de problemas matemáticos. No entanto, as pessoas com memória eidética não utilizam truques mnemônicos. O que elas querem lembrar *está lá* assim que precisam. De maneira similar, mesmo que você domine o pacote de truques de Pólya, é improvável que se torne um novo Gauss, por mais focado que seja. Os Gauss desse mundo não precisam que lhes ensinem truques especiais. Eles já os inventaram desde o berço.

De forma geral, as pessoas não atingem sucesso se matando de trabalhar em alguma coisa pela qual não têm interesse verdadeiro. Elas praticam muito porque até o talento natural necessita de um bocado de exercício para se manter saudável; praticam para continuar talentosas; mas, principalmente, fazem isso porque é o que querem fazer. Mesmo quando o trabalho é difícil ou tedioso, de alguma forma curiosa elas curtem aquilo. Você só pode impedir um matemático nato de fazer matemática se trancá-lo num quarto. Mesmo assim ele rabiscará equações nas paredes. E este, em última análise, é o fio comum que alinhava todos os meus desbravadores. Eles amam sua matemática, são obcecados por ela. *Eles não conseguem fazer outra coisa.* Abandonam profissões muito mais lucrativas, contrariam o conselho de suas famílias, metem a cara independentemente de tudo, mesmo quando muitos de seus próprios colegas os consideram malucos, e estão dispostos a morrer sem reconhecimento nem recompensa. Eles lecionam durante anos sem salário só para ter um pé do lado de dentro. São significativos porque são *atraídos para a matemática.*

E o que faz com que sejam assim?

Isso é um mistério.

Notas

1. George Gheverghese Joseph, *The Crest of the Peacock*, I.B. Tauris, 1991.
2. Alexandre Koyré, carta inédita de Robert Hooke a Isaac Newton, *Isis*, n.43, 1952, p.312-37.
3. A Royal Society planejava comemorar o tricentenário de Newton em 1942, mas, com a Segunda Guerra Mundial, as celebrações foram adiadas para 1946. Keynes havia escrito o texto para uma palestra, "Newton, the man", mas morreu pouco antes de o evento acontecer. Seu irmão Geoffrey leu o texto em seu nome.
4. Richard Aldington, *Frederick II of Prussia, Letters of Voltaire and Frederick the Great*, carta H7434, 25 jan 1778, Brentano's, 1927.
5. Mais precisamente, o polinômio também deve ser irredutível – não um produto de dois polinômios de grau menor com coeficientes inteiros. Se n é primo, então $x^{n-1} + x^{n-2} + \ldots + x + 1$ é sempre irredutível.
6. Beócia é uma região da Grécia Central. Em tempos clássicos os atenienses descreviam os beócios como tolos e pouco inteligentes. O nome tornou-se uma referência proverbial para estupidez.
7. Tony Rothman, "Genius and biographers: the fictionalization of Évariste Galois", *American Mathematical Monthly*, n.89, 1982, p.84-106.
8. June Barrow-Green, *Poincaré and the Three Body Problem*, Providence, American Mathematical Society, 1997.
9. A *master formula* de Ramanujan afirma que se

$$f(x) = \sum_{k=0}^{\infty} \frac{\varphi(k)}{k!} (-x)^k$$

é uma função de valor complexo, então

$$\int_0^{\infty} x^{s-1} f(x)dx = \Gamma(s)\varphi(-s)$$

onde $\Gamma(s)$ é a função gama de Euler.

10. Andrew Economou et al., "Periodic stripe formation by a Turing mechanism operating at growth zones in the mammalian palate", *Nature Genetics*, 2012; DOI: 10.1038/ng.1090.
11. Benoît Mandelbrot, *A Maverick's Apprenticeship, The Wolf Prizes for Physics*, Imperial College Press, 2002.
12. Ver nota 11.
13. Benoît Mandelbrot, "Information theory and psycholinguistics", in R.C. Oldfield e J.C. Marshall (orgs.), *Language*, Penguin Books, 1968.

Notas

14. Ver nota 11.

15. Seja $c = x + iy$ um número complexo. Comece em $z_0 = 0$ e itere a função $z^2 + c$, obtendo

$$z_1 = (z_0^2 + c)$$

$$z_2 = (z_1^2 + c)$$

$$z_3 = (z_2^2 + c)$$

e assim por diante. Então c se encontra no conjunto de Mandelbrot se, e somente se, todos os pontos Z_n estiverem em alguma região finita do plano complexo. Ou seja, o conjunto de iterações é fechado por fronteira.

16. Ver https://www.youtube.com/watch?v=wO61D9x6lNY.

Sugestões de leitura

Leitura geral

Bell, Eric Temple. *Men of Mathematics*. Simon and Schuster, 1986 [1937].
Boyer, Carl Benjamin. *A History of Mathematics*. Wiley, 1991.
Kline, Morris. *Mathematical Thought from Ancient to Modern Times*. Oxford University Press, 1972.
MacTutor History of Mathematics; disponível em: http://www-groups.dcs.st-and.ac.uk/~history/.
Wikipedia. https://en.wikipedia.org/wiki/Main_Page.

1. Arquimedes (p.19-29)

Dijksterhuis, Eduard Jan. *Archimedes*. Princeton University Press, 1987.
Gow, Mary. *Archimedes: Mathematical Genius of the Ancient World*. Enslow, 2005.
Heath, Thomas L. *The Works of Archimedes*, reimpressão. Dover, 1897.
Netz, Reviel e William Noel. *The Archimedes Codex*. Orion, 2007.

2. Liu Hui (p.30-6)

Joseph, George Gheverghese. *The Crest of the Peacock*. I.B. Tauris, 1991.

3. Muhammad al-Khwarizmi (p.37-45)

Al-Daffa, Ali Abdullah. *The Muslim Contribution to Mathematics*. Croom Helm, 1977.
Joseph, George Gheverghese. *The Crest of the Peacock*. I.B. Tauris, 1991.
Rashed, Roshdi. *Al-Khwarizmi: The Beginnings of Algebra*. Saqi Books, 2009.

4. Madhava de Sangamagrama (p.46-53)

Joseph, George Gheverghese. *The Crest of the Peacock*. I.B. Tauris, 1991.

5. Girolamo Cardano (p.54-61)

Cardano, Girolamo. *The Book of My Life*. NYRB Classics, 2002 [1576].
_____. *The Rule of Algebra (Ars Magna)*, reimpressão. Dover, 2007 [1545].

Sugestões de leitura

6. Pierre de Fermat (p.62-71)

Mahone, Michael Sean. *The Mathematical Career of Pierre de Fermat, 1601-1665*, 2ª ed. Princeton University Press, 1994.

Singh, Simon. *Fermat's Last Theorem: The Story of a Riddle that Confounded the World's Greatest Minds for 358 Years*, 2ª ed. Fourth Estate, 2002.

7. Isaac Newton (p.72-86)

Westfall, Richard S. *The Life of Isaac Newton*. Cambridge University Press, 1994.

_____. *Never at Rest*. Cambridge University Press, 1980.

White, Michael. *Isaac Newton: The Last Sorcerer*. Fourth Estate, 1997.

8. Leonhard Euler (p.87-97)

Calinger, Ronald S. *Leonard Euler: Mathematical Genius in the Enlightenment*. Princeton University Press, 2015.

Dunham, William. *Euler: The Master of Us All*. Mathematical Association of America, 1999.

9. Joseph Fourier (p.98-106)

Grattan-Guinness, Ivor. *Joseph Fourier 1768-1830*. MIT Press, 1972.

Hervel, John. *Joseph Fourier: The Man and the Physicist*. Oxford University Press, 1975.

10. Carl Friedrich Gauss (p.107-21)

Bühler, Walter K. *Gauss: A Biographical Study*. Springer, 1981.

Dunnington, G. Waldo, Gray Jeremy e Fritz-Egbert Dohse. *Carl Friedrich Gauss: Titan of Science*. Mathematical Association of America, 2004.

Tent, M.B.W. *The Prince of Mathematics: Carl Friedrich Gauss*. A.K. Peters/CRC Press, 2008.

11. Nikolai Ivanovich Lobachevsky (p.122-33)

Papadopoulos, Athanase (org.). *Nikolai I. Lobachevsky, Pangeometry*. European Mathematical Society, 2010.

12. Évariste Galois (p.134-45)

Rigatelli, Laura Toti. *Évariste Galois 1811-1832* (Vita Mathematica). Springer, 2013.

13. Augusta Ada King (p.146-55)

Elwin, Malcolm. *Lord Byron's Family: Annabella, Ada and Augusta, 1816-1824*. John Murray, 1975.

Essinger, James. *Ada's Algorithm: How Lord Byron's Daughter Ada Lovelace Launched the Digital Age*. Gibson Square Books, 2013.

Hyman, Anthony. *Charles Babbage: Pioneer of the Computer*. Oxford University Press, 1984.

Padua, Sydney. *The Thrilling Adventures of Lovelace and Babbage: The (Mostly) True Story of the First Computer*. Penguin, 2016.

14. George Boole (p.156-69)

MacHale, Desmond. *The Life and Work of George Boole*, 2ª ed. Cork University Press, 2014.

Kennedy, Gerry. *The Booles and the Hintons: Two Dynasties That Helped Shape the Modern World*. Atrium, 2016.

Nahin, Paul J. *The Logician and the Engineer: How George Boole and Claude Shannon Created the Information Age*. Princeton University Press, 2012.

15. Bernhard Riemann (p.170-79)

Derbyshire, John. *Prime Obsession: Bernhard Riemann and the Greatest Unsolved Problem in Mathematics*. Plume Books, 2004.

Du Sautoy, Marcus. *The Music of the Primes: Why an Unsolved Problem in Mathematics Matters*, 2ª ed. HarperPerennial, 2004 [ed. bras.: *A música dos números primos: a história de um problema não resolvido na matemática*, Rio de Janeiro, Zahar, 2007].

16. Georg Cantor (p.180-92)

Aczel, Amir D. *The Mystery of the Aleph: Mathematics, the Kabbalah, and the Search for Infinity*. Four Walls Eight Windows, 2000.

Warren Dauben, Joseph. *Georg Cantor: His Mathematics and Philosophy of the Infinite*, 2ª ed. Princeton University Press, 1990.

17. Sofia Kovalevskaia (p.193-205)

Koblitz, Ann Hibner. *A Convergence of Lives: Sofia Kovalevskaia, Scientist, Writer, Revolutionary*. Birkhäuser, 1983.

Sugestões de leitura

18. Henri Poincaré (p.206-19)

Ginoux, Jean-Marc e Christian Gerini. *Henri Poincaré: A Biography Through the Daily Papers*. WSPC, 2013.
Gray, Jeremy. *Henri Poincaré, a Scientific Biography*. Princeton University Press, 2012.
Hadamard, Jacques. *The Psychology of Invention in the Mathematical Field*. Princeton University Press, 1945 [reimp., Dover, 1954].
Verhulst, Ferdinand. *Henri Poincaré*. Springer, 2012.

19. David Hilbert (p.220-30)

Reid, Constance. *Hilbert*. Springer, 1970.
Yandell, Ben. *The Honors Class: Hilbert's Problems and Their Solvers*, 2ª ed. A.K. Peters/ CRC Press, 2003.

20. Emmy Noether (p.231-42)

Dick, Auguste. *Emmy Noether: 1882-1935*. Birkhäuser, 1981.
Tent, M.B.W. *Emmy Noether: The Mother of Modern Algebra*. A.K. Peters/CRC Press, 2008.

21. Srinivasa Ramanujan (p.243-56)

Berndt, Bruce C. e Robert A. Rankin. *Ramanujan: Letters and Commentary*. American Mathematical Society, 1995.
Kanigel, Robert. *The Man Who Knew Infinity: A Life of the Genius Ramanujan*. Scribner's, 1991.
Ranganathan, S.R. *Ramanujan; The Man and the Mathematician* (reimp.). Ess Ess Publications, 2009.

22. Kurt Gödel (p.257-66)

Crocco, Gabriella e Eva-Maria Engelen. *Kurt Gödel, Philosopher-Scientist*. Publications de l'Université de Provence, 2016.
Dawson, John. *Logical Dilemmas: The Life and Work of Kurt Gödel*. A.K. Peters/CRC Press, 1996.

23. Alan Turing (p.267-80)

Hodges, Andrew. *Alan Turing: The Enigma*. Burnett Books, 1983.

Smith, Michael. *The Secrets of Station X: How the Bletchley Park Codebreakers Helped Win the War*. Biteback Publishing, 2011.

Turing, Dermot. *Prof: Alan Turing Decoded*. The History Press, 2016.

24. Benoît Mandelbrot (p.281-93)

Frame, Michael e Nathan Cohen (orgs.). *Benoît Mandelbrot: a Life in Many Dimensions*. Cingapura, World Scientific, 2015.

Mandelbrot, Benoît. *The Fractalist: Memoir of a Scientific Maverick*. Vintage, 2014.

25. William Thurston (p.294-304)

Gabai, David e Steve Kerckhoff (orgs.). "William P. Thurston, 1946-2012". *Notices of the American Mathematical Society*, n.62, 2015, p.1318-32; n.63, 2016, p.31-41.

Índice remissivo

Abel, Niels Henrik, 135, 136, 143, 144
Academia de Ciências da Rússia, 203
Academia de Ciências de Paris, 70, 91-2, 99, 136-7, 203, 218
ACE, máquina de computar automática, 276-7
Ackerman, Wilhelm, *Princípios de lógica matemática*, 260
Acta Mathematica (publicação científica), 191, 203
Agnesi, Maria, 201
Ahlgren, Scott, 254
Aiyar, P.V. Seshu, 248
alavanca, lei da, 11, 21, 23, 25
Alexandrov, Pavel, 241
álgebra:
    álgebra booleana, 161-4, 167-9
    e *Ars Magna* de Cardano, 59-60
    "inventada" por Al-Khwarizmi, 39-43
álgebra/lógica booleana, 161-4, 167-9
algoritmos, 38, 43-5
Al-Haitham, Hasan ibn (Alhazen), 125
Al-Kashi, Jamshid, *A chave para a aritmética*, 47
Al-Khwarizmi, Muhammad ibn Musa:
    Álgebra, 39-43, 308
    e "invenção" da álgebra, 11, 38-43, 163
    sobre geografia e astronomia, 45
    Sobre o cálculo com numerais hindus, 43-4
Al-Mamune, califa, 38, 39
Al-Rashid, Harun, 38
Ana, rainha, 74, 77
análise complexa, 70, 93, 95, 119-20, 133
    e Bernhard Riemann, 170, 173-5, 177-8
Andrews, George, 252
Antêmio de Trales, *Lentes incendiárias*, 20
Anticítera, máquina de, 21
antissemitismo, 230, 241, 258-9, 282, 284-5
Apolônio, 64
aquecimento global, 104-5
Arago, François, 99
Aristarco, 27
Aristóteles, 7, 164, 180

Arnold, Vladimir, 295
Arquimedes:
    aproximação de π, 11
    garra de (máquina tipo guindaste), 11, 21
    lei da alavanca, 11, 21
    morte de, 29
    O contador de areia, 22, 27
    O método dos teoremas mecânicos, 22, 24, 78
    O problema dos bois, 22, 27-9
    Quadratura da parábola, 22
    "raio de calor", 19-21
    Sobre a esfera e o cilindro, 24, 29, 117
    Sobre a medida do círculo, 26
    Sobre as espirais, 26
    Sobre o equilíbrio dos planos, 22-3
    Sobre os conoides e esferoides, 26
    Sobre os corpos flutuantes, 26
    vida, 21-2
Arquimedes, palimpsesto de, 24
Arquimedes, parafuso de, 11, 21
Arquimedes, princípio de, 7, 21, 26
Aryabhata (matemático indiano), 48, 50, 53
Atkin, Arthur, 254
Auerbach, Felix, 287
Ayscough, James, 74
Ayscough, Margery, 74

Babbage, Charles, 13, 148-55
babilônios, e resolução de equações quadráticas, 7, 57-8
Bachet de Méziriac, Claude, 68
Bacon, Francis, 77, 191-2
Banach, Stefan, 289
Barbie, Klaus, 285
Barrow, Isaac, 76-7
Barrow-Green, June, 217
Bartels, Martin, 110, 127-8
Basileia, problema de, 93-4
Bate, John, *The Mysteries of Nature and Art*, 75
Battuta, Muhammad ibn, *Viagem*, 36
Beaumont-de-Lomagne, França, 64-5

319

Belevitch, Vitold, 288
Beltrami, Eugenio, 131-2, 172
Bendixson, Ivar, 216
Berkeley, bispo George, 80, 173
Berlim, Academia de, 88, 92, 176, 177
Bernays, Paul, 230
Berndt, Bruce, 252, 253, 256
Bernoulli, Daniel, 91, 93
Bernoulli, Jacob, 90, 93, 152
Bernoulli, Johann, 90-1, 93, 98
Bernoulli, Nicolaus, 91
Bernoulli, números de, 152-3
Bézout, Étienne, 100
Bhaskaracharya (matemático indiano), 50
Bhattahir, Melpathur Narayana, 48
biblioteca da Universidade de Cambridge, 25
biologia matemática, 277-9
Biot, Jean-Baptiste, 99
Bletchley Park (Escola Governamental de
    Códigos e Cifras), 267, 272-5
Bolyai, János, 12-3, 123, 129-31
Bolyai, Wolfgang, 129, 130
Bombelli, Rafael, 60
Boole, George:
    álgebra/lógica booleana, 161-4, 167-9
    An Investigation into the Laws of Thought,
        13, 158, 161
    background e educação, 156-9
    professor de matemática em Cork,
        Irlanda, 159, 165-7
    teoria dos invariantes, 159-60
    The Mathematical Analysis of Logic, 158
Boole, Lucy, 159
Boole, Mary Everest, 159
Borchardt, Karl, 177
Bouguer, Pierre, 91
Bourbaki, Nicolas, 192
bourbakista, escola, movimento, 192, 232, 285
Boyle, Robert, 76
Brahmagupta (matemático indiano), 50, 53, 66
Brewster, David, 148
Brooks, Robert, 293
Brouncker, lorde William, 66
Brown, Gordon, 280
Brunswick-Wolfenbüttel, duque Karl
    Wilhelm Ferdinand de, 110, 115
Bryn Mawr, Universidade de, 241
Bullialdus, Ismaël, 84
Bunsen, Wilhelm, 198
Burgess, Guy, 279

Byron, lady Annabella, 146-8
Byron, Lord George Gordon, 146-7

Cairo, Instituto do (Egito), 101
cálculo:
    e a escola de Querala de astronomia e
        matemática, 52-3
    e Isaac Newton, 74, 76, 78-82
cálculo diferencial, 65, 78, 80-1, 175
Cambridge, Universidade de:
    Alan Turing na, 269, 276-7
    Isaac Newton na, 73, 75-7
    Srinivasa Ramanujan na, 243, 248
Cambridge Mathematical Journal, 159
Cantor, Georg, 13, 14, 104, 180-92, 258
Cantor, Moritz, 121
caos dinâmico, 216-7
Carcavi, Pierre de, 63
Cardano, Fazio
Cardano, Girolamo, 11, 54-61
    Ars Magna, 55, 59-60, 140, 142
    Livro dos jogos de azar, 56
Carlos X, rei, 137
Carr, George, Synopsis of Elementary Results
    in Pure Mathematics, 246
Casa do Saber (Bayt al-Hikma), Bagdá, 38, 42
Cauchy, Augustin-Louis, 119-20, 142, 173,
    175, 200
Cauchy, teorema de, 119
Cauchy-Kovalevskaia, teorema de, 200
Cayley, Arthur, 160, 223
Ceres (asteroide/planeta), 118-9
Champollion, Jean-François, 101
Chao Chun Chin, 33
Chatterji, Gyanesh Chandra, 249-50
Chebyshev, Pafnuty, 178
Chevalier, Auguste, 138, 139
China, matemática na, 30-4
Christoffel, Elwin Bruno, 172
Church, Alonzo, 272
Cícero, 29
Clairaut, Alexis, 82
Clarke, Joan, 275
Clarke, Samuel, Demonstration of the Being
    and Attributes of God, 163
Clarke, William, 74
Clássico aritmético do gnômon e os trajetos
    circulares do céu, 30-1, 32-3
Clay, Instituto de Matemática, 172, 300, 302
código Enigma, cifra do, 273-5

Índice remissivo

combinatória, 95, 152

Companhia Britânica de Máquinas Tabuladoras, 274

computadores:
ACE (máquina de computar automática), 276-7
álgebra booleana e, 161-4, 167-9
Bletchley Park e, 272-5
conjunto de Mandelbrot e, 292-3
Deep Blue da IBM, 277
Edvac (Electronic Discrete Variable Automatic), 276
máquina de Turing e, 270-2
máquinas diferencial e analítica de Babbage, 148-55
uso em geometria, 302-3

Comuna de Paris, 199

Conão de Samos, 22

Condorcet, Nicolas de, 90

Congresso Internacional de Matemáticos:
(1923), 228-9
(1928), 260
(1932), 240

continuum, hipótese do, 189, 191, 261

cossenos *ver* senos e cossenos

Curie, Marie, 195

curvas elípticas, 70-1

D'Alembert, Jean le Rond, 92, 98

D'Herbinville, Pescheux, 139

Da Vinci, Leonardo, 55

Darwin, Charles, 198

Dedekind, Richard, 121, 183, 184, 225, 238

Del Ferro, Scipione, 58-9

Del Nave, Annibale, 58

Delambre, Jean, 99

Deligne, Pierre, 255

Dennison, Alastair, 272

Desargues, Girard, 66

Descartes, René, 20, 63, 65-6, 69, 76, 83
A geometria, 76

"descenso infinito", 63, 69

Dickens, Charles, 148

Diodoro, 167

Diofanto de Alexandria, 28, 42, 57, 67-9

Dirichlet, Peter, 70, 174, 182

Dirichlet, princípio de, 175-6

DNA, molécula do, 120

Dostoiévski, Fiódor, 196

Douady, Adrien, 293

Du Bois-Reymond, Paul, 198

Duchâtelet, Ernest, 138, 139

Dumas, Alexandre, 139

Eddington, Arthur, *A natureza do mundo físico*, 268-9

Edgren-Leffler, Anna Carlotta, 202

Edvac (Eletronic Discrete Variable Automatic), 276

"efeito estufa", 105

Einstein, Albert:
amizade com Kurt Gödel, 261-2
relatividade especial, 218, 233-4
relatividade geral, 13, 145, 172-3, 229, 234
sobre Emmy Noether, 241-2
teoria da gravidade, 133

Eisenstein, Gotthold, 173

Ekholm, Nils, 105

Eliot, George, 198

equações algébricas, 140-4

equações cúbicas, 58-60, 77, 141-4

equações diferenciais, 83, 96, 98, 195, 200, 203, 208, 214-6, 295

equações diofantinas, 28, 68, 70, 229

equações quadráticas, 7, 57

equações quárticas, 60

equações quínticas, 140-4

Eratóstenes de Cirene, 22, 27

Eratóstenes, crivo de, 44

Erdős, Paul, 258

Escola Governamental de Códigos e Cifras (GC&CS, na sigla em ingles), 272, 273, 279

estática, 22

Estocolmo, Universidade de, 202-3

estoica, escola de lógica, 167

Euclides, *Elementos*, 8, 41-2, 68, 108, 111, 122, 124-7

Euclides de Megara, 167

Eudoxo, 24

Euler, Christoph, 88

Euler, Johann, 88

Euler, Leonhard, 12, 70, 104, 116
cegueira, 308
habilidades de cálculo, 307
Introdução à análise do infinito, 93
matemática aplicada, 96-7
matemática pura, 92-6
Mecânica (1736), 96
Método para encontrar linhas curvas, 97
números primos e, 178

prova o último teorema de Fermat, 67, 224

resolve o problema de Basileia, 93-4

Teoria do movimento dos corpos sólidos (1765), 97

vida e carreira, 87-92

Euler, Paul, 90-1

Euler, pião de, 204

"Eureca!", 26

exaustão, método da, 24, 25, 26, 34

Faraday, Michael, 148

Fatou, Pierre, 292-3

Fermat, Pierre de, 11, 62-71, 78, 82, 114, 116
"pequeno teorema", 94

Fermat, último teorema de, 10-1, 63, 67-71, 224-5

Ferrari, Lodovico, 59-60

Fibonacci, sequência de, 277

Filo de Megara, 167

Findley, Rachel, 297

Fior, Antonio, 58, 60

Fischer, Ernst, 233

fluxões, 53, 80-1, 173

foliações, 297

Fontana, Niccolò (Tartaglia o "Gago"), 58-60

Fourier, análise de, 179

Fourier, Joseph, 12, 136, 173
aquecimento global e, 104-5
equação do calor, 102-4
vida e carreira, 100-2
Teoria analítica do calor, 99

Fourier, séries de, 103, 106, 170-1, 182

fractais, 16, 282-3, 288-92

Fraenkel, Abraham, 263

Frederico o Grande, rei, 88-90, 92

Freedman, Michael, 298

Frend, William, 148

Frey, Gerhard, 71

Fuchs, Lazarus, 222

Fujiwara, Dai, 303-4

funções elípticas, 173-4, 176, 204, 254-5

Fundação Nacional de Ciência (EUA), 302

Fuss, Nikolai, 88, 90

Galileu Galilei, 7, 76, 82, 185

Gall, Franz, 306

Galois, Évariste:
educação, carreira e morte precoce, 134-9

matemática da simetria, 13, 135, 140-5, 235-6

Gama, Vasco da, 52

Gassendi, Pierre, 76

Gauss, Carl Friedrich, 12-3, 66-7, 175
construção do heptadecágono, 107, 111-6
descoberta de Ceres, 118-9
diretor do Observatório de Göttingen, 119-21
Disquisitiones Arithmeticae, 114-7
e geometria não euclidiana, 123, 129, 211
e números primos, 177
e o último teorema de Fermat, 63
habilidades de cálculo, 307
lei da reciprocidade quadrática, 94, 116
primeiros tempos de vida, 109-11
teorema egrégio, 120, 171
Teoria da atração de um elipsoide homogêneo, 120
Teoria do movimento dos corpos celestes ao redor do Sol em seções cônicas, 119
tutor de Bernhard Riemann, 170-2, 173

GC&CS (Escola Governamental de Códigos e Cifras), Bletchley Park, 272, 273, 279

GCHQ (Quartel-General de Comunicações Governamentais), 279

geodésicas, 131, 171, 172

geometria *ver* geometria diferencial; geometria euclidiana; geometria hiperbólica; geometria não euclidiana

geometria diferencial, 171-2

geometria elíptica, 131-2, 299

geometria euclidiana, 76, 122-4, 129-32, 226-7

geometria grega, 22-6

geometria hiperbólica, 12, 131-3, 299, 302

geometria não euclidiana, 12, 122-3, 129, 130-1, 211

Germain, Sophie, 137

German, R.A., 28

Girard, Albert, 66

Gödel, Kurt:
teoremas da incompletude e da consistência, 15, 228, 262-6, 269-72
vida e carreira, 257-62

Goldbach, Christian, 70, 94

Gordan, Paul, 223, 233-4

Göttingen, Observatório de, 119, 120

Göttingen, Universidade de, 111, 121, 170, 173, 201, 230, 233

grafos, teoria dos, 95

gravidade, lei da, 73, 76, 82-5, 216

Green, Jeremy, 278

Índice remissivo

Gregório XIII, papa, 61
Gregory, James, 51
Gregory, série de, 47, 51
Gsell, Katarina, 91
Guerra da Crimeia, 195

Hadamard, Charles, 111
Hadamard, Jacques, *The Psychology of Invention in the Mathematical Field*, 308-9
Hahn, Hans, 260
Halifax, Charles Montagu, conde de, 72
Halley, Edmond, 85
Hamilton, Richard, 300-1
Hardy, Godfrey Harold, 179, 243-5, 248-50, 252, 253, 256
Heath, Thomas, 25
Heiberg, Johan, 24-5
Heidelberg, Universidade de, 198, 222
Heine, Eduard, 182
Hellegouarch, Yves, 71
Helmholtz, Hermann, 198
heptadecágono, 107, 111, 113, 225
Hermite, Charles, 200, 203, 208, 224
Hersh, Reuben, *What is Mathematics, Really?*, 10
hidrostática, 26, 83, 89
Hilbert, David, 14-5, 176, 191
    Emmy Noether e, 233-4, 236-7
    Fundamentos da geometria, 227-8
    Princípios de lógica matemática, 260
    problemas de Hilbert, 179, 228-30
    programa de Hilbert, 222, 263-4, 269
    sobre curvas, 283
    teoria dos invariantes, 160, 223-4, 239
    vida e carreira, 220-2, 228-30
    Zahlbericht ("Relatório sobre os números") e, 224-6
Hinton, Charles Howard, 159
Hinton, Mary (nascida Boole), 159
Hiparco, 49
Hitler, Adolf, 258
Hobbes, Thomas, 76
Hooke, Robert, 9, 83, 84-5, 98
Hopf, Heinz, 241
Hoüel, Jules, 131-2
Hurwitz, Adolf, 222
Huxley, Thomas, 198
Hyman, Anthony, *Charles Babbage, Pioneer of the Computer*, 154

Ihara, Yasutaka, 255
Império Islâmico, 37-8

Infantozzi, Carlos, 138
integrais abelianas, 176, 177, 201-2
"inteiros gaussianos", 224
Isabel, imperatriz da Rússia, 87
Isidoro de Mileto, 24

Jaclard, Anna (nascida Korvin-Krukovskaia), 195-6, 199-200
Jaclard, Victor, 199
Jacobi, Carl, 117, 139-40, 255
Jacquard, tear de, 153-4
jainismo, 181
jogos de computador, 210
Joseph, George Gheverghese, 50, 52
    The Crest of the Peacok, 31, 35-6
Julia, Gaston, 286, 292-3
Jyesthadeva (matemático indiano), 48
    Yuktibhasa, 50, 53

Kac, Mark, 195
Kane, Robert, 165-6
Kanigel, Robert, *The Man Who Knew Infinity*, 247
Kant, Immanuel, 124, 221
Kasparov, Gary, 277
Kästner, Abraham, 111
Kazan, Universidade de, 123, 127
Keen, Harold, 274
Keill, John, 81
Kepler, Johannes, 76, 82, 83, 84, 85, 216
Keynes, John Maynard, 86
Khayyam, Omar, 58, 125-6
King, Augusta Ada *ver* Lovelace, Augusta Ada King, condessa de
King, dr. William, 148
King's College, Cambridge, 276
Kirchhoff, Gustav, 198
Kirchhoff, leis de, para circuitos elétricos, 121
Klein, Felix, 133, 184, 223-4, 233, 236
Knox, Dilly, 273
Koch, Helge von, 283
Königsberg, Prússia, 95, 220-1, 222
Königsberger, Leo, 198
Korvin-Krukovskaia, Yelizaveta, 193
Korvin-Krukovsky, Vasily, 193
Kovalevskaia, pião de, 202, 204-5
Kovalevskaia, Sofia:
    Garota niilista, 203
    impedimentos para obter educação universitária, 197-8

sobre equações diferenciais parciais, 200
sobre os anéis de Saturno, 200
Uma infância russa, 203
vida e carreira, 14, 193-6, 201-3
Kovalevskii, Vladimir, 197-201
Kowa, Seki, 153
Krafft, Wolfgang, 88
Kronecker, Leopold, 182, 184, 190, 191, 263
Krukovsky, Fiódor Vasilievich, 195
Kummer, Ernst, 70, 177, 182, 225, 238

Lacroix, Sylvestre, *Cálculo diferencial e integral*, 157
Lagrange, Joseph-Louis, 67, 100-1, 116, 136, 141-2
Lagrange, pião de, 204
Lamé, Gabriel, 70
Landau, Edmund, 230
Laplace, Pierre-Simon, 97, 200
Lawrence, Arabella, 148
Leão o Matemático, 24-5
Leão XIII, papa, 191
Lebesgue, Henri, 104
Legendre, Adrien-Marie, 70, 101, 136, 173
Leibniz, Gottfried, 78-82, 93
Lênin, Vladimir, 197, 199
Lermontova, Iulia, 198
Lessing, Gotthold, 27
Levi-Civita, Tullio, 172
Lévy, Paul, 286
Lexell, Anders, 88, 90
Li, Wentian, 287
Libri, Guillaume, 137
Lie, Sophus, 133
Ligo, Experimento, 218-9
Lindemann, Ferdinand von, 222-3, 224
Liouville, Joseph-Louis, 70, 139, 187
Lipschitz, Rudolf, 182
Listing, Johann, 210-1
Littlewood, John, 245
Liu Hsing, 33-4
Liu Hui, 11, 30-6
Lobachevsky, Nikolai Ivanovich:
e geometria não euclidiana, 12, 122-3, 130-1
Pangeometria, 123
vida e carreira, 127-9
lógica booleana, 161-4, 167-9
Loney, Sidney, *Trigonometria*, 246
Lorentz, grupo de, 145, 218, 234

Lorenz, codificadores, 273
Lovelace, Augusta Ada King, condessa de, 13, 146
background e educação, 146-8
comentário sobre a máquina analítica de Babbage, 151-5
conhece Charles Babbage, 148
Lovelace, William King-Noel, primeiro conde de, 151
Luciano, 19-20
Luís Filipe I, rei, 137

Maclean, Donald, 279
Madhava de Sangamagrama, 11, 46-53
Malevich, Iosif, 196
Malus, Étienne-Louis, 101
Mandelbrot, Benoît:
e a lei de Zipf, 286, 287-8
e fractais, 16, 282-3, 288-93
vida e carreira, 281-6
Mandelbrot, conjunto de, 292-3
Mandelbrot, Szolem, 281, 284, 286
Manual de matemática da ilha marítima, 33
Maomé, profeta, 36, 37
máquina analítica (de Charles Babbage), 151-5
máquina diferencial (de Charles Babbage), 148-9, 152
Marcelo, Marco Cláudio, 29
Marx, Karl, 199
Matelski, Peter, 293
matemática discreta, 95
matemáticos judeus *ver* antissemitismo
Maupertuis, Pierre Louis Moreau de, 92
Maxwell, James Clerk, 218
Mayer, Tobias, 97
Mayer, Walther, 241
mecânica quântica, 15, 97, 145, 229, 236, 255
Menabrea, Luigi, 152
Menelau, 49
Mengenlehre (teoria dos conjuntos) *ver* teoria dos conjuntos (*Mengenlehre*)
Mersenne, Marin, 63, 66
Mertens, Franz, 231
Minkowski, Hermann, 222-3, 224, 225
Mittag-Leffler, Gösta, 191, 192, 202, 217
Möbius, transformações de, 133
Moivre, Abraham de, 76, 93
Monge, Gaspard, 101
Moore, Eliakim, 227
Moore, Robert, 227

Índice remissivo

Morcom, Christopher, 269
Mordell, Louis, 255
Morgan, Augustus de, 151, 158, 159, 165
Morin, Bernard, 303
Motel, Stéphanie-Felicie Poterin du, 138
Mudaliar, Singaravelu, 247
mulheres, na matemática, 232-3, 236-8, 306
Murray, Arnold, 279
Museu da História do Computador, Califórnia, 151
Museu de Ciência de Londres, 151
Musin-Pushkin, Mikhail, 128
Muybridge, Eadweard, 7
Mythbusters (programa de TV), 20-1

Napoleão Bonaparte, 101
Nash, John, 258
Nelböck, Johann, 258-9
Neumann, John von, 276, 286
Newman, Max, 269, 272, 273
Newton, Isaac:
    alquimia e, 85-6
    cálculo e, 77-82
    como mestre da Real Casa da Moeda, 72-4
    fluxões, 53, 80-1, 173
    invenção da portinhola para gatos, 78
    lei da gravidade e, 76, 84-5, 216
    leis do movimento, 98, 203, 234-6
    Método de fluxões e séries infinitas (1671), 80
    Principia (Philosophiae Naturalis Principia Mathematica, 1687), 12, 73-4, 78, 80-1, 82-5
    séries infinitas para seno e cosseno, 47, 52
    sobre "os ombros de gigantes", 9
    vida e carreira, 74-7
Nicolau I, czar, 128
Nilakantha Somayaji, Kelallur, *Tantrasamgraha* (1501), 48, 53
Nimbursky, Adele (nascida Porkert), 261
Noether, Emmy, 15
    álgebra abstrata, 238-41
    background e educação, 232-3
    simetria e leis de conservação, 232, 234-7
    topologia, 241-2
Noether, Max, 232
Not Knot (vídeo demonstrando espaço hiperbólico), 303
Nove capítulos da arte matemática (Liu Hui), 31, 32-5

numerais hindus, 43
números algébricos, 224-6
números infinitos, 180-92
números negativos, 41, 58, 60
números primos, 44, 66-7, 177-8, 238-9, 252
números transfinitos, 183

Oldenburg, Henry, 52
onda, equação da, 98-9
Ono, Ken, 254
Oscar II, rei da Suécia e da Noruega, 216-7
Ostrogradsky, Mikhail, 123, 194
Ostrowski, Alexander, 230
Oughtred, William, *The Key of Mathematics*, 76
Outside In (vídeo demonstrando como virar uma esfera do avesso, de dentro para fora), 303

Papadopoulos-Kerameus, Athanasios, 25
Parameshvara (astrônomo hindu), 48
partições, teoria das, 253-4
Pascal, Blaise, 63
Pell, equação de, 28-9, 66
Perelman, Grigori, 16, 214, 299, 300-2
π:
    e Arquimedes, 26
    e chineses, 32, 33-6
    e Madhava de Sangamagrama, 46-7, 51-2
    número transcendental, 224
Piazzi, Giuseppe, 118
Pinker, Steven, *Tábula rasa*, 310
Pisarev, Dmitry, 197
Pitágoras, teorema de, 32, 35, 50, 68
Plutarco, 21, 22, 23, 29
Poincaré, conjectura de, 212-4, 298-9
Poincaré, Henri:
    equações diferenciais e, 214-6
    La science et l'hypothèse (1901), 209
    La valeur de la science (1905), 209
    modelo do disco para geometria hiperbólica, 132, 133
    processo de pensamento matemático e, 206-7
    Science et méthode (1908), 209
    sobre grupos de permutações, 145
    teoria do caos e, 216-9
    topologia, 14, 209-14
    vida e carreira, 208-9
Poincaré, Raymond, 208
Poincaré-Bendixson, teorema de, 216

Poisson, equação de, 175
Pólya, George, *How to Solve It*, 311
Pratchett, Terry, 262
Prêmio do Milênio, problemas do, 179, 300
processos de pensamento dos matemáticos, 206-8, 253, 306-11
Programa de Erlangen, 133
Ptolomeu, 45, 49

Quartel-General de Comunicações Governamentais (GCHQ), 279
Querala, escola de astronomia e matemática, 48-53

Rajagopal, Cadambur, 53
Ramanujan, S. Janaki Ammal, 256
Ramanujan, Srinivasa:
    background e autodidatismo, 245-9
    escreve para Godfrey Harold Hardy, 243-5, 248-9
    funções teta, 255
    no Trinity College, Cambridge, 248-51
    teoria das partições, 253-4
Rao, R. Ramachandra, 248
relatividade, teoria da *ver* relatividade geral; relatividade especial
relatividade especial, 133, 145, 218, 233-4
relatividade geral, 13, 145, 172-3, 229, 234
relógios de sol, de Isaac Newton, 75
Rényi, Alfréd, 294
Ricci, fluxo de, 300-1
Ricci, Gregorio, 172
Riemann, Bernhard, 13, 104, 133, 182, 234
    background e educação, 173-4
    e geometria diferencial, 170-3
Riemann, hipótese de, 13, 177-9, 229, 266
Robert de Chester, *Liber Algebrae et Almucabola*, 39
Robespierre, Maximilien, 100
Roseta, Pedra de, 101
Ross, Edward, 247
Rothman, Tony, 139
Ruffini, Paolo, *Teoria geral das equações*, 135, 142-3
Russell, Bertrand:
    Introdução à filosofia matemática, 260
    Principia Mathematica (1910-13), 263
Rust, Bernhard, 230
Ryall, John, 165

Saccheri, Giovanni, 126-7, 131
Sakkas, Ioannis, 19-20
Saltykov, general Ivan, 87
Sanssouci, palácio de, Prússia, 88-90
Saturno, anéis de, 200
Saussure, Horace-Bénédict de, 105
Sautoy, Marcus du, *A música dos números primos*, 179
Schlick, Moritz, 258-9
Schooten, Frans van, *Geometria de René Descartes*, 76
Schwarz, Hermann, 176
Schweikart, Ferdinand, 129
senos e cossenos, 49-51, 52, 102-3
séries infinitas, 47, 51-2, 93-4, 99, 178-9, 214
Serre, Jean-Pierre, 71
Shakespeare, William, 191-2
Shannon, Claude, 169
Sheth, Rushikesh, 278
Shimura-Taniyama-Weil, conjectura de, 71
Shubert, Fiódor Ivanovich, 194
Sierpiński, junta de, 290
Sierpiński, Wacław, 283, 289-91
Sima Qian, *Registros do grande historiador*, 32
simetria, matemática da, 140, 144-5, 235-6
Siracusa, 21-2, 29
    cerco de (c.214-212 a.C.), 19-20
sistemas dinâmicos, 295
Smale, Stephen, 295, 298, 303, 308
Smith, Margarita, 196
Sociedade Matemática Alemã, 224, 225
Sociedade Matemática de Londres, 151
Somayaji, Puthumana, *Karana Paddhati*, 53
Somerville, Mary, 151
Spencer, Herbert, 198
Spinoza, Baruch, *Ética*, 164
Stallings, John, 298
Steiner, Jakob, 173
Stern, Moritz, 170
Stirling, James, 77, 93
Stott, Alicia (nascida Boole), 159
Stukeley, William, 75
Sudoku, 96
Sullivan, Dennis, 296
Superweapons of the Ancient World (documentário de TV), 21
Surya Prajnapti (texto matemático jain), 181
Surya Siddhanta (textos de astronomia hindus), 50
Swade, Doron, 151
Sylvester, James Joseph, 160, 223

Índice remissivo

Taniyama, Yutaka, 70
Tannery, Jules, 140
Tarry, Gaston, 96
Taurinus, Franz, 129
Taylor, Edward Ingram, 159
Taylor, Margaret (nascida Boole), 159
Taylor, Richard, 71
teoria das cordas, 255
teoria dos conjuntos (*Mengenlehre*), 181, 182-4
teoria dos invariantes, 160, 223-4, 233-4, 239
teoria dos números, 42, 66-71, 94, 224-6
    e Carl Gauss, 114
    e Pierre de Fermat, 63
teoria quântica, 209, 232
teta, funções, 255
Thomas J. Watson, Laboratórios, estado de Nova York, 282
Thurston, conjectura da geometrização de, 133, 300-2
Thurston, William ("Bill"):
    background e educação, 296-7
    processos de pensamento dos matemáticos, 303-4
    uso pioneiro de computadores, 302-3
    variedades tridimensionais e, 298-302
Tischendorf, Constantin von, 25
Titius-Bode, lei de, 118
topologia, 209-14, 241-2, 298-302
toro, 210-1, 299
trigonometria, 48, 49-50
Tsu Ch'ung Chih, 34-5
Turing, Alan:
    background e educação, 267-70
    biologia matemática e, 277-9
    em Bletchley Park, 272-6
    homossexualidade, 275-6, 279
    máquina de Turing, 270-2
    trabalho pós-guerra, 276-9
Turing, Dermot, 279
Turing, lei de, 280
Tyrtov, Nikolai, 196

Ulam, Stanisław, 289

Vallée-Poussin, Charles de la, 111
Varahamihira (matemático indiano), 50
Varman, Sankara, *Sadratnamala*, 53
Vericour, Raymond de, 165
Vière, François, 76
Vietoris, Leopold, 241
Virgílio, *Eneida*, 88
Voynich, Ethel (nascida Boole), 159, 166
Voynich, Wilfrid, 159

Wachter, Friedrich, 129
Waerden, Bartel van der, *Álgebra moderna*, 240
Walker, Gilbert, 248
Wallis, John, 69, 76, 78, 82
Weber, Heinrich, 222
Weber, Wilhelm, 121, 171-2
Wedeniwski, Sebastian, 179
Weierstrass, Karl, 133, 173, 176, 177, 182
    e Sofia Kovalevskaia, 198-9, 200-1
Weil, André, 255
Weyl, Hermann, 230
Wheatstone, Charles, 148
Whish, Charles, 53
Whitehead, Alfred North, *Principia Mathematica* (1910-13), 263
Wiener, Norbert, 230
Wiles, Andrew, 11, 71, 174
Williams, Hugh, 28
Wittgenstein, Ludwig, 190
Wren, Christopher, 85
Wright, John, 78

Zach, barão Franz Xaver von, 118
Zahlbericht ("Relatório sobre os números"), 224-5
Zarnke, Charles, 28
Zeeman, Christopher, 298, 307
Zermelo, Ernst, 263
Zhang Heng, 33, 34
Zipf, George, 286, 287-8

A marca FSC® é a garantia de que a madeira utilizada na fabricação
do papel deste livro provém de florestas que foram gerenciadas de maneira
ambientalmente correta, socialmente justa e economicamente viável,
além de outras fontes de origem controlada.

Este livro foi composto por Mari Taboada em Dante Pro 11,5 / 16
e impresso em papel offwhite 80g/m² e cartão triplex 250g/m²
por Geográfica Editora em junho de 2019.